职业教育课程改革创新规划教材

电子线路 CAD 设计与仿真

孙立津　张兆河　主编

U0216620

電子工業出版社

Publishing House of Electronics Industry

北京·BEIJING

内 容 简 介

本书参照中等职业学校电子类专业相关教学指导意见，结合工业与信息化部及劳动和社会保障部计算机辅助设计OSTA（Protel平台）国家职业技能鉴定标准编写，同时参考了行业职业技能鉴定规范。书中吸收、补充了当前电子技术领域中的新知识、新技术、新工艺、新设备的内容。

全书共分六个单元，包括工程项目操作基础、工程项目原理图操作基础、工程项目原理图高级设计、工程项目PCB操作基础、工程项目PCB高级设计和电子线路仿真操作。每个单元前，列出了本单元综合教学目标和岗位技能综合职业素质要求；单元后，概括了本单元技能重点考核内容，安排有多项习题与实训，包括职业资格认证考试模拟试题、全国职业技能大赛赛题等，用于读者加强练习与巩固。

为方便教学，本书还配有电子教学参考资料包，包括教学视频、教学幻灯、教辅短片与图片及习题参考答案等，详见前言。

本书可作为中等职业学校电子与信息技术、电子技术应用专业的课程教材，也可作为相关行业岗位培训用书和从事电子技术工作人员的自学参考书。

图书在版编目（CIP）数据

电子线路CAD设计与仿真／孙立津，张兆河主编. —北京：电子工业出版社，2011.12
职业教育课程改革创新规划教材
ISBN 978-7-121-15469-0

Ⅰ. ①电… Ⅱ. ①孙… ②张… Ⅲ. ①电子电路－计算机辅助设计－中等专业学校－教材 Ⅳ. ①TN702

中国版本图书馆CIP数据核字（2011）第259254号

策划编辑：张　帆
责任编辑：张　帆
印　　刷：北京虎彩文化传播有限公司
装　　订：北京虎彩文化传播有限公司
出版发行：电子工业出版社
　　　　　北京市海淀区万寿路173信箱　邮编100036
开　　本：787×1092　1/16　印张：21.5　字数：550.4千字
版　　次：2011年12月第1版
印　　次：2024年8月第13次印刷
定　　价：35.40元

凡所购买电子工业出版社图书有缺损问题，请向购买书店调换。若书店售缺，请与本社发行部联系，联系及邮购电话：(010)88254888，88258888。

质量投诉请发邮件至zlts@phei.com.cn，盗版侵权举报请发邮件至dbqq@phei.com.cn。

本书咨询联系方式：(010)88254592，bain@phei.com.cn。

前　言

本书参照中等职业学校电子类专业相关教学指导意见，结合工业与信息化部及劳动和社会保障部计算机辅助设计 OSTA（Protel 平台）国家职业技能鉴定标准编写，同时参考了行业职业技能鉴定规范。可作为中等职业学校电子技术应用、电子与信息技术专业的课程教材，也可作为相关行业岗位培训用书和从事电子技术工作人员的自学参考书。

本书的编写力求做到坚持"以学生为主体，以能力为本位，以应用为目的，以就业为导向"的职教理念。从教与学的实际出发，针对目前中职学校学生学习现状、学习特点和各地区教学软、硬件环境的不同，以及职业岗位的需求，努力使其深度、广度和适用度符合中职学生的认知结构、中职学校的教学条件及学生未来就业的起点。

在教材体系上：融入职业道德和职业意识教育，培养学生正确的择业观和创新精神及团队合作精神；紧扣专业培养目标和课程教学能力要求，满足电子线路 CAD 设计的职业岗位需要；加大知识体系联系实际设计环节，强化技能训练，突出实际应用；选择贴近生活的工程项目，引导学生主动参与学习，增强教师教学吸引力。本书的工程项目采用为教学提供新的思路和方法，在各个工程项目设计与实施中，师生真正实现"做中学、做中教"，努力提高学生的整体素质与综合职业技能，增强学生的学习能力及适应职业变化的能力，为学生职业生涯的发展奠定基础。新目标的确立体现新时期的职业教育专业课特点。

在内容选择上：本着"必需、够用、实用"的原则，考虑中等职业学校学生知识现状，突出工程项目技能教学的训练，使学生扎实地掌握知识与技能，体现实用性；与《电子技术基础与技能》等课程、《计算机辅助设计绘图员》国家级高新技术考试等密切联系，使学生真正将学习内容横向贯通，体现多元性；吸收、补充当前电子技术领域中的新知识、新技术、新工艺、新设备的内容，体现先进性；参考相关行业职业资格鉴定标准和技术等级考核标准，与相应的考证和考级相衔接，满足职业岗位"应知"、"应会"的需要，体现应用性。

在编写形式上：以单元为主线，以项目为核心，以任务做驱动，联系实际，突出实践。单元开篇，由浅入深有选择的结合《电子技术基础与技能》、《单片机技术及应用》等相关内容，按具体工程项目中涉及相关职业技能鉴定内容作为教学目标，结合当今职业教育、生产实际的要求编写。操作过程与技术要求的介绍均以典型的实用电路为实例，突出应用性和趣味性，真正让学生成体系的、在理论联系实际的设计中感受知识结构的美和实践操作的趣。本书在课程目标、内容、教法及项目与任务的组织上做了精心的设计与安排，通过"问题导读"、"知识拓展"、"知识链接"、"做中学"、"课外阅读"等环节，更多倡导的是一种贴近生产生活实际的工程项目教学与实训评价或鉴定。本书注意在理论上讲清知识点，增强专业知识的通用性，在实践上紧密联系应用，强化操作技能训练，从而更大限度地提高教学的实效性。这些特点更适合于不同层次、不同地区的学生学习，更有利于提高他们电子线路 CAD 设计与应用的竞争力。

本书教学内容的参考学时分配如下：

单　　元	教学内容	建议学时
1	工程项目操作基础	4
2	工程项目原理图操作基础	16
3	工程项目原理图高级设计	6
4	工程项目 PCB 操作基础	16
5	工程项目 PCB 高级设计	8
6	电子线路仿真操作	8
机动		2
总计		60

　　本书由孙立津、张兆河主编。编写中，得到了天津亿创宏达科技有限公司和天津启诚伟业科技有限公司相关技术资料的大力支持，特此表示衷心地感谢。对天津师范大学刘南平教授、天津恒信通科技发展有限公司蔡宝全高级工程师的技术指导及广东省湛江市机电学校梁良老师、广东省茂名市第二职业技术学校王艳艳老师、华农纳米科技（天津）有限公司刘誉工程师、邦盛医疗设备（天津）有限公司李强工程师的帮助一并表示衷心地感谢。编写中，还参考了其他一些有关文献资料，也一并表示感谢。

　　限于编者水平，书中会存在这样或那样的问题，敬请读者提出宝贵意见，以便修订时改正和进一步完善。

　　为方便教学，本书还配有电子教学参考资料包，包括教学视频、教学幻灯、教辅短片与图片及习题参考答案等。请有此需要的教师登录华信教育资源网（www. hxedu. com. cn）免费注册后下载，如有问题可在网站留言板留言或与电子工业出版社联系（E-mail：hxedu@phei. com. cn）。

　　书中涉及的：第二单元项目四任务三中电路开发板和相关资料，第三单元实训四中更多硬件电路、软件程序，第四单元项目一中超声波测距电路学习 PCB 和相关资料，第四单元实训三中所有练习套件，单位或个人如需购买，可通过编者联系（E-mail：tjslj153@126. com；tjwsdzzh@ 163. com）。

编　者
2011 年 8 月

目　　录

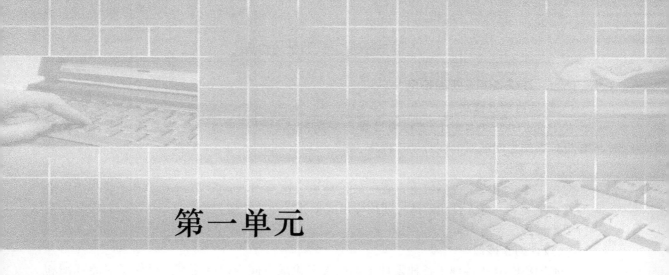

第一单元

工程项目操作基础

◎ **本单元综合教学目标**

　　了解 Protel 的发展史及 Protel DXP 2004 的特点，熟悉软件安装过程，掌握 Protel DXP 2004 多种启动方法。熟悉工作窗口的自动隐藏、浮动及锁定控制。通过学习 Protel 电路原理图编辑器及原理图库文件的建立方法，重点掌握电路原理图、原理图元器件库、印制电路板（PCB）、PCB 元器件库、电路仿真文件的建立方法及各常用工具栏的含义。掌握工程项目文件常规操作，会进行自定义设置，理解文件操作的工作路径，形成初步认识，激发学习兴趣，培养严谨的管理文件工作的习惯。

◎ **岗位技能综合职业素质要求**

1. 熟悉 Protel DXP 2004 多种启动方法。
2. 掌握电路原理图编辑器及原理图元器件库建立的方法。
3. 掌握 PCB 文件及 PCB 元器件库建立的方法。
4. 熟悉电路仿真操作的一般设计过程。
5. 能按照个人需求进行系统环境的自定义。

项目一　系统安装与运行

学习目标

（1）了解 Protel 的发展史及 Protel DXP 2004 的特点，熟悉软件安装过程及硬件要求。
（2）掌握 Protel DXP 2004 多种启动方法，对主窗口的组成形成初步认识，激发学习兴趣。

问题导读

为什么学习《电子线路 CAD 设计与仿真》这门课程主要用 Protel 这款软件？

Protel DXP 2004 新增特色

1. 新项目管理模式

在 Protel DXP 2004 中，工程项目管理采用整体的设计概念，支持原理图设计系统和 PCB 设计系统之间的双向同步设计操作。

2. 新环境设计

使用了集成化程度更高、更直观的设计环境，这与 Microsoft Windows XP 系统界面风格更贴近、更美观、更人性化。通过使用弹出式标签栏和功能强大的过滤器，可以对设计过程进行双重监控。

3. 设计的新接口

Protel DXP 2004 实现了各种设计工具的无缝集成，同步程度更高。提供了对原理图和 FPGA 设计接口的支持，在管理元器件库方面，除了增加 Xilinx 和 Altera 等设备的元器件库外，还引入整合元器件库的概念，简化了封装设计过程。

4. 工程分析的新功能

在 Protel DXP 2004 中，可以在原理图编辑系统下直接进行电路仿真，并且在仿真结束后允许对仿真波形进行后期数学处理，强大的 ERC（电气法则检查）功能和 PCB 环境下的 DRC（设计规则检查）功能可以帮助更快地查出和修正错误。

5. 电路设计的新支持

在 Protel 2004 中，提供了 32 个信号层、16 个内电层和 16 个机械层，并且支持全自动放置元器件和真正支持多通道设计，支持 VHDL 设计和混合模式设计（如 FPGA、SITUS 拓扑布线技术）。

6. 输出的新设置

在 Protel DXP 2004 中，可以对输出的文件进行项目级的说明，并且支持更多的输出格式，如原理图、PCB 图、Gerber、ODB ++ 和 Excel 等其他格式，更方便与其他应用程序融合。

 资料窗

从 Protel 的发展历史说起

随着计算机硬件和软件业的快速发展，20 世纪 80 年代中后期计算机应用进入各个行业的各个领域。在这种背景下，1988 年由美国 ACCEL Technologies Inc 推出了第一个应用于电子线路设计的软件包——TANGO，这个软件包开创了电子设计自动化（EDA）的先河。这个软件包现在看来比较简陋，但在当时给电子线路设计带来了设计方法和方式的革命，人们纷纷开始用计算机来设计电子线路。

20 世纪 90 年 Altium 公司以其强大的研发能力推出了 Protel For DOS 作为 TANGO 的升级版本，从此 Protel 开始出现在 PCB 设计的历史舞台，其产品也经历了 Protel for Windows 1.0 到 3.0、Protel 98、Protel 99、Protel 99 SE，发展到现在的 Protel DXP（基于 Windows 2000、Windows XP、Vista 直到 Windows 7 平台，后来升级到 Protel DXP 2004，于 2004 年发布 sp2 版本）。软件性能从当初的电路原理图、电路板设计，发展到现在将项目管理方式、原理图和 PCB 图的双向同步技术、多通道设计、拓扑自动布线以及强大的电路仿真等技术完美地融合在一起，成为一个真正优秀的板卡级设计软件。

公司现更名为 Altium 有限公司（Altium Limited），总部位于澳大利亚悉尼的 Frenchs Forest。

 知识链接

Protel DXP 2004 软件推荐运行环境（较低标准）

➤ Windows XP
➤ 奔腾 1.0GHz CPU
➤ 256MB 内存
➤ 2GB 剩余硬盘空间
➤ 1024×768 屏幕分辨率，32 位色彩，32MB 显存容量

Protel DXP 2004 设计系统主要组成（六部分）

➤ 原理图设计系统（SCH）：用于电路原理图的设计
➤ PCB 设计系统（PCB）：用于 PCB 及自动布线（Autorouting）的设计
➤ FPGA 系统：用于可编程逻辑器件的设计
➤ VHDL 系统：用于进行硬件的编程及仿真
➤ 完整 CAM 输出能力
➤ 电路仿真

任务一　Protel DXP 2004 系统安装

Protel DXP 2004 是 32 位电子线路计算机辅助设计系统。它提供较全面的、集成的设计系统，这些系统很容易地将设计概念形成最终的商业板卡。首先来进行该系统的安装。

 做中学

1. 双击光盘安装系统目录下 setup. exe 安装程序，此时弹出安装启动界面，如图 1-1-1 所示。

2. 单击图 1-1-1 对话框中的 Next 按钮，弹出安装协议同意与否对话框，如图 1-1-2 所示。单击拖动条可以阅读授权协议的全文，此时选中"I accept the license agreement"单选钮，即可正式进入 Protel DXP 2004 的安装。

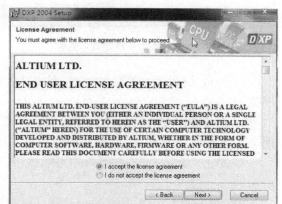

图 1-1-1　Protel DXP 2004 安装启动界面　　　　图 1-1-2　安装协议同意与否对话框

3. 单击图 1-1-2 对话框中的 Next 按钮，弹出填写个人或公司等相关信息对话框，如图 1-1-3 所示。

4. 填写相关信息后单击 Next 按钮，弹出安装路径设定对话框，如图 1-1-4 所示。

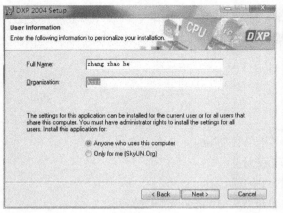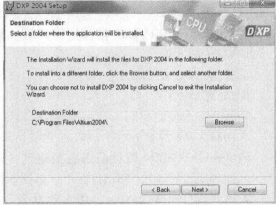

图 1-1-3　填写相关信息对话框　　　　　图 1-1-4　安装路径设定对话框

 特别注释

单击图 1-1-4 安装路径设定对话框中的 Browse 按钮，可以进行指定驱动器及文件夹的设置。

5. 单击图 1-1-4 对话框中的 Next 按钮，弹出准备开始安装对话框，如图 1-1-5 所示。

6. 单击图 1-1-5 对话框中的 Next 按钮，弹出安装进度对话框，如图 1-1-6 所示。

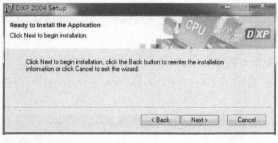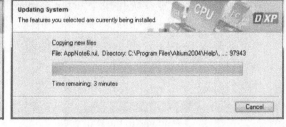

图 1-1-5　准备开始安装对话框　　　　　图 1-1-6　安装进度对话框

7. 等待几分钟，弹出成功安装完成对话框，如图 1-1-7 所示，单击 Finish 按钮，完成安装。

8. 继续单击安装目录中的 DXP 2004 SP2 补丁程序文件，弹出协议确认安装对话框，如图 1-1-8 所示。

9. 单击"I accept the……to CONTINUE"，弹出继续安装库补丁对话框，如图 1-1-9 所示。

10. 单击图 1-1-9 中的 Next 按钮，继续安装，弹出安装库对话框，如图 1-1-10 所示。

图 1-1-7 安装完成对话框

图 1-1-8 协议确认安装对话框

图 1-1-9 继续安装库补丁对话框

11. 等待几分钟，弹出 DXP 2004 SP2 库成功安装完成对话框，如图 1-1-11 所示。

12. 单击图 1-1-11 中的 Finish 按钮，完成安装。

图 1-1-10 安装库对话框

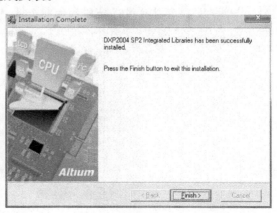

图 1-1-11 DXP 2004 SP2 库成功安装完成对话框

任务二　Protel DXP 2004 启动运行

Protel DXP 2004 的启动常用以下几种方法。

 做中学

方法一：双击桌面上的 DXP 2004 图标，即可启动 Protel DXP 2004 软件，如图 1-1-12 所示。

图 1-1-12　Protel DXP 2004 软件工作窗口

方法二：单击开始按钮，指向"所有程序"，在子菜单中单击 DXP 2004，即可启动。

方法三：右键单击桌面上的"我的电脑"图标，打开硬盘、光盘、移动硬盘或 U 盘上已经建立好的工程文件、原理图文件或 PCB 文件等，就可以直接打开 Protel DXP 2004 软件环境。

 特别注释

　　在 Windows 7 系统下的启动方法：单击开始按钮，指向"常用应用程序"列表，单击 DXP 2004 即可。常用应用程序列表如图 1-1-13 所示。

图 1-1-13　常用应用程序列表

项目二 常用编辑器

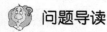 学习目标

（1）通过 Protel 电路原理图编辑器及原理图库文件的建立，对比学习 PCB 编辑器和元器件库编辑器以及电路仿真编辑器，学会建立基本库元器件文件的操作方法。

（2）重点掌握 Protel DXP 2004 电路原理图、PCB 编辑器等涉及的常用工具栏及含义。

问题导读

什么是原理图编辑器？

Protel DXP 2004 的原理图编辑器提供了高效、智能的原理图编辑手段，能够提供高质量的原理图输出结果。它的元器件符号库非常丰富，最大限度地覆盖了市场上众多主流的电子元器件生产厂家的繁杂的元器件类型。Protel DXP 2004 作为成功 EDA 软件的一员，它的原理图设计系统有以下优点：

➢ 分层次组织的设计环境
➢ 强大的元器件及元器件库的组织功能
➢ 方便易用的连线工具
➢ 恰当的视图缩放功能
➢ 强大的编辑与设计检验功能
➢ 高质量的各种打印输出能力

总之，Protel DXP 2004 的原理图设计系统相当人性化，而且画面布局优美，操作起来也很方便。

什么是原理图库编辑器？

电路原理图编辑器主要功能是设计电路原理图，能完成对实际工作电路电气连接的正确设计。原理图库编辑器是用来设计、建立自己的元器件符号库，并允许设计者自由地调用它们。前者是原理图设计基础平台，后者是服务于这个平台的资料库，以保证原理图设计的顺利完成；原理图库编辑是在电路设计过程中根据自己设计需求才被激活的。

知识链接

DXP 2004 集成的电子元器件库

DXP 2004 自带了一系列世界各大电子制造商相关名字命名的电子元器件库，存储在安装盘 \ Altium \ library 文件夹中的源库及集成库，如原理图库、PCB 封装模型库等，如图 1-2-1 所示的是库结构图。用于电路仿真的 SPICE 模型位于 \ Altium \ Library 文件夹中的集成库内，信号完整性分析模型在 \ Altium \ Library \ SignalIntegrity 文件夹中。

Protel 两大基本元器件库

1. Miscellaneous Devices. Intlib

这个库主要集成了大量的常见基础电子元器件，如电阻、电容、二极管、三极管、变压器等，详见附录 A。

2. Miscellaneous Connectors. Intlib

这个库主要集成了大量的电路设计中的接口部分，如耳机接口、电源接口、针脚接口等。

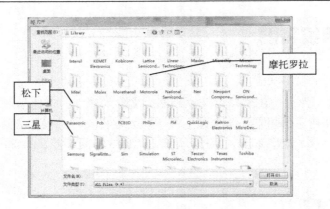

图 1-2-1　Library 库结构图

 知识拓展

元器件库的添加

如果在上述的两个元器件库中找不到你设计所需的元器件，就要进行元器件库的添加，可以在 Libraries 标签中，通过 Install 进行加载安装。例如，将 ST Microelectronics 文件夹下的"\ST Analog Timer Circuit. Intlib"元器件库添加进来。加载完该库的对话框如图 1-2-2 所示。

图 1-2-2　加载 ST Analog Timer Circuit. Intlib 库对话框

提示：也可以将某个元器件库文件夹下的所有元器件库一次性都添加进来，方法是：采用类似于 Windows 文件夹选择的操作，先选中该文件夹下的第一个元器件库文件后，按住 Shift 键再选中元器件库里的最后一个库文件，这样就能选中该文件夹下的所有库文件，最后单击打开按钮，即可完成添加元器件库的操作。

任务一　电路原理图编辑器与库编辑器

电路原理图编辑器是 Protel DXP 2004 电路板设计过程中第一阶段操作界面，部分常用工具栏是电路绘制最常用的基础编辑栏，同时根据需要可以用原理图库编辑器环境设计较复杂的元器件图库。下面以 555 门铃电路为例，说明主要操作步骤。

 做中学

1. 双击桌面上的 DXP 2004 图标，启动 Protel DXP 2004，单击 File | New | Project | PCB Project 菜单项，将新建一个设计工程项目文件。新建工程项目文件菜单如图 1-2-3 所示。

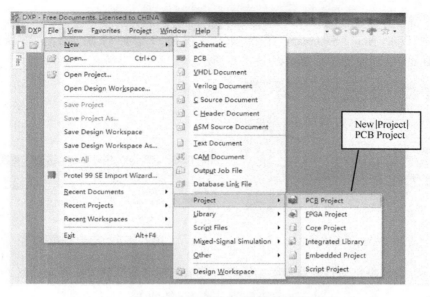

图 1-2-3　新建工程项目文件菜单

2. 单击 File | Save 保存，在保存对话框中，输入文件名：555 门铃电路。输入文件名对话框如图 1-2-4 所示。

图 1-2-4　输入文件名对话框

 特别注释

　　保存文件的位置，可以根据个人习惯，建立一个较为固定的文件夹，今后的相关设计全部保存在此，也便于日后查找和编辑整理。如图 1-2-4 所示，选择保存的文件夹名为：自己的电路设计。具体操作过程可以参考教学参考资料包中的相关视频。

3. 再单击保存按钮，返回设计界面。工程文件名如图 1-2-5 所示。

4. 单击 File | New | Schematic 菜单项，将新建一个原理图文件，默认文件名为 Sheet1. SchDoc。新建原理图菜单如图 1-2-6 所示。

图 1-2-5　工程文件名

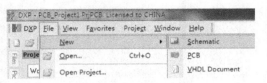

图 1-2-6　新建原理图菜单

5. 此时，系统将自动打开原理图编辑器，整个原理图编辑器工作界面如图 1-2-7 所示。

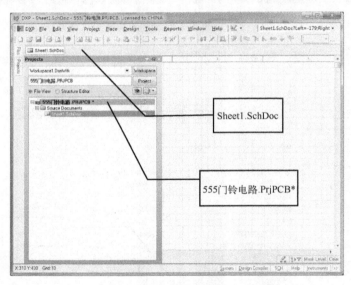

图 1-2-7　原理图编辑器工作界面

 特别注释

注意如图 1-2-7 所示标注，"555 门铃电路．PrjPCB"文件名后面多了一个"＊"号，它说明这个工程文件有变动，还没有更新保存。

6. 单击 File | New | Library | Schematic Library 菜单项，将新建一个原理图库文件，默认库文件名为 Schlib1. SchLib。新建原理图库编辑窗口及放大的库建立常用工具栏如图 1-2-8 所示。

7. 熟悉主菜单和主工具栏。

（1）Schematic Standard（原理图标准）工具栏：如图 1-2-9 所示，该工具栏提供了文件的常用操作、视图操作和编辑功能等常见工具按钮。

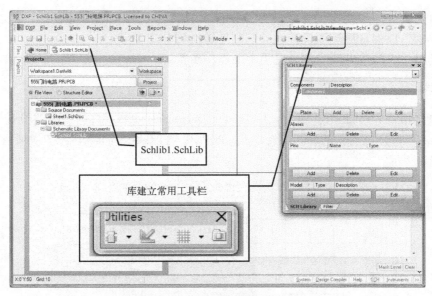

图 1-2-8　新建原理图库编辑窗口

图 1-2-9　原理图标准工具栏

（2）Wiring（接线）工具栏：如图 1-2-10 所示，该工具栏列出了建立原理图连接常用的导线、总线、电源连接端口等工具按钮。

（3）Utilities（公用项目）工具栏：如图 1-2-11 所示，该工具栏列出了原理图中常用绘图、文字工具，接电源和接地的各种电源符号，常用电阻、电容、信号源等工具按钮。

图 1-2-10　接线工具栏

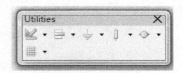

图 1-2-11　公用项目工具栏

 特别注释

> 通过主菜单 View 菜单下的 Toolbars 菜单的子菜单项，可以进行各个工具栏开关项的控制设置操作。

任务二　PCB 编辑器与元器件库编辑器

进入 PCB 编辑器工作环境，就是要完成第二个重要设计阶段即电路板设计，它是根据原理图设计完成的。电路板的制作主要包括电路板层参数设计、外形规划、元器件布局、电路板布线、覆铜等相关规则设计。

当个别电子元器件的封装在系统库中一时不能找到时，解决的办法就是自己设计元器件封装。与自己设计原理图库的方法一样，设计出符合要求的元器件封装库。它也是服务于 PCB 编辑器的，以保证原理图设计能够顺利地转换到 PCB 的设计。

下面仍以 555 门铃电路为例，说明主要操作步骤。

 做中学

1. 启动 Protel DXP 2004，单击 File|Recent Documents|1 D:\自己的电路设计\ 555 门铃电路 . PrjPCB，打开已建立的 555 门铃电路 . PrjPCB。打开 555 门铃电路工程项目文件菜单，如图 1-2-12 所示。

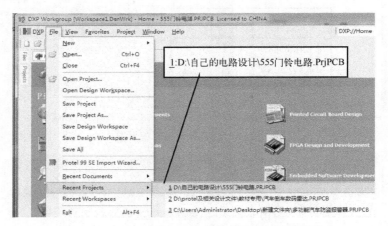

图 1-2-12　打开 555 门铃电路工程项目文件菜单

2. 单击 File|New|PCB 菜单项，将新建一个 PCB 文件，默认文件名为 Pcb1. PcbDoc。此时，系统将自动打开 PCB 编辑器，整个 PCB 编辑器工作界面如图 1-2-13 所示。

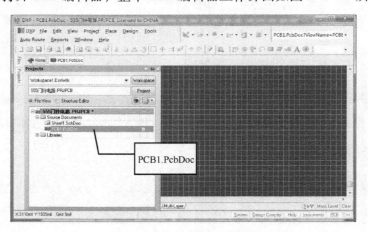

图 1-2-13　新建原理图菜单

3. 单击 File|New|Library|PCB Library 菜单项，将新建一个 PCB 库文件，默认库文件名为 PCBLib1. PcbLib。新建的 PCB 库编辑器窗口如图 1-2-14 所示。

4. 熟悉主菜单和主工具栏。

（1）PCB Standard（PCB 标准）工具栏：如图 1-2-15 所示，该工具栏提供了文件的常用操作、视图操作和编辑功能等常见工具按钮。

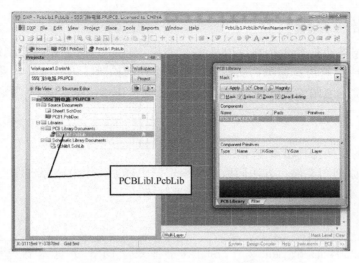

图 1-2-14　新建的 PCB 库编辑器窗口

图 1-2-15　PCB 标准工具栏

（2）Wiring（接线）工具栏：如图 1-2-16 所示，该工具栏列出了建立 PCB 导线、焊盘、过孔等工具按钮。

（3）Utilities（公用项目）工具栏：如图 1-2-17 所示，该工具栏列出了 PCB 中画线、元器件布局等工具按钮。

图 1-2-16　接线工具栏

图 1-2-17　公用项目工具栏

（4）PCB Lib Standard（PCB 库标准）工具栏：如图 1-2-18 所示，该工具栏提供了文件的常用操作、视图操作和编辑功能等。

图 1-2-18　PCB 库标准工具栏

（5）PCB Lib Placement（PCB 库安置）工具栏：如图 1-2-19 所示，该工具栏列出了建立 PCB 库所用到的导线、过孔、焊盘、文件说明等常用工具栏。

图 1-2-19　PCB 库安置工具栏

任务三　电路仿真编辑器

原理图仿真编辑器是 Protel DXP 2004 的重要组成之一。在原理图绘制结束后，可以利用 Protel DXP 2004 电路仿真编辑器功能进行电路设计的检验，进一步对电路参数进行估算、测试和校验，以检验电路的正确性并验证电路设计的工作指标是否达到了预期标准。

 做中学

仿真编辑器的主要操作步骤如下：

1. 建立仿真原理图文件，方法同原理图编辑器中建立一个电路原理图文件的过程。
2. 加载具有 Simulation（仿真）属性的元器件库。

 特别注释

Protel DXP 2004 自带 Library | Simulation 目录下的 5 个电路仿真元器件库，见表 1-2-1。另外，Miscellaneous devices.Intlib 元器件库中的大部分元器件也具有电路仿真属性，详见附录 A 仿真属性说明。

表 1-2-1　5 个电路仿真元器件库

i.	Simulation Math Function. IntLib	数学函数模块元器件库
ii.	Simulation Sources. IntLib	激励源元器件库
iii.	Simulation Special Function. IntLib	特殊功能模块元器件库
iv.	Simulation Transmission Line. IntLib	传输线元器件库
v.	Simulation Voltage Source. IntLib	电压源元器件库

3. 绘制仿真电路，并设置元器件的仿真参数。
4. 放置仿真激励源。
5. 设置仿真电路的节点。
6. 启动仿真器，选择仿真方式，设置具体仿真参数。仿真工具栏如图 1-2-20 所示。
7. 运行电路仿真，获得仿真结果，进一步调整和改进电路。

图 1-2-20　仿真工具栏

项目三　工程文件相关操作

 学习目标

（1）熟悉工作窗口的自动隐藏、浮动及锁定控制。会进行工作窗口中面板及窗口操作。
（2）掌握工程项目文件常规操作，培养严谨的管理文件的工作习惯。

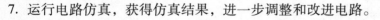 **问题导读**

一个完整的工程项目文件中包含哪些文件？

在 Protel DXP 2004 电路设计中，一个完整的工程项目文件中包含设计生成的很多文件，如原理图文件、原理图库文件、网络报表文件、Excel 格式报表文件、PCB 文件、PCB 库文件及其他输出文件等。它们一起构成文件系统，完成电路板或电路仿真的设计。实际上，一个工程项目文件可以看成是一个庞大的"文件夹"，里面包含设计中需要的各种资源文件。

 知识拓展

认识 Protel DXP 2004 的文件系统

Protel DXP 2004 的文件系统见表 1-3-1。

表 1-3-1 Protel DXP 2004 的文件系统

文 件 类 型	文件扩展名	文 件 类 型	文件扩展名
工程组文件	.DsnWrk	错误规则检查文件	.erc
设计工程项目文件	.PrjPCB	电路板设计规则校验文件	.drc
电路原理图文件	.SchDoc	集成库文件	.IntLib
电路原理图模板文件	.Schdot	仿真生成报表文件	.nsx
印制电路板文件	.PcbDoc	仿真波形文件	.sdf
文本文件	.txt	可编程逻辑器件描述文件	.pld
原理图库文件	.SchLib	仿真模型文件	.mdl
印制电路板库文件	.PcbLib	支电路仿真文件	.ckt
原理图网络表文件	.net		

知识链接

Protel DXP 2004 设计窗口

1. 标题栏

Protel DXP 2004 设计软件，均是以窗口的形式出现，在窗口上方是该窗口的相关标题栏，显示该工作标志。

2. 菜单栏

Protel DXP 2004 的系统菜单栏有七个：DXP、File、View、Favorites、Project、Windows 和 Help。

3. 工具栏

工具栏中的每个按钮都对应了一个相关的操作功能。刚开始使用时，如果不能确定按钮与命令的对应关系，可以将鼠标指针指到按钮上，停放几秒，屏幕上就会显示当前按钮的功能。

4. 工作区面板标签

在编辑窗口的左右两边可以设定几个小标签。如果单击某一个标签，其相应的标签工作面板就会弹出来。

任务一 工作区面板窗口控制

在 Protel DXP 2004 电路设计中，编辑环境下工作区面板使用频繁，熟练操控它，可以使工程项目文件下的原理图文件、元器件库文件、PCB 文件及各个设计文件的打开、浏览、编辑等各种操作更加得心应手。

工作区面板的 3 种显示方式及其操作方法，见表 1-3-2。

表 1-3-2 工作区面板的 3 种显示方式

自动隐藏方式（默认方式）	最初进入各种编辑环境时，工作区面板都处于这种方式。欲显示某一工作区面板时，可以将鼠标指针指向相应的标签或者单击该标签，工作窗口就会自动弹出，单击标题栏可以锁定面板
锁定显示方式	处于这种方式下的工作区面板，无法用鼠标将其拖动
浮动显示方式	将处于锁定方式下的工作区面板拉出到窗口中间，就处于浮动显示方式

 做中学

例如，当鼠标指针离开 Projects 工作面板一段时间，该面板就会自动隐藏，显示与隐藏对比如图 1-3-1 所示。窗口左边 Projects 锁定工作面板如图 1-3-2 所示。

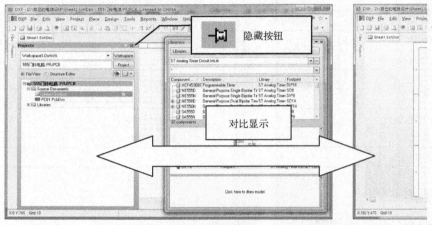

窗口左边 Projects 显示工作面板　　　　　　　Projects 工作面板隐藏

图 1-3-1　显示与隐藏对比图

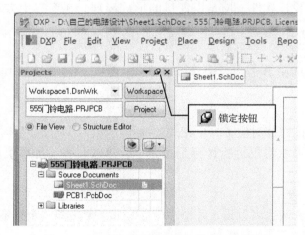

图 1-3-2　窗口左边 Projects 锁定工作面板

 特别注释

工作区面板可分为两大类：
1. 各种编辑环境下的通用面板，如元器件库面板和 Projects（项目）面板；
2. 特定的编辑环境下适用的专用面板，如 PCB 编辑环境中的 Navigator（导航器）面板。

任务二 关闭工程项目文件

下面仍以 555 门铃电路为例，说明关闭打开的工程项目文件的常用方法。

 做中学

方法一：单击图 1-3-2 中 Projects 工作面板标题栏右上角的 ✕ 关闭按钮，即可关闭打开的工程项目文件。

方法二：右键单击 Projects 工作面板中"555 门铃电路 . PRJPCB"文件，在快捷菜单中单击 Close Project 菜单项，即可关闭该工程项目文件，如图 1-3-3 所示。

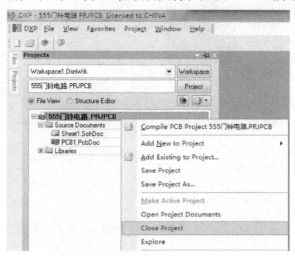

图 1-3-3 关闭工程项目文件

 特别注释

若工程文件中的原理图、PCB 等相关文件有设计操作变化，还会弹出确认修改对话框，如图 1-3-4 所示。

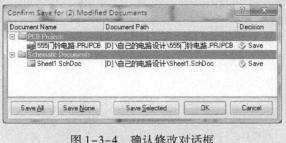

图 1-3-4 确认修改对话框

任务三 临时自由文件操作

在 Protel DXP 2004 中单独建立的原理图文件、PCB 文件及库文件或单独打开这些文件，或在当前项目文件中删除某些文件，这些文件将成为临时自由文件，它们通常存储在唯一的 Free Documents 文件夹中。

做中学

例如，删除 555 门铃电路 . PRJPCB 工程文件中 PCB1. PcbDoc，操作步骤如下：

1. 右键单击 PCB1. PcbDoc 文件，在快捷菜单中单击"Remove from Project..."，如图 1-3-5 所示。

2. 出现"Do you wish to remove PCB1. PcbDoc？"（你希望删除 PCB1. PcbDoc 文件吗？）提示信息，如图 1-3-6 所示。

图 1-3-5　单击"Remove from Project..."

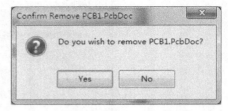

图 1-3-6　确定删除与否对话框

3. 单击 Yes 按钮，显示如图 1-3-7 所示的 Projects 工作面板，自动出现"Free Documents"文件夹。

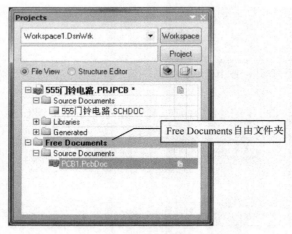

图 1-3-7　出现"Free Documents"文件夹窗口

 特别注释

临时自由文件的应用在于它的临时与自由，与 Windows 中的文件移动十分类似，选中想要的临时文件，单击它并按住鼠标左键不放，将它直接拖到目标工程项目文件中即可。这大大方便了多名设计师共同完成一个较大工程项目的设计工作。

项目四 个性化设置

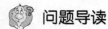 学习目标

（1）真正理解文件操作的工作路径，会按要求进行自定义设置。

（2）可以根据设计者的不同习惯，进行个性化相关设置。

 问题导读

什么是个性化设置？

使用 Protel DXP 2004 时，可以根据自己设计管理文件的习惯，进行个性化设置操作，设置的项目通常包括修改系统参数或菜单、自动备份功能、工具栏和快捷键等，更高效地完成好工作。

知识拓展

Protel DXP 2004 系统参数的设置

单击 DXP 系统菜单图标，选择其中的 Preferences（系统参数）命令，则弹出 Preferences（系统参数）设置对话框。对话框包含 9 个目录项选择项，如图 1-4-1 所示。例如，在 DXP System 子目录中可以分别设置 General（常规参数）、View（视图参数）、Transparency（透明度参数）、Navigation（导航）、Backup（备份）、Projects Panel（项目选项）等系统设置选项。

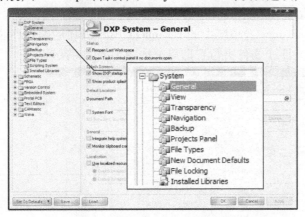

图 1-4-1 系统参数设置对话框

 知识链接

常规参数设置

常规参数主要用来设置系统或编辑器启动时的一些特性，具体可进行以下几个选项的设置：

1. Startup 选项区。本选项组内包括一个 Reopen last project group 复选框，用以选择在 Protel DXP 2004 系统启动时是否自动打开上次打开的工程组。

2. Splash Screens 选项区。本选项组内包含 Show DXP startup screen 和 Show product splash Screens 两个复选框，分别用来设置系统和各编辑器启动时是否显示启动画面。

3. Localization 选项区。单击复选框 Use Localized resources（使用本地汉化资源），下一次重新启动，即可显示中文菜单的 Protel DXP 2004。

图 1-4-2 为中文菜单的 Protel DXP 2004 系统。

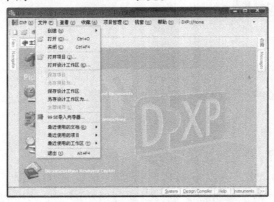

图 1-4-2　中文菜单的 Protel DXP 2004 系统

任务一　存储路径设置操作

设置自己操作的文件存储路径，可以大大方便设计操作。

 做中学

存储路径设置的具体操作步骤如下：

1. 单击 DXP 系统控制菜单中的 Preferences（系统参数）命令，在弹出的 Preferences（系统参数）设置对话框中选定 General（常规参数）菜单项。

2. 单击 Default Locations 选项区中的 Document Path 选项后的按钮 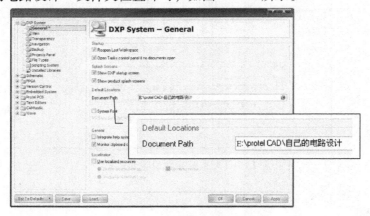，将文件存储路径设置到"自己的电路设计"文件夹位置即可，如图 1-4-3 所示。

图 1-4-3　存储路径设置操作

任务二　文件自动备份操作

作为经常要进行文件编辑的操作人员而言，文件的及时备份是十分重要和必要的。Protel DXP 2004 在这方面完全支持设计文件的自动备份功能，并指定文件的存储路径。

 做中学

激活文件自动备份功能的具体操作步骤如下：

1. 单击 DXP 系统控制菜单中的 Preferences（系统参数）命令，在弹出的 Preferences（系统参数）设置对话框中选定 Backup 选项，进入文件备份参数设置对话框。

2. 选中 Auto Save（自动保存）选项区中的 Auto save every 复选框，这样激活文件的自动备份功能。系统备份默认的时间是 30 分钟；备份文件数目是 5 个；默认路径是：\Documents and Settings\Administrator\Application Data\Altium2004_SP2\Recovery，如图 1-4-4 所示。

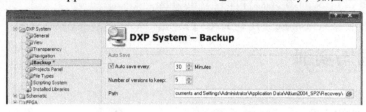

图 1-4-4　文件自动备份操作

 特别注释

➢ 在 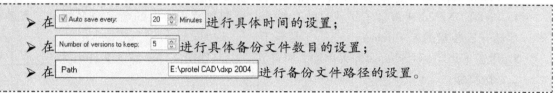 进行具体时间的设置；
➢ 在 进行具体备份文件数目的设置；
➢ 在 Path E:\protel CAD\dxp 2004 进行备份文件路径的设置。

 课外阅读

3D 电路板

Protel DXP 2004 支持更完美的 3D 功能，在 PCB 具体加工之前就可以打开 View 菜单下的 Board in 3D 菜单项，从各个角度预览 PCB 及装焊元器件后的仿真 3D "实物"，立刻就会让你感觉到成就感！而且它还可以支持双屏显示功能。如图 1-4-5 所示是用了两个 21 英寸 LED 连接到 PC 上，一个屏看原理图，一个屏看 PCB，真是意想不到的方便和震撼，而且大大提高了工作效率，你不妨试一试这么 "酷" 的电子 CAD 工作平台。

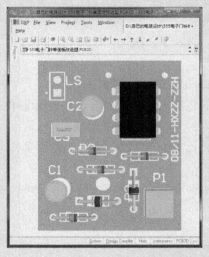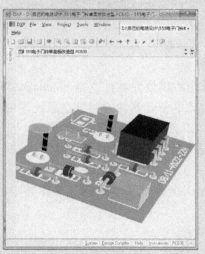

图 1-4-5　双屏显示

本单元技能重点考核内容小结

1. 掌握 Protel DXP 2004 多种启动方法。
2. 掌握电路原理图编辑器及原理图元器件库建立的方法。
3. 掌握 PCB 文件及 PCB 元器件库建立的方法。
4. 掌握工程项目文件常规操作，会进行自定义设置。

本单元习题与实训

一、填空题

1. 在 Protel DXP 2004 中，提供了 32 个_____、16 个_____和 16 个_____。
2. Protel DXP 2004 是_____位电子线路计算机辅助设计系统。
3. Protel DXP 2004 系统安装时，双击安装光盘目录下_____安装文件。
4. Protel DXP 2004 自带了一系列世界各大电子制造商相对应的名字命名的电子元器件库，存储在安装盘的 \ Altium \ _____目录下。
5. 单击 File|New|Schematic 菜单项，将新建一个原理图文件，默认文件名为_____。

二、选择题

1. 当某个工程文件名后面多了一个"_____"号时，说明这个工程文件有改动，还没有更新保存过。

A. &
B. #
C. *
D. @

2. 单击 File | New | Library | Schematic Library 菜单项，将新建一个原理图库文件，默认库文件名为_____. SchLib。

A. Schlib
B. Schlbi
C. Schlib1
D. Schlbi1

3. PCB 文件编辑状态下的接线工具栏英文是_____。

A. Wiring
B. Utilites
C. Pcb Standard
D. Pcb Lib Placement

三、判断题

1. 数学函数模块元器件库是 Simulation Special Function. IntLib。（　　　）
2. 当特殊电子元器件的封装在系统库中不能找到时，可以自己设计元器件封装来解决。（　　　）
3. 使用 Protel DXP 2004 时，可以根据自己管理文件的习惯，进行个性化设置操作。（　　　）
4. 双击 DXP 系统菜单图标，选择其中的 Preferences 命令，则弹出 Preferences 对话框。（　　　）

四、简答题

1. Protel DXP 2004 设计系统主要由哪几部分组成？
2. 简述 Protel 两大基本元器件库的组成。

五、实训操作

实训一　常用电子元器件库的添加与删除

1. 实训任务

（1）常见集成电路 NE555 所在元器件库的添加（参考教材中的库引用）。

（2）进一步掌握元器件库的删除。

2. 任务目标

（1）理解并掌握添加元器件库的步骤。

（2）熟悉多余元器件库的删除方法。

（3）培养学生独立思考问题，解决实际操作问题的能力。

3. 原理图设计准备

可以自行设计，也可以参考《电子技术基础与技能》、《模拟电路》、《数字电路》等教材中涉及的最基本的电路图。例如，NE555 门铃电路原理图，如图 1-1 所示。

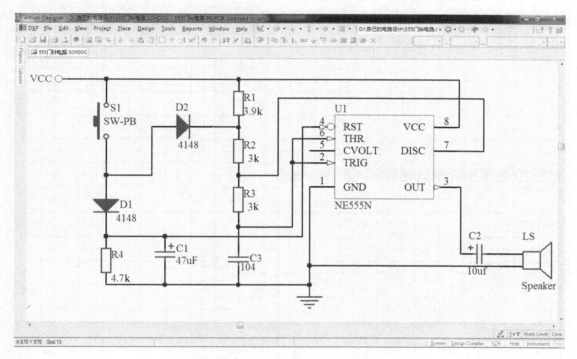

图 1-1　NE555 门铃电路原理图

4. 实训操作

（1）添加库：主要步骤为单击 System 标签中的 Libraries 菜单项，通过 Install 进行加载安装。通过库目录，打开集成电路 NE555（DIP8—双列直插式封装）所在的元器件库。

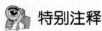 **特别注释**

> 如何确定原理图电路设计中所用的集成电路芯片，将在下一单元中做详细介绍。图 1-2 至图 1-5 是主要操作核心对话框或窗口。

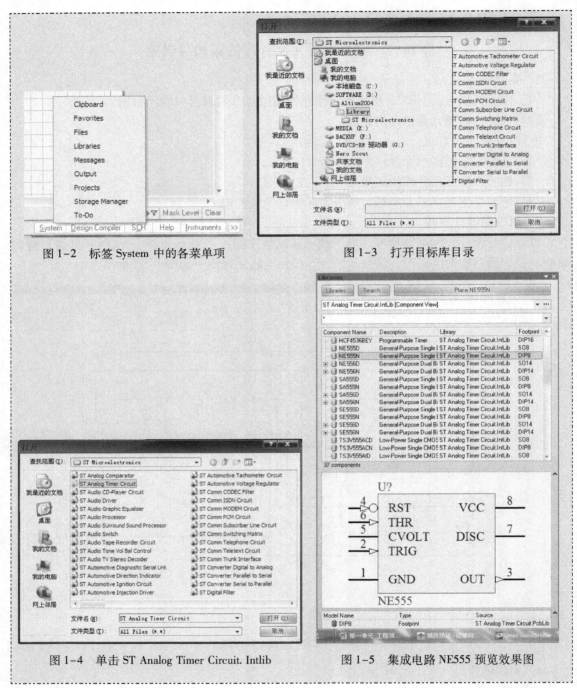

图 1-2　标签 System 中的各菜单项　　　　图 1-3　打开目标库目录

图 1-4　单击 ST Analog Timer Circuit. Intlib　　　图 1-5　集成电路 NE555 预览效果图

（2）删除库：是添加库的相反操作过程。打开 Libraries，通过单击已经存在的各个元器件库，单击 Remove 按钮即可进行删除操作。

实训二　保存路径的指定设置

1. 实训任务

（1）以学生的学号为指定存储文件夹名（统一定逻辑驱动器为 D:）。

（2）进一步熟悉关于此项操作用的专业英文单词或词组。

2．任务目标

（1）理解并掌握文件夹存放设置步骤。

（2）熟悉此项设置过程中用到的英文单词。

（3）培养学生努力学习，克服困难（学习英文）的意识。

3．学号文件夹设计准备

例如，将 D：\30010029 作为文件存储路径。

4．实训操作

可以安排在第一次上机，熟悉 Protel 环境时进行这个实训操作，统一设置，也方便以后设计文件的存储。

实训综合评价表

班级			姓名		PC 号		学生自评成绩	
操作	考核内容			配分	重点评分内容			扣分
1	Miscellaneous Devices、Connectors 两个基本库的删除			15	打开这两个库的操作方法，路径清楚，操作准确			
2	Miscellaneous Devices、Connectors 两个基本库的添加			15				
3	ST Analog Timer Circuit. Intlib 电子元器件库的添加，绘制 555 门铃电路原理图			20	根据教材学习，思路清晰，掌握原理图文件建立，基本编辑、保存的操作方法，设计到位			
4	设置 D：\30010029 文件存储路径			15	具体内容输入正确，操作窗口设置正确			
5	设置文件自动备份时间为 20 分钟			15	☑ Auto save every:　　20　Minutes 英文选项设置正确			
6	设置备份文件数目为 5			10	Number of versions to keep:　　5 英文选项设置正确			
反思反馈	完成操作顺利			5				
	操作存在问题			5				
教师综合评定成绩					教师签字			

第二单元

工程项目原理图操作基础

◎ **本单元综合教学目标**

学会原理图图纸及其工作环境参数的设置，以及栅格、光标、系统字体和其他参数的设置。掌握电路原理图的绘制准备，并实现电路元器件库和报表的操作。在学会元器件的放置规则和属性编辑的基础上，掌握电路元器件的绘制、摆放，电气连线的方法，理解并掌握电路元器件集群编辑操作，并能对绘制成的电路原理图进行检查、修正，最后生成报表。

◎ **岗位技能综合职业素质要求**

1. 掌握原理图图纸及工作环境参数设置。
2. 熟练进行原理图库调入或关闭操作及添加库元器件操作。
3. 掌握原理图库文件中绘制新的库元器件操作。
4. 掌握电路元器件的绘制及元器件属性的修改。
5. 掌握元器件的摆放及连线。
6. 掌握对电路原理图的检查规则和修正方法。
7. 能进行电路原理图文档及相关报表的打印输出。

项目一　报警电路工作环境参数设置

🖐 **学习目标**

（1）熟悉电路原理图设计的准备工作，会设置图纸尺寸、方向、颜色等。
（2）掌握设置系统字体，会设置栅格、电气节点和光标等其他参数。

问题导读

你想拥有电动车防盗报警器吗？你想自己动手设计吗？

你曾为电动车的停放安全烦恼过吗？有一款振动式电动车防盗报警器，可以为你或家人朋友提供电动车防盗报警，其外观如图 2-1-1 所示，电路原理图如图 2-1-2 所示。在你离开电动车时，悄悄打开开关，它采用独立电源供电（即使小偷悄悄破坏电动车电路），电动车不振动它不响，只要小偷推动或搬动电动车，它就立刻报警，音量可达 80dB 以上。

图 2-1-1　振动式防盗
报警器外观

本单元就以振动式电动车防盗报警器为例，介绍电路原理图的绘制准备与电路设计。

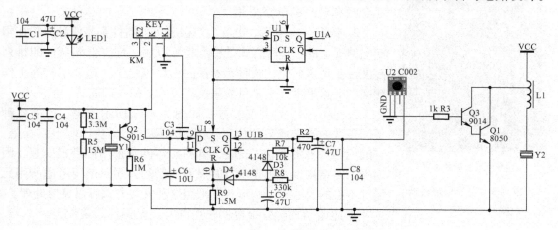

图 2-1-2　标准应用型报警器电路原理图

 知识拓展

"三步拍案传奇"

使用 Protel DXP 2004 进行电路设计的过程，一般要分三个核心阶段：绘制电路原理图、电路设计校验和电路 PCB 设计。绘制原理图的操作相对并不复杂，关键是对元器件的灵活使用。对初学者而言，绘制原理图过程中最棘手的工作就是查找元器件及其资料。在入门学习阶段，当有现成的设计需要用 Protel DXP 2004 绘制成原理图时，往往不知道元器件在原理图编辑系统中的名称和所在位置，这就使电路绘图工作无从下手，感觉很难操作，本节将针对以上问题进行突破学习。

 知识链接

印制电路板上元器件的装配方式

在设计电路及装配之前，要求将整机的电路基本定型，同时还要根据整机的体积及机壳的尺寸来安排元器件在印制电路板上的装配方式，振动式报警器元器件 PCB 布局图如图 2-1-3（a）、（b）所示。

安排元器件在印制电路板上的装配方式，需要先确定好印制电路板的尺寸，然后将元器件配齐，根据元器件种类和体积以及技术要求将其布局在印制电路板上的适当位置。可以先从体积较大的器件开始，如电源变压器、磁棒、全桥、集成电路、三极管、二极管、电容

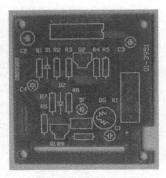

（a）便携应用型振动报警器

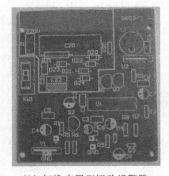

（b）标准应用型振动报警器

图 2-1-3　振动式报警器
元器件 PCB 布局图

器、电阻器、各种开关、接插件、电感线圈等。待体积较大的元器件布局好之后，小型及微型的电子元器件就可以根据间隙大小灵活布配了。二极管、电感器、阻容元件的装配方式一般有直立式、俯卧式和混合式三种。

1. 直立式。电阻、电容、二极管等元器件都是竖直安装在印制电路板上的。这种方式的特点是在一定的单位面积内可以容纳较多的电子元器件，同时元器件的排列也比较紧凑。缺点是元器件的引线过长，所占高度大，且由于元器件的体积尺寸不一致，其高度不在一个平面上，欠美观，元器件引脚弯曲，且密度较大，元器件引脚之间容易碰触，可靠性欠佳，且不太适合频率较高的电路采用。

2. 俯卧式。电阻、电容、二极管等元器件都是俯卧安装在印制电路板上的。这种方式的特点是可以明显地降低元器件的排列高度，实现薄形化，同时元器件的引线也最短，适合于较高工作频率的电路采用，也是目前采用得最广泛的一种安装方式。

3. 混合式。这种安装方式如图 2-1-3 所示。为了适应各种不同条件的要求或某些位置受面积所限，在一块印制电路板上，有的元器件采用直立式安装，有的元器件则采用俯卧式安装。因为受电路结构以及机壳内空间尺寸的制约，同时还要考虑所用元器件本身的尺寸和结构形式，采用这种安装方式可以灵活处理。

上述振动式防盗报警器采用混合式元器件封装设计。

任务一　原理图图纸设置

 做中学

1. 按照第一单元介绍过的操作方法，单击 File | New | Project | PCB Project 命令，建立本设计项目工程文件并保存在"自己的电路设计"文件夹下，命名为"电动车报警器"，如图 2-1-4 所示。

图 2-1-4　电动车报警器文件保存对话框

2. 同理，按照第一单元介绍过的操作方法，单击 File | New | Schematic 命令，面板中出现了 Sheet1. SchDoc 的文件名，同时在右边打开了 Sheet1. SchDoc 原理图文件，如图 2-1-5 所示。

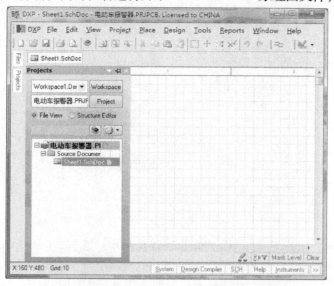

图 2-1-5　建立 Sheet1. SchDoc 原理图文件

3. 继续执行菜单命令 File | Save，系统弹出保存原理图文件的对话框，并将该原理图命名为电动车报警器 . SCHDOC，单击保存按钮，如图 2-1-6 所示。

图 2-1-6　保存电动车报警器原理图对话框

4. 在原理图保存完成后，任务中要求的图纸设置内容均可在 Document Options 对话框中设置。单击菜单 Design | Document Options 菜单项窗口，如图 2-1-7 所示。

 特别注释

> 快捷方法：用鼠标右键单击原理图纸上任意一点，在快捷菜单中选择 Options | Document Options 命令，同样可以进行 Document Options 对话框的设置操作。

图 2-1-7　选择 Document Options 菜单项窗口

5. 弹出 Document Options 对话框，如图 2-1-8 所示。选择 Sheet Options 选项卡设置图纸型号，单击 Standard Styles（标准类型）后面的下拉按钮，将出现 Protel DXP 所支持的图纸类型，拖动滚条可以显示下面的图纸类型，我们选用 A4 单击即可。

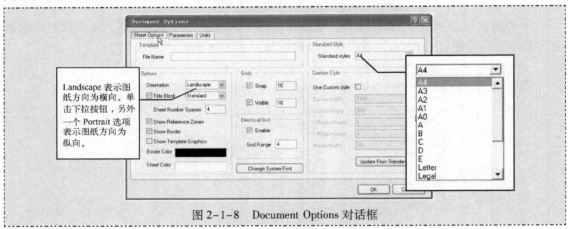

图 2-1-8　Document Options 对话框

🐾 特别注释

　　自定义图纸：若所用的图纸类型在标准类型中未能找到，用户也可以自定义图纸大小，选中 Use Custom Style 后面的复选框后，可以自行进行设置，Custom Width（图纸宽度）：1000mil；Custom Height（图纸高度）：650mil；其余，X Region Count（水平方向边框划分的等分个数）：6；Y Region Count（垂直方向边框划分的等分个数）：4；Margin Width（边框宽度）：20mil。自定义数据部分如图 2-1-9 所示。

　　输入任何数据时，切记先关闭中文输入法，否则，系统无法输入。

图 2-1-9　自定义数据

6. 在 Options 栏中：单击 Orientation（方向）后面的下拉按钮，可以对图纸的方向进行设置。其中：Landscape（横向）和 Portrait（纵向），如图 2-1-8 所示。

7. 接下来在图 2-1-8 所示的 Document Options 对话框中左下角区域进行如下数值设置：Border Color（边框颜色）为 100，Sheet Color（图纸颜色）为 17，如图 2-1-10（a），（b）所示。

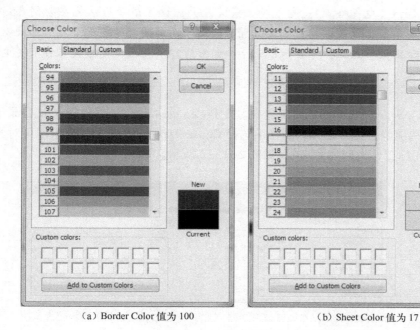

（a）Border Color 值为 100　　　　　　（b）Sheet Color 值为 17

图 2-1-10　边框及图纸颜色值设置

任务二　栅格和光标设置

 做中学

1. 在 Document Options 对话框中的 Sheet Options 选项卡中，通过勾选 Grids 栏中的 Snap（捕获栅格）和 Visible（可视栅格）复选框，可以进行图纸的捕获栅格和可视栅格的精确数值设置。这里要求设置：Snap 为 10，Visible 为 20，如图 2-1-11（a）所示。

（a）Grids 栏　　　　　　（b）Electrical Grids 栏

图 2-1-11　栅格数值和电气节点设置

2. 在 Electrical Grid（电气格点）栏中进行图纸上快速定位电气节点的设置，选中 Enable 复选框，启动该功能，在 Grid Range 文本框中设置数值为 5，如图 2-1-11（b）

所示。

 特别注释

> Snap（捕获栅格）：可以使得设计者快速而又准确地捕捉元件；
> Visible（可视栅格）：可以使设计者对原理图的尺寸有一个整体的把握；
> Electrical Grid（电气格点）：电气特性意义最大，设置该项后系统在绘制导线时会以栏中的设定值为半径，以鼠标指针当前位置为圆心，向周围搜索电气节点。如果有，就近将鼠标指针移动到该节点上，并显示出一个小圆黑点。实质上就是方便各种有关电气特性的操作。

3. 单击 Tools | Schematic Preferences 选项。在 Preferences 对话框中 Schematic 目录下单击 Graphical Editing 选项卡，然后在 Cursor 栏中选择 Cursor Type 后面的下拉按钮即可对光标进行设置，如设置光标工作类型为大 90°，如图 2-1-12 所示。

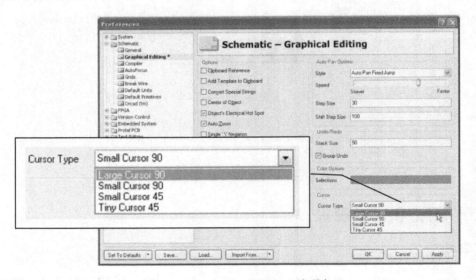

图 2-1-12　Graphical Editing 选项卡

 特别注释

光标有四种类型，分别是：
> Large Cursor 90：指定光标类型为 90°大光标，占满整张原理图，如图 2-1-13（a）所示。
> Small Cursor 90：指定光标类型为 90°小光标，如图 2-1-13（b）所示。
> Small Cursor 45：指定光标类型为 45°小光标，如图 2-1-13（c）所示。
> Tiny Cursor 45：指定光标类型为 45°极小光标，如图 2-1-13（d）所示。
图中均以放置 1kΩ 电阻为例。

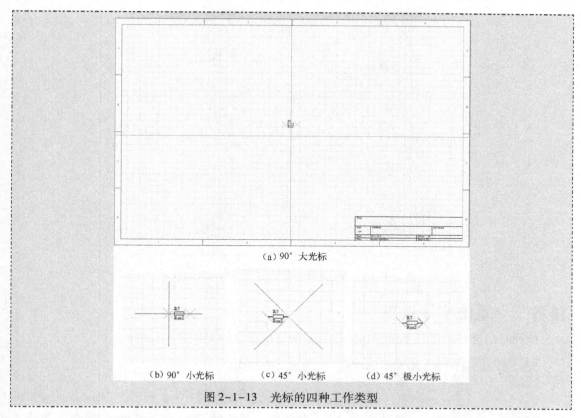

（a）90°　大光标

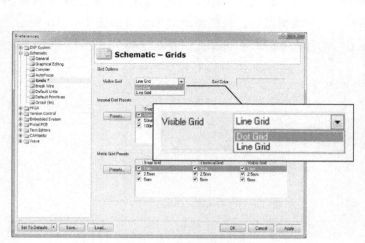

（b）90°　小光标　　　　　（c）45°　小光标　　　　　（d）45°　极小光标

图 2-1-13　光标的四种工作类型

4. 设置可视栅格为点型。单击 Schematic 目录下的 Grids 选项卡，在 Visible Grid 栏中选择 Dot Grid（点型），设置可视栅格对话框如图 2-1-14 所示。

5. 单击 Grid Color 格点颜色框，对话框中选数值 3，颜色选择框如图 2-1-15 所示。

图 2-1-14　设置可视栅格对话框　　　　　图 2-1-15　颜色选择框

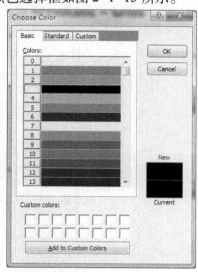

6. 单击 OK 按钮，各项设置完成，返回编辑窗口，原理图纸如图 2-1-16 所示。单击常用工具栏上的保存按钮，将设置的部分环境参数及时保存到文件中。

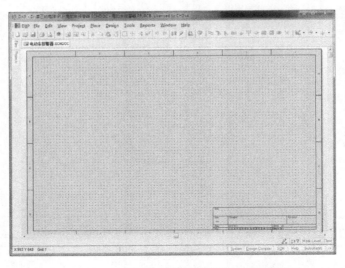

图 2-1-16　部分环境参数设置完成的原理图效果

任务三　系统字体设置

依照自己喜好，进行系统字体的设置，使原理图设计更加赏心悦目。

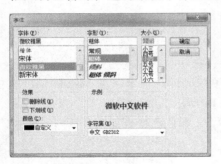

图 2-1-17　系统字体设置对话框

 做中学

1. 打开如图 2-1-8 所示的 Document Options 对话框，单击 Change System Font 按钮，弹出系统字体设置对话框，如图 2-1-17 所示。具体设置为：字体为微软雅黑，字形为粗体，大小为小四号。

2. 单击确定按钮，再单击 OK，返回原理图编辑窗口，最终图纸效果窗口如图 2-1-18 所示。

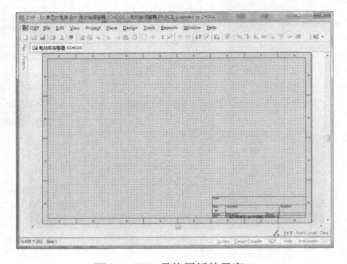

图 2-1-18　最终图纸效果窗口

课外园地

1. 图纸标题栏：对于公司或企业设计更加规范的电路原理图纸，标题栏是图纸说明的重要组成部分。它包括：（a）Standard（标准型），（b）ANSI（美国国家标准协会）两种模式，两种标题栏模式如图 2-1-19 所示。

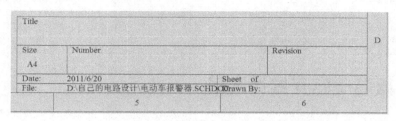

（a）Standard 模式

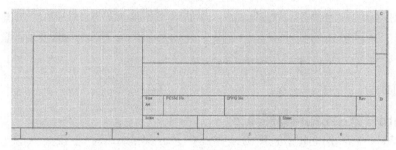

（b）ANSI 模式

图 2-1-19　两种标题栏模式

2. 在 Document Options 对话框中单击 Parameters（参数）选项卡，可以对图纸的参数进行设置，如图 2-1-20 所示。

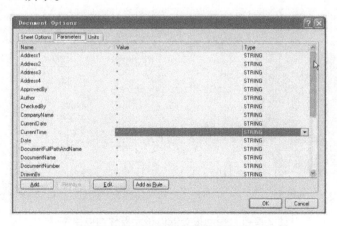

图 2-1-20　图纸的参数设置选项卡

 特别注释

> ➢ Address：原理图绘制者的地址
> ➢ Approved By：原理图的核实者

> ➤ Author：*原理图的设计者*
> ➤ Checked By：*原理图的检查者*
> ➤ Company Name：*原理图所属公司的名称*
> ➤ Current Date：*绘制原理图的日期*
> ➤ Current Time：*绘制原理图的时间*
> ➤ Document Full Path And Name：*文本的完整路径*
> ➤ Document Name：*文本名称*

项目二　报警电路元器件准备

学习目标

（1）了解原理图视图操作，熟悉搜索、添加电子元器件及原理图图库的操作过程。

（2）掌握原理图编辑器的使用和相关电子元器件、图片及文字属性的设置。

（3）会进行电子元器件库及报表操作。

问题导读

如何绘制出一张合格的电路原理图？

真正绘制出一张合格的电路原理图，要具备多方面的知识：不仅要熟悉电路及其原理、元器件的参数、电路符号及选用，还要尽可能多地熟悉各元器件厂商的升级换代电子元器件产品，熟悉新型元器件的封装等，就是说，要做许多绘图以外的具体工作。如图 2-2-1 所示，（a）报警器电子元器件散件实物图，（b）报警器部分元器件电路符号图。更多内容详见附录 A 和附录 C。

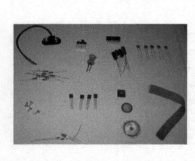
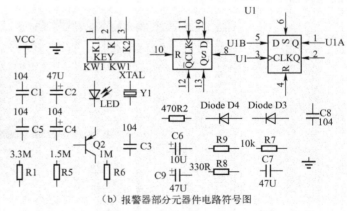

（a）振动报警器电子元器件散件实物图　　　　（b）报警器部分元器件电路符号图

图 2-2-1　振动报警器电子元器件与电路符号

知识拓展

设计原理图的常规流程

设计原理图的常规流程如图 2-2-2 所示。

启动 Protel DXP 2004，新建一个设计项目是设计图纸的第一步操作，当然并不是一定要建立项目文件后才可以建立电路原理图文件，即使没有项目文件，也可以利用原理图编辑器建立一个自由的原理图文件（Free Schematic Sheets 详细介绍见上一单元相关内容），保存后它不属于任何项目。这种操作，在只想画出一张原理图练习且暂时没有其他要求时，显得比较灵活简便。

在绘制过程中还要进行许多具体元器件编辑操作，通常包括移动、复制、粘贴等编辑，也包括各类元器件的属性编辑，必要时，还要进行自定义元器件及库符号的操作。

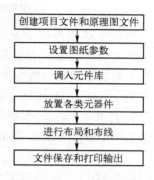

图 2-2-2　设计原理图的常规流程

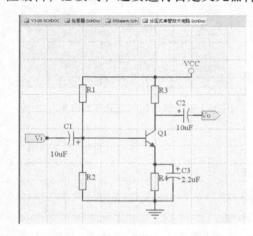

图 2-2-3　分压式单管放大电路原理图

 ### 知识链接

电原理图编辑就是使用电子元器件的电气图形符号及绘制电原理图所需的导线、总线等绘图工具来描述电路系统中各元器件之间的连接关系，所使用的是一种符号化、图形化的语言。

例如，如图 2-2-3 所示的是《电子技术基础与技能》中都要讲授到的分压式单管放大电路原理图。它由 1 个 NPN 型三极管和基极 2 个电阻、集电极 1 个电阻、发射极 1 个电阻、3 个电容组成，图中使用了导线、电气节点、接地符号、电源符号 VCC 四种绘图工具将电阻、电容、三极管等元器件的电气图形符号连接在一起。

任务一　搜索添加电子元器件及库操作

 ### 做中学

1. 在设计电路原理图，即在图纸上添加元器件之前，需要先找到元器件所在的位置，即我们所说的原理图图库。这里必须提到两个基本原理图库，一个是常用分立元器件库 Miscellaneous Devices. IntLib，包含了一般常用的分立元器件符号；另外一个是接插件库 Miscellaneous Connectors. IntLib，包含了一般常用的接插件符号。相关操作在第一单元中已经详细介绍过，这两库的添加操作步骤也不再重述。

特别注释

> ➤ 本书以后的电路原理图设计操作中都默认已添加这两个基础库。
> ➤ 绘制电路原理图既支持元器件符号库或元器件封装库，也支持集成的元器件库，它们的扩展名分别为：. Schlib 和 . Intlib。特别注意后者，它可以省去 PCB 设计中的封装库加载操作。
> ➤ 如果想要同时加载同一文件夹下的元器件库，可以按住键盘上的 Shift 键，选中多个库文件，然后单击 Open 即可。

2. 本报警器中绝大部分电子元器件均为基本元器件，从两个基本库中分别添加放置电阻、瓷片电容、电解电容、电感、二极管、NPN 或 PNP 三极管等。通常有如下两种放置方法：

方法一：通过 Libraries 面板放置

（1）打开 Libraries 面板，操作方法同前，确定所用的基本元器件库 Miscellaneous Devices. IntLib 已加载。

（2）在这里，所要放置的是普通发光二极管，移动鼠标选择电路符号，找到后单击 Place LED0，将鼠标指针移到原理图合适的位置，单击鼠标左键，元件将被放置在鼠标指针停留的位置，此时鼠标还可以继续放置该元件，直到完成放置，单击鼠标左键，鼠标恢复正常状态，从而结束这个元件的放置。库中定位选取 LED0 操作面板如图 2-2-4 所示。

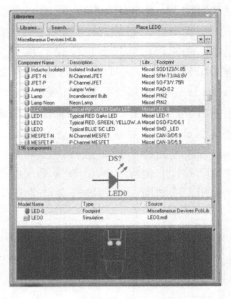

图 2-2-4　库中定位选取 LED0 操作面板

特别注释

> 在键盘上按 Esc 键可以退出元器件放置的状态。

> 在将鼠标移动到原理图目标位置之时，按 Tab 键可以进行相关选项快捷设置，具体操作后边进行详细说明。如图 2-2-5 所示为按下 Tab 键，打开 LED0 的 Component Properties（元件属性）对话框，把 Properties 栏下的 Designator（序号）DS? 修改为 DS1，如重复放置 LED，其编号自动添加，这将提高编辑效率。

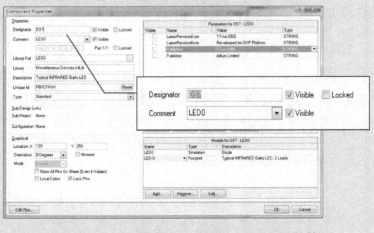

图 2-2-5　打开 LED0 的 Component Properties 对话框

（3）同理，放置电阻、瓷片电容、二极管、三极管等元器件时，先选择，随后按 Tab 键，修改完相关参数后，再放置以备用，整齐放置后效果如图 2-2-6 所示。

方法二：通过菜单放置

（1）执行菜单命令 Place | Part 或者利用快捷键 P | P，弹出如图 2-2-7 所示的 Place Part（放置元器件）对话框。同理，将 Designator（序号）DS? 修改为 DS1。

（2）单击 OK 按钮，将光标移至图纸上，能看到 LED0 的虚影随着光标移动，单击鼠标左键，就可以将 LED0 放置在当前位置，再次单击左键可以放置下一个 LED0，且序号自动递增。

（3）单击鼠标右键，即可完成当前 LED0 的放置，并且重回到图 2-2-7 放置 LED 对话框。

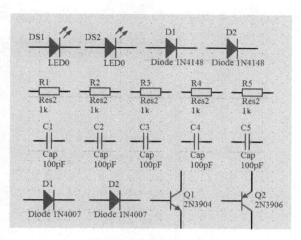

图 2-2-6　整齐放置后效果

（4）在 Lib Ref（原理图符号名称）和 Designator 项中分别填入"Cap"和"C1"，即为如图 2-2-8 所示的放置 Cap（电容）对话框。

图 2-2-7　放置 LED 对话框

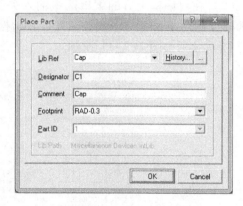

图 2-2-8　放置 Cap 对话框

特别注释

➤ Commment：元器件上的注释文字，一般在原理图元器件较多的时候，也为 PCB 节省空间，可以省略。

➤ Footprint：元器件封装类型，Cap 系统默认"RAD-0.3"。相关封装技术详见后续单元内容介绍及附录 C 元器件封装汇总。

（5）同理方法放置其他元器件（一定是当前库内所含有的元器件）。

图 2-2-9　单击库面板上的 Search…按钮

3. 搜索集成电路 4013（U1）所在库文件，并将其添加到库文件列表中。具体操作步骤如下：

（1）打开 Libraries 库面板，单击库面板上的 Search… 按钮，如图 2-2-9 所示，即可进入如图 2-2-10 所示的 Libraries Search（搜索元器件及库）对话框。

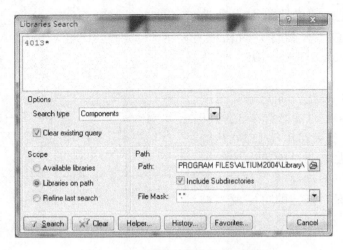

图 2-2-10　搜索元器件及库对话框

（2）在对话框上方的编辑区中输入关键词"4013 ＊"，并选中 Libraries On Path 前面的单选框，然后单击 ↓ Search 按钮即可开始搜索，同时从该对话框自动切换到 Libraries 面板，4013 搜索结果如图 2-2-11 所示。

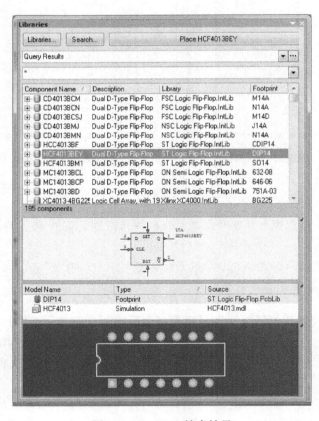

图 2-2-11　4013 搜索结果

（3）在图 2-2-11 所示面板上，从搜索到的 4013 列表中找到双列直插封装的"HCF4013BEY"所对应的库文件"ST Logic Flip-Flop. IntLib"。单击  按钮，即弹出如图 2-2-12 所示的添加 ST Logic Flip-Flop. IntLib 库文件对话框，单击 Yes 按钮即可。

图 2-2-12　添加 ST Logic Flip-Flop. IntLib 库文件对话框

（4）这时在库文件面板的库文件列表框中就可以看到该库文件了，如图 2-2-13 所示。

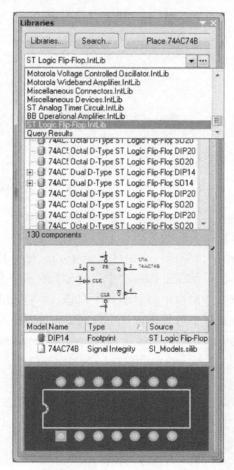

图 2-2-13　库文件面板中 ST Logic Flip-Flop. IntLib 库

 特别注释

> 在搜索关键字中使用"*"和"?"这两个通配符，这样可以使搜索更加快捷，例如在本例中，搜索元器件 4013 使用了搜索关键字"4013*"，因为不同的公司生产的 4013 的

名称会有不同的名称前后缀，"＊"的作用等同于元器件名称中含有 4013，其他字符任意。在 Protel DXP 2004 系统下语句表示为："（Name like ' ＊ 4013 ＊ '）or（Description like ' ＊ 4013 ＊ '）"。

（5）单击原理图编辑环境中的 View 菜单项，将弹出如图 2-2-14 所示的命令菜单。其中：

① Fit Document：可在当前的工作窗口显示整个原理图，如图 2-1-18 所示。

② Fit All Objects（快捷键：Ctrl + PgDn）：在工作窗口中显示所有元器件对象图，如图 2-2-15 所示。

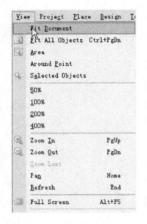

图 2-2-14　View 菜单

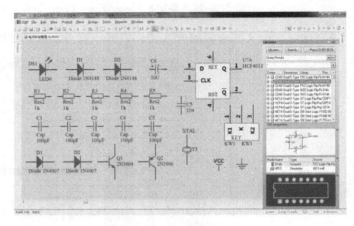

图 2-2-15　Fit All Objects 效果图

③ Area：在工作窗口中显示已选择的区域。单击此选项后，指针会变成十字状，然后按住鼠标左键选择区域，再次单击后就可以显示所选的区域了。

④ Around Point：在工作窗口显示一个坐标点附近的区域。具体操作为：单击该菜单选项，鼠标指针将变成十字形状显示在工作窗口中，移动鼠标到晶振，如图 2-2-16 所示，单击鼠标左键后移动鼠标，在工作窗口中将显示一个以该点为中心的虚线框，确定虚线框范围后，单击鼠标左键，在工作窗口中将显示虚线框所包含的范围，如图 2-2-17 所示。

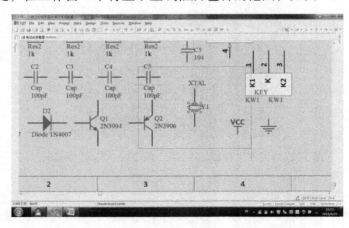

图 2-2-16　移动鼠标到晶振，以该点为中心确定虚线范围

⑤ Selected Objects：先选中一个 4013 元器件，然后单击该菜单选项，将在工作窗口中心处显示该元件，即以 4013 为目标显示窗口，如图 2-2-18 所示。

⑥ 工作窗口显示（实际图纸）比例：50%、100%、200%、400%，而且还可以 Zoom Out（放大，快捷键：PgDn）、Zoom In（缩小，快捷键：PgUp）。

⑦ Pan：在工作窗口中显示比例不变的鼠标所在点为中心的区域内的内容。具体操作为：移动鼠标确定想要显示的范围，单击该菜单选项，工作窗口将显示以该点为中心的内容。该操作提供了快速地显示内容切换功能，与 Around Point 菜单选项中所提供的操作不同，这里的显示比例没有发生改变。

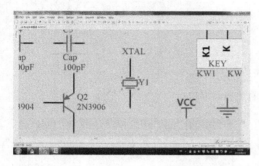

图 2-2-17 在工作窗口中显示虚线框所包含的范围

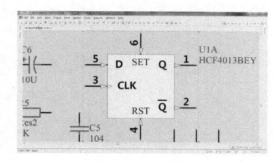

图 2-2-18 Selceted Objects 效果图

⑧ Refresh：视图的刷新。

总之，Protel DXP 2004 提供了强大的视图操作，通过视图操作，设计者可以查看电路原理图的整体设计和细节，并方便地在整体和细节之间切换。通过对视图的控制，设计者可以更加轻松地绘制和编辑电路原理图。另外，请注意快捷键的使用，详见附录 B。

4. 元器件符号的常规编辑操作主要涉及删除、复制、粘贴和移动。

任务二　新建元器件库及库报表操作

在实际设计电路中，初学者经常会碰到有个别元器件没有原理图库（没有找到其原理图库或真的没有原理图库）的情况，这时就需要自制电路原理图元器件，以满足设计的需要，此过程即为新建原理图元器件库操作。

 做中学

1. 单击 File | New | Library | Schematic Library 命令，新建的元器件库则自动保存在项目工程文件下了，如图 2-2-19 所示。

2. 单击保存按钮可对创建的原理图元件库重新命名。单击 Utilites 工具栏中的绘制下拉按钮，在其下拉列表中选择 Place Rectangle 按钮绘制出一个矩形背板，并调整其大小，如图 2-2-20 所示。

3. 单击，下拉列表中选择 Place Pin（放置引脚）按钮可在矩形的边缘绘制引脚，在引脚处于悬浮状态时单击 Tab 键可对引脚进行相应的设置，按空格键可对引脚的方向进行改变，Pin 属性对话框如图 2-2-21 所示。

4. 选中 Display Name 后面的复选框而不选中 Designator 后面的复选框，其效果如图 2-2-22 所示。

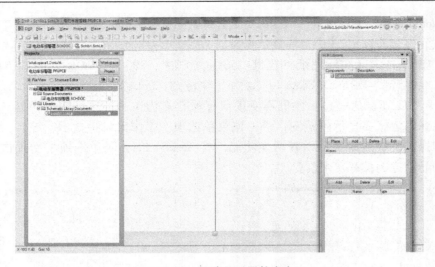

图 2-2-19　新建的元器件库窗口

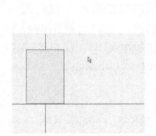

图 2-2-20　Place Rectangle 具体设置效果图

图 2-2-21　Pin 属性对话框

5. 选中 Designator 后面的复选框而不选中 Display Name 后面的复选框，其效果如图 2-2-23 所示。

6. 选中 Display Name 后面的复选框同时选中 Designator 后面的复选框，其效果如图 2-2-24 所示。

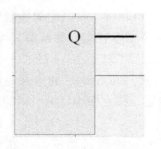

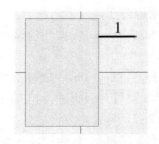

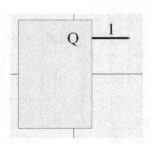

图 2-2-22　放置后的效果图　　　图 2-2-23　放置后的效果图　　　图 2-2-24　放置后的效果图

7. 选中 Display Name 后面的复选框，同时选中 Designator 后面的复选框，并在 Outside 后面按钮下拉栏中选择 Left Right Signal Flow 选项，其效果如图 2-2-25 所示。

8. 依照上述方法分别在矩形的上侧和下侧放置一个引脚，左侧和右侧各放置两个引脚，并将其重命名，最后效果如图 2-2-26 所示。

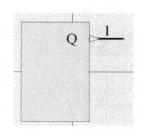

图 2-2-25 放置后的效果图

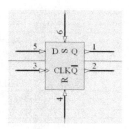

图 2-2-26 放置后的效果图

 特别注释

➤ 芯片输出端 $\overline{Q}$ 的输入，即 Display Name 后面的编辑框中输入 $\boxed{Q \backslash}$ ，如图 2-2-27 所示。

➤ 在 Symbols 栏目中还可以根据芯片具体引脚的工作进行：Inside（内部），Inside Edge（内部边缘），Outside（外部），Outside Edge（外部边缘）等相关下拉栏中各个选项的设置。

图 2-2-27 Display Name 中输入 $\boxed{Q \backslash}$

9. 最后，单击 File | Save 命令，在弹出的保存对话框中将该元器件库命名为：bjq1. schlib。

10. 单击窗口右下角的标签 SCH，如图 2-2-28 所示，激活 "SCH Library"（原理图库编辑器）面板，在原理图符号列表中选中 "component_1"，这也是系统默认的元器件名称，如图 2-2-29 所示，确保以下操作都作用于该原理图符号。

图 2-2-28 单击标签 SCH

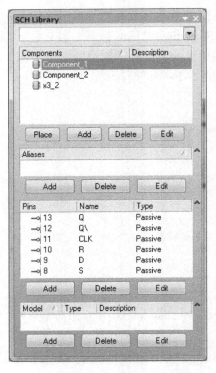

图 2-2-29　原理图库编辑器面板

 特别注释

➢ 双击图 2-2-29 原理图库编辑器面板中 Comonent_1 默认元器件名称或单击第一排命令按钮最右边的 Edit 按钮，即可显示如图 2-2-30 所示的 Library Component Properties（原理图库元器件属性）对话框，在 Library Ref 后面的编辑框中重新命名元器件名称。

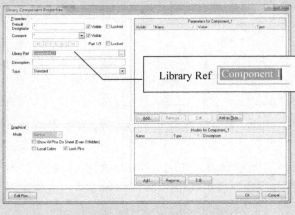

图 2-2-30　原理图库元件属性对话框

11. 单击菜单命令 Report | Component（元器件），即可生成该原理图符号的报表文件"bjq1.cmp"，系统将自动进入如图 2-2-31 所示的元器件报表文件编辑窗口，报表文件的后缀名为"*.cmp"。

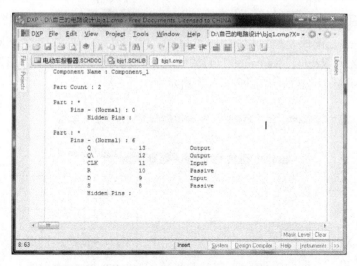

图 2-2-31 原理图库符号报表文件编辑窗口

12. 单击菜单命令 File | Save 保存该报表文件。

任务三 元器件、图片及文字属性的设置

 做中学

1. 在任务一的添加元器件操作中，可以根据需要对元器件相关属性及数据进行具体的设置。下面以电阻元件为例介绍修改元器件属性的操作步骤。

（1）在元器件处于悬浮状态时按 Tab 键或放置元件后双击这个元器件，均可以打开 Component Properties（元器件属性）对话框，如图 2-2-32 所示。

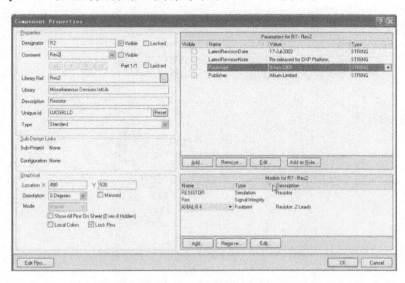

图 2-2-32 元器件属性对话框

（2）在 Designator（标号）后面的编辑框中输入 R1，并选中 Visible 复选框，则此项就可以在原理图中显示出来。Comment 栏是对这个电阻的说明，后面的复选框不选中，则表示

元器件的说明在原理图中不会显示出来，在元器件的 Parameters list for R? – Res2（扩展属性）单击 Edit... 按钮，就可以弹出 Parameter Properties（参数属性）对话框，在 Name 下面的编辑框中输入 Value，在 Value 下面的编辑框中将原来 1k 阻值改为 10k，并选中 Value 编辑框下面的 Visible 复选框，如图 2-2-33 所示。

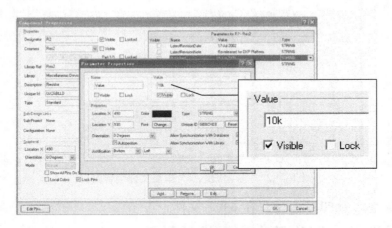

图 2-2-33　电阻 Value 设置对话框

（3）两次单击按钮 OK 就可以完成电阻阻值的设置。

（4）其他元器件如瓷片电容、电解电容、二极管、三极管等属性的设置和电阻元件属性的设置一样。元器件属性设置完成以后，用左键选择按住元器件拖动摆位，其原理图摆放后的效果如图 2-2-34 所示。

2. 在电路原理图左下角可以添加相关图片，以示说明。报警器添加图片的操作步骤如下。

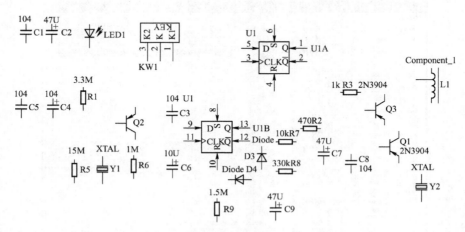

图 2-2-34　修改属性并摆放后的效果图

（1）单击菜单 Place | Drawing Tools | Graphic...命令，则会出现一个图片框的虚影，如图 2-2-35（a）所示，单击确定图片的初始位置，拖动鼠标再次单击目标位，以确定图片的大小，如图 2-2-35（b）所示。

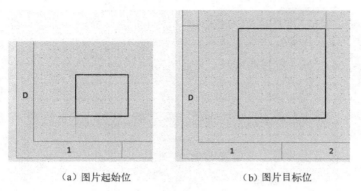

（a）图片起始位 （b）图片目标位

图 2-2-35 添加图片操作图

（2）单击后会出现"打开"查找范围对话框，如图 2-2-36 所示。在"打开"对话框中通过查找范围，改变文件路径，确定选择要打开的图片"IMG0044A"。

图 2-2-36 打开对话框

（3）单击"打开"按钮，即可在电路原理图中添加手持报警器图片 IMG0044A，如图 2-2-37 所示。

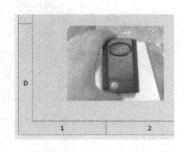

（4）双击图片，弹出如图 2-2-38 所示的图片属性对话框，单击 Border On 复选框，为图片添加边框，增强效果；单击 Border Color（颜色区），在颜色窗口中，将其设定为 229 号色；单击 Border Width（边框宽度）选择 Small。

图 2-2-37 添加图片 IMG0044A 后的效果

 特别注释

在图 2-2-38 所示的 Graphic（图片）对话框中，其他项的含义：

➤ Location X1，Y1：图片的起点坐标

> ➢ Location X2，Y2：图片的终点坐标
> ➢ FileName：图片的名字（包含路径）
> ➢ Browse…：可以查找图片的路径

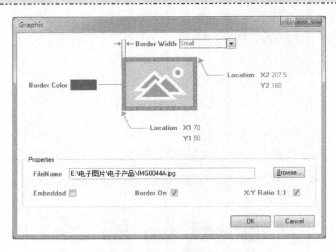

图 2-2-38　图片 IMG0044A 属性设置对话框

（5）单击 OK 按钮，修改边框后的效果如图 2-2-39 所示。

3. 在图片下方还可以添加图片文字，以加强图片说明。报警器添加图片文字的操作步骤如下。

（1）执行菜单命令 Place | Text String，快捷键：P | T，会出现一个字符串的虚影，文字放置目标是图片下方，单击鼠标，即可完成 Text 的放置，如图 2-2-40 所示。

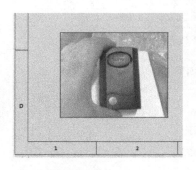

图 2-2-39　修改边框后的效果

图 2-2-40　放置 Text

（2）双击放置的 Text 文字，即可弹出如图 2-2-41 所示的 Annotation（注释）对话框，在 Text 后面的方框中输入"电动车振动报警器"文本内容。

（3）单击 Font 后面的 Change... 按钮，可弹出"字体"对话框，设置字体为幼圆，字形为斜体，大小为小四号，然后单击 OK 按钮。其他采用默认设置，字体设置后效果如图 2-2-42 所示。

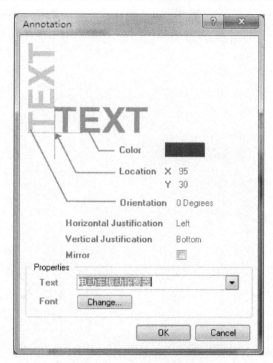

图 2-2-41 Text 文字注释对话框

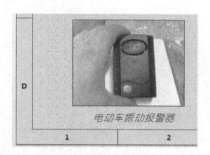

图 2-2-42 字体设置后的效果图

 特别注释

> ➤ Color：注释文字的颜色，操作同于图 2-1-15 颜色选择框
> ➤ Location：注释文字的精确位置
> ➤ Orientation：注释文字的旋转角度
> ➤ Horizontal Justification：文字水平调整位置，包括 Left（左）、Center（居中）、Right（右）
> ➤ Vertical Justification：文字垂直对齐位置，包括 Bottom（底端）、Center（居中）、Top（顶端）

 课外阅读

在设计电路原理图的时候，常常需要加入一些相关内容的说明，即输入多行文字，这时就需要使用文本框功能。具体操作步骤如下：

1. 执行菜单命令 Place | Text Frame，快捷键：P | F，则会弹出一个矩形图框，单击鼠标确定文本框的起始位置，如图 2-2-43（a）所示，然后拖曳鼠标定位文本框的大小，确定目标位置，再次单击，如图 2-2-43（b）所示。最后单击鼠标右键即可退出文本框的放置状态。

2. 双击放置好的文本框，则弹出 Text Frame（文本框）对话框，进行文本框相关属性的修改，如图 2-2-44 所示。

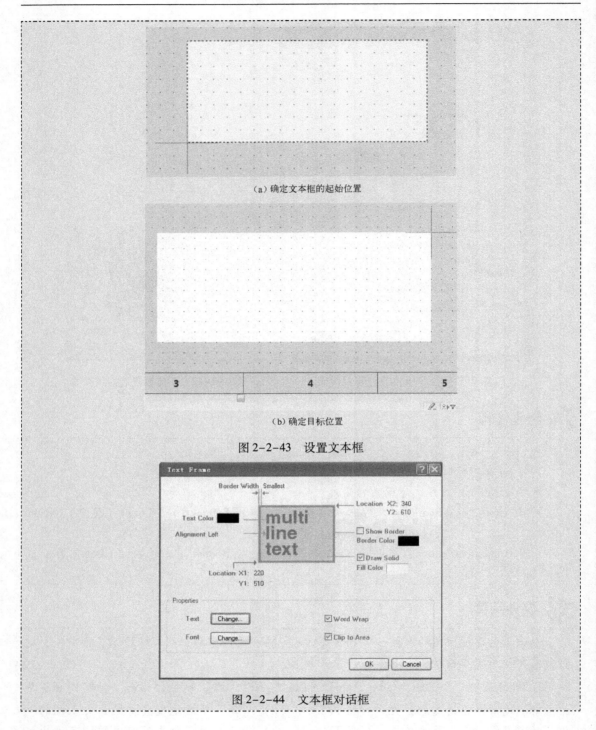

（a）确定文本框的起始位置

（b）确定目标位置

图 2-2-43　设置文本框

图 2-2-44　文本框对话框

特别注释

> Border Width：边框的宽度
> Text Color：文本的颜色

> Location X1，Y1：起点坐标
> Location X2，Y2：终点坐标
> Alignment：文本对齐方式
> Show Border：是否显示边框复选框
> Border Color：边框颜色
> Draw Solid：是否填充文本框内部颜色
> Fill Color：填充颜色
> 如果选中 Word Wrap 前面的复选框，则表示多行文本将自动换行
> 如果选中 Clip to Area 前面的复选框，则表示文字将被限制在文本框内，若不选中此复选框，则超出文本框内的文字将无法显示

3. 单击 Text 后面的 Change... 按钮，弹出 TextFrame Text（文本框中的文本）对话框。输入文本，如图 2-2-45 所示，完成后单击 OK 按钮。

4. 单击 Font 后面的 Change... 按钮，弹出"字体"设置对话框，设置字体为宋体、常规、五号字。

5. 单击 OK 返回，再单击 OK 按钮，最终效果如图 2-2-46 所示。

图 2-2-45　文本框中输入文本对话框效果

图 2-2-46　文本框最终效果

项目三　报警电路元器件集群编辑操作

学习目标

（1）通过基本原理图的操作，会进行多个元器件对齐排列布局操作。
（2）掌握多个元器件集群编辑的操作方法。

问题导读

编辑原理图如何提速？

本例中的电动车振动报警器电路元器件相对不多，电路不算复杂，而且相似元器件很多，如电阻、电容等，逐个编辑仍显烦琐，效率低。又如在全国计算机信息高新技术考试"计算机辅助设计"（Protel 平台）考题中，关于原理图编辑操作有如下要求。

按照××图编辑元器件标号、元器件类型、端口和网络标号等:
➢ 重新设置所有元器件标号,字体为黑体,大小为 12 号
➢ 重新设置所有元器件类型,字体为黑体,大小为 15 号
➢ 重新设置所有网络标号,字体为黑体,大小为 14 号
这些要求如何才能又快又好的完成呢?

知识拓展

要解决的是思路　要掌握的是方法

关于元器件的一些基本操作,例如,选取、取消、复制、剪切、粘贴、旋转、删除等,直到这里我们也没有详细介绍。(这在很多书中会有很详细的介绍)

其实,这些操作对设计者而言,就是要培养相关知识拓展应用能力的训练。要解决的是思路,要掌握的是方法,真正做到触类旁通。通常有 Windows 、Office(办公软件)软件操作基础就够了。

1. 操作要有对象,即选取很重要。单击目标对象即可,当然也可以再单击其他空白处取消选取。也可以拖动鼠标选取多个对象。

2. 接下来要做:移动——直接拖动,复制——Ctrl + C,剪切——Ctrl + X,删除——Del。

3. 粘贴——Ctrl + V。注意:此时元器件跟随鼠标一起移动,在目标位置单击即可完成放置。

4. 旋转元器件方向。通常是元器件跟随鼠标一起移动时,每按空格键一次即可使元器件逆时针旋转 90°。注意:此时的操作要先关闭中文输入法。

知识链接

编辑升级

1. 将鼠标与 Shift 键配合使用,可以选取多个对象。

2. 单击 Edit | Select | Inside Area 命令,可以框选元器件。如图 2-3-1 所示为框选多个元器件效果。还可以通过单击 Edit | Move 命令来将它们一起移动。

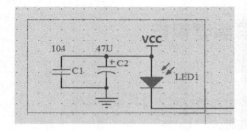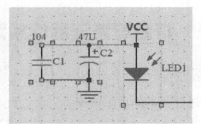

图 2-3-1　框选多个元器件效果图

3. 同理,单击 Edit | Deselect | Inside Area 命令,可以框选要取消的对象,再次单击,取消元器件的选中。

4. 旋转元器件方向:元器件跟随鼠标一起移动时,每按空格键一次,可以将对象逆时针旋转 90°;按 X 键可以将对象进行水平翻转;按 Y 键可以将对象垂直翻转。

5. 剪切快捷键：$\boxed{E}$ | $\boxed{T}$ 或单击 Edit | Cut 命令。

6. 复制快捷键：$\boxed{E}$ | $\boxed{C}$ 或单击 Edit | Copy 命令。

7. 粘贴快捷键：$\boxed{E}$ | $\boxed{P}$ 或单击 Edit | Paste 命令。注意元器件序号、网络标号要修改。

8. 阵列粘贴：单击 Edit | Paste Array 命令，如图 2-3-2 所示，就可以实现一次粘贴多个对象，而且在粘贴过程中，序号和粘贴次数可以按指定的设置自动递增。

图 2-3-2　Setup Paste Array 对话框

特别注释

在图 2-3-2 所示的 Setup Paste Array 对话框中：
- ➤ Placement Variables（放置变量）选项组中有三个选项
  - 其一，Item Count（对象计数），可以设置阵列粘贴时复制对象的个数
  - 其二，Primary Increment（主增量），元件序号自动增加 1
  - 其三，Secondary Increment（次增量）
- ➤ Spacing（间距）选项组中有两个选项
  - 其一，Horizontal（水平），可以设置阵列粘贴对象之间的水平距离
  - 其二，Verical（垂直），可以设置阵列粘贴对象之间的垂直距离

以下是电阻 R1，选取并复制后，阵列粘贴设置：Item Count = 4，Primary Increment = 1，Secondary Increment = 0；Horizontal = 30，Verical = 0 后进行两次阵列粘贴，效果如图 2-3-3 所示。

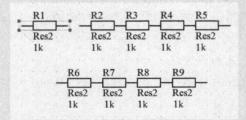

图 2-3-3　两次阵列粘贴的效果

➤ 进行阵列粘贴时，如按快捷键 $\boxed{E}$ | $\boxed{Y}$ 或单击图形工具栏中的按钮 🔲，则相当于单击 Edit | Paste Array 命令。

任务一　多个元器件对齐排列布局操作

为了进一步规范和美化电路原理图元器件的摆放，Protel DXP 2004 提供了一系列用于元器件排列和对齐的命令。

做中学

1. 通过单击选择 Edit | Align 命令子菜单中的命令来完成（命令的右边为其快捷键方式），如图 2-3-4 所示。

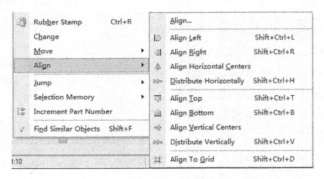

图 2-3-4　元器件对齐的菜单命令

 特别注释

关于元器件排列对齐相关各项含义：
- Align Left：左对齐
- Align Right：右对齐
- Align Horizontal Centers：水平方向居中对齐
- Distribute Horizontally：水平均匀分布
- Align Top：顶端对齐
- Align Bottom：底端对齐
- Align Vertical Centers：垂直方向居中对齐
- Distribute Vertically：垂直均匀分布

单击 Align | Align…选项，则弹出如图 2-3-5 所示的 Align Objects 对话框。

其中 Options 选项卡包含两个区域。

其一，Horizontal Alignment（水平对齐）栏目中的各个选项依次如下：
- No Change：在水平方向不改变元件的位置
- Left：在水平方向上左对齐
- Centre：在水平方向上居中对齐
- Right：在水平方向上右对齐
- Distribute equally：在水平方向上均匀分布

其二，Vertical Alignment（垂直对齐）栏目中的各个选项依次如下：
- No Change：在垂直方向不改变元件的位置
- Top：在垂直方向上顶端对齐
- Centre：在垂直方向上居中对齐

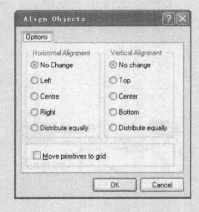

图 2-3-5　Align Objects 对话框

> ➤ Bottom：在垂直方向上底端对齐
> ➤ Distribute equally：在垂直方向上均匀分布

2．执行元器件的顶端对齐操作。

（1）首先选中需要顶端对齐的操作对象，如图 2-3-6 所示。

（2）单击 Align 命令子菜单中的 Align Top 命令，结果如图 2-3-7 所示。

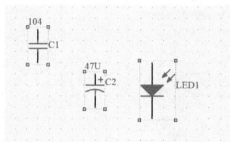

图 2-3-6　选中操作对象

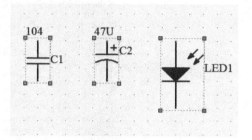

图 2-3-7　执行顶端对齐命令后的效果

3．对于其他的对齐方式，与以上菜单中的相关各命令项操作相同，其他选项自行练习。

任务二　多个元器件集群编辑操作

在电路原理图的绘制及编辑修改过程中，常常希望对某些具有相同特性的图件（包括原理图符号、元器件、焊盘、导线以及过孔等），就像本项目"问题导读"中提到的全国计算机信息高新技术考试"计算机辅助设计"（Protel 平台）考题"关于原理图编辑操作的要求"，能通过一次操作完成特定的编辑，从而大大提高电路板设计效率，也可为考试节省宝贵时间。

下面来完成本项目"问题导读"中提到的原理图编辑操作的要求：重新设置所有元件标号，字体为黑体，大小为 12 号。

做中学

1．单击菜单命令 Edit | Find Similar Objects，鼠标变成十字形状，将光标移动到工作窗口中电阻 R1 的序号"R1"上，如图 2-3-8 所示。

2．单击鼠标左键，即可进入如图 2-3-9 所示的 Find Similar Objects（查找相似对象）对话框。

3．将该对话框中的 Graphical | FontId 选项后的第二参数"Any"改为"Same"，并且选中 Select Matching 选项前的复选框，以确保所有与电阻相同元器件标号字体都被选中。

4．单击 Apply 按钮，系统即按照设定的参

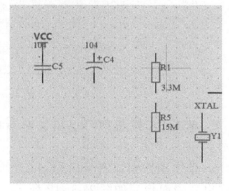

图 2-3-8　选取电阻 R1 标志

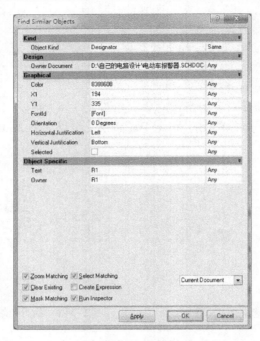

图 2-3-9　查找相似对象对话框

数对当前原理图图件进行查找，查找效果窗口如图 2-3-10 所示。

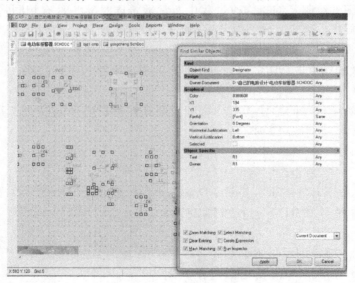

图 2-3-10　查找效果窗口

　　5. 单击 OK 按钮即可退出该对话框，系统自动弹出 Inspector 面板，如图 2-3-11 所示。

　　6. 单击工作窗口右下角的 SCH 标签按钮，在弹出的列表中选择 List 标签，系统将弹出列表面板，如图 2-3-12 所示。通过该列表中可以看到相同的元器件标号都被选中了。

图 2-3-11　Inspector 面板

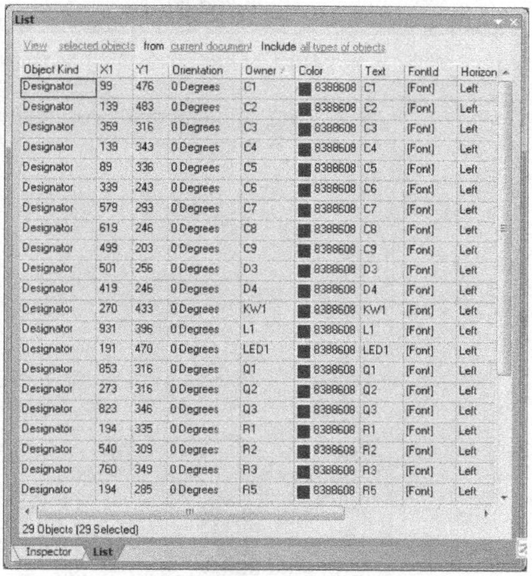

图 2-3-12　List 标签

7. 单击面板下方的 Inspector 标签按钮，切换到如图 2-3-11 所示的 Inspector 面板。

8. 选取图 2-3-11 中的选项 Fontld　　　…，然后单击字体设置按钮…，即可弹出字体设置对话框，在其中设置字体为黑体，字形为常规，大小为 12 号，如图 2-3-13 所示。

9. 单击确定按钮，返回 Inspector 面板，此时该选框中显示为"12"，如图 2-3-14 所示。然后按 Inspector 面板的⊠关闭按钮。此时原理图中的其他元件还是处于浅色状态。

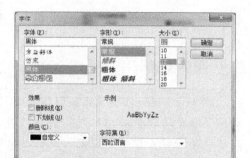

图 2-3-13　字体设置对话框

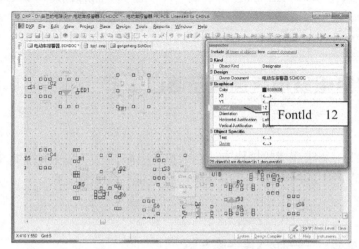

图 2-3-14　设置 Inspector 面板后的效果图

10. 再单击右下角状态栏中的按钮 ██Clear 或按 Shift + C 组合键将其窗口恢复正常显示状态，即可见到所有元器件标号已经全部按要求修改完成，如图 2-3-15 所示。

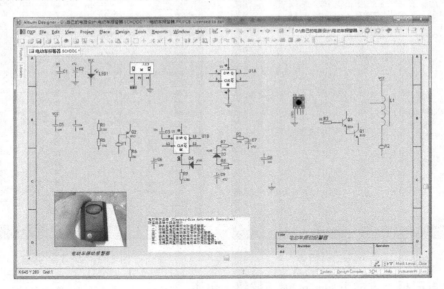

图 2-3-15　设置完成效果图

课外阅读

> 　　在 Protel 99 SE 中，系统提供了全局变量编辑的功能，它可以对电路设计中具有某种相同属性的元器件一次性进行编辑修改。而 Protel DXP 2004 提供的全局编辑功能不仅可以对电路设计文件中与设定匹配的对象进行整体编辑，并且还可以对用户选中的对象进行整体编辑，我们将这两种编辑修改对象统称为一个具有某种相似属性的群体，因此称此项功能为群体编辑功能。
>
> 　　对比以前版本，Protel DXP 2004 群体编辑功能增加了选择编辑对象的灵活性，所选择的对象可以是整个设计中的具有共性的一组对象，也可以是用户指定的某些对象。

项目四　报警电路电气连接及端口操作

学习目标

（1）掌握导线、总线连接的操作方法，会放置电路节点、电源与接地元件。
（2）掌握原理图中的网络标号、信号端口的添加与属性的设置。

问题导读

什么是网络标号？——电气连接第三招

在 Protel DXP 2004 中除了通过元器件引脚之间连接导线表示电路电气连接之外，还可以通过设置网络标号来实现元器件引脚之间的电气连接。

在电路原理图上，网络标号将被附加在元器件引脚、导线、电源/地符号等具有电气特性属性的对象上，说明被附加对象所在网络。具有相同网络标号的引脚对象之间被认为彼此间具有相同的电气连接，即属于同一个电路网络中，这样的网络标注名称就叫网络标号。如图 2-4-1 所示的是以 Altera 公司 MAXII 系列 EPM240 芯片引脚网络标号设计的部分电路原理图。

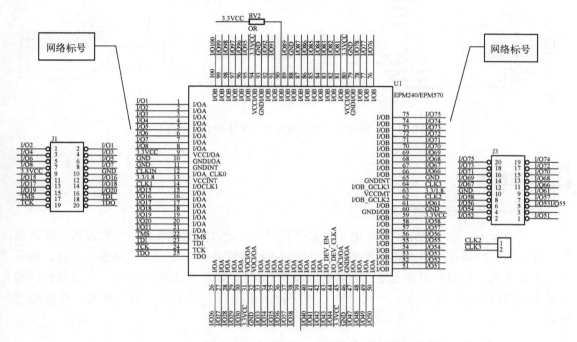

图 2-4-1 EPM240 芯片引脚网络标号设计的部分电路原理图

在绘制较大规模电路原理图时，网络标号应用是十分灵活与方便的，其具体应用环境是：

1. 在单张原理图中，为简洁表示错综复杂的电气连接可以设置网络标号。

2. 在多张原理图中，为建立跨多张电路原理图元器件之间的电气连接可以设置网络标号。

网络标号的具体设置方法与过程详见任务三。

 知识拓展

总线及总线分支线——电气连接第二招

在大规模集成电路设计中，尤其是数字电路设计时会有大量的引脚连线，此时采用总线形式进行连接就可以大大减小引脚连线的工作量，同时电路原理图也更加清晰直观。

总线电路连接形式由总线与总线分支线组成，它们一起构成电路电气连接属性。如图 2-4-2 所示是由单片机处理器 8031、地址锁存器 74LS373 、外部数据存储芯片 27128 组成的采用总线及总线分支线设计的电路原理图。

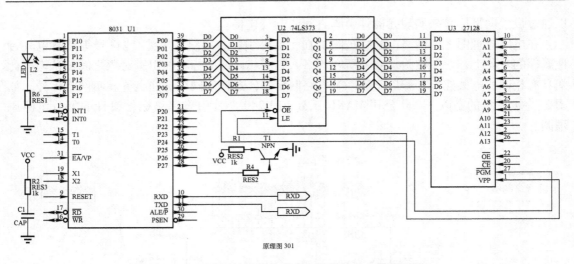

原理图 301

图 2-4-2　采用总线及总线分支线设计的电路原理图

知识链接

导线——电气连接第一招

一般情况下，在电路原理图中电子元器件引脚之间通过绘制导线，将电路连通。在系统默认设置下，如果有不相连的导线交叉，将会使导线分层叠置，表面上看是连在一起，实际上是不相连的（这时如果要连通，必须手工放置节点）；如果有相连的支线（一条导线的起点或者是终点在另一条导线上）将会在相连的接点上出现一个节点，表示此节点在电路上相通。

任务一　电路导线、总线的绘制

执行菜单命令 View | Toolbars | Wiring，即可打开 Wiring 工具栏，如表 2-4-1所示。

表 2-4-1　Wiring 工具栏

按　钮	含　义	按　钮	含　义
	绘制导线		绘制总线
	放置网络标号		放置总线分支线
	放置接地电源		放置电源符号
	放置元器件		放置方块电路
	放置方块电路端口		放置忽略 ERC 检测
	放置电路输入、输出端口		

做中学

导线的绘制，具体操作步骤如下：

1. 单击绘制导线按钮或左键单击菜单 Place | Wire（或直接按键盘字母 P | W），启动 Wire（绘制导线）命令，即进入画导线状态，同时鼠标上出现一个十字。在此以三极管 Q3 为例，将鼠标指针靠近发射极引脚，这个十字自动滑到该元件引脚或导线的端点上，这时将出现红色的米字形，如图 2-4-3 所示，此时只要单击即可设置导线起点。

2. 然后拖曳鼠标，在连接导线的转折点处再次单击，且拖曳鼠标到三极管 Q1 基极接线端，此时会再次出现红色的米字形，如图 2-4-4 所示。

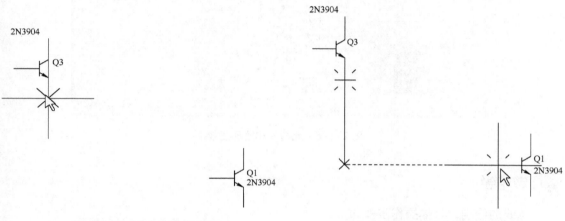

图 2-4-3　确定连线起点　　　　　　　　　　图 2-4-4　确定连线终点

3. 再次单击鼠标，即可完成元器件间的连接。

4. 如果需要其他方向的连接，可在最后一次单击之时通过 Shift + Space 组合键进行切换，不同的导线连接效果如图 2-4-5（a）、（b）所示。

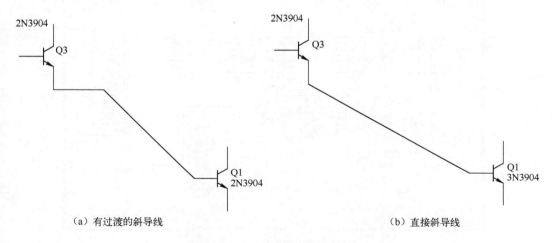

（a）有过渡的斜导线　　　　　　　　　　　　（b）直接斜导线

图 2-4-5　不同的导线连接效果

5. 连接完线路，右键单击一次，或者按 Esc 键，退出画线状态。

6. 重复以上连线步骤，用同样的方法连接其他元器件的引脚，元器件连接导线效果如图 2-4-6 所示。

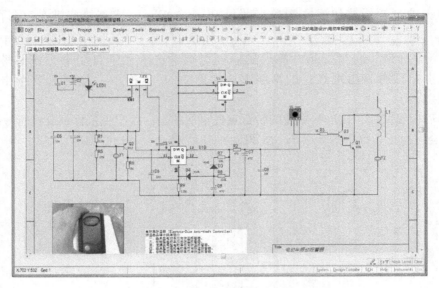

图 2-4-6   元器件连接导线效果

 做中学

总线的绘制，具体操作步骤如下：

1. 打开如图 2-4-2 所示的总线及总线分支线的电路原理图，未进行设置之前的电路原理图如图 2-4-7 所示。

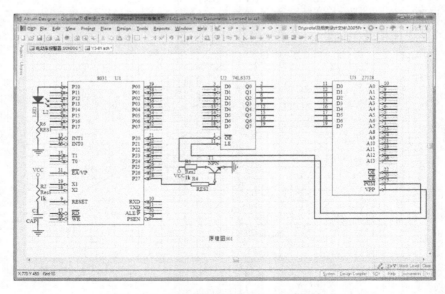

图 2-4-7   未进行总线设置之前的电路原理图

2. 执行绘制总线命令。单击 Wiring（布线）工具栏中的总线按钮即可进入绘制总线状态。在图纸上芯片 8031 与 74LS373 之间合适的地方单击鼠标左键，确定总线的起点，移动鼠标在拐弯处单击，然后在 74LS373 与 27128 之间确定总线终点，单击鼠标右键，完成总线的绘制。总线绘制过程及结果，如图 2-4-8（a）、（b）所示。

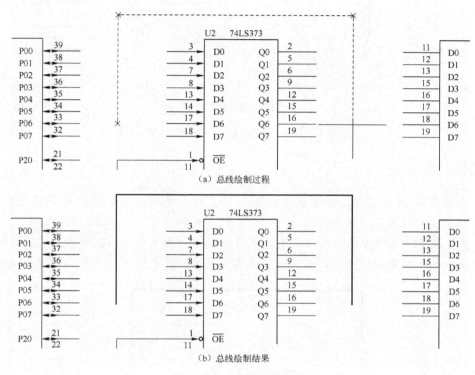

图 2-4-8 进行总线绘制

3. 执行绘制总线分支线命令。单击 Wiring（布线）工具栏中的总线分支线按钮，在光标上可以看到一段方向为 45°或 135°的总线分支线（单击 Space 键随时可以改变方向），待总线分支线一端或两端出现红色米字形电气捕捉标志时，单击鼠标左键即可放置好该总线分支线，再根据需要复制此放置操作。总线分支线绘制过程及结果如图 2-4-9（a）、（b）所示。

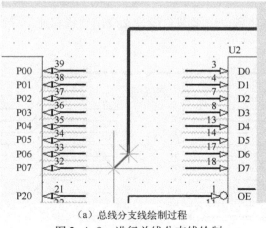

（a）总线分支线绘制过程

图 2-4-9 进行总线分支线绘制

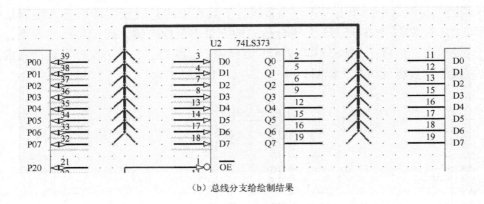

（b）总线分支给绘制结果

图 2-4-9　进行总线分支线绘制（续）

👓 **特别注释**

> 在图 2-4-9 进行总线分支线绘制过程中，因为这里芯片之间正好是完全对称的，所以可以将左侧的两列总线分支线全选，然后进行复制（【Ctrl + C】），再粘贴（【Ctrl + V】），移动鼠标将复制出来的总线分支线放置在右侧，如图 2-4-10 所示。灵活运用该方法迅速完成总线分支线的绘制，这在考级或比赛中可以为取胜争取更多的时间。

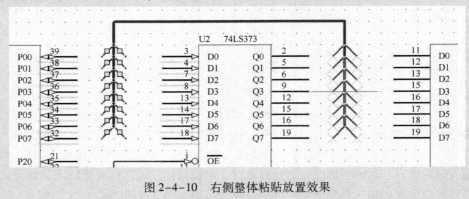

图 2-4-10　右侧整体粘贴放置效果

4. 利用绘制导线工具将各个引脚与总线分支线用导线相连。导线连接效果如图 2-4-11 所示。

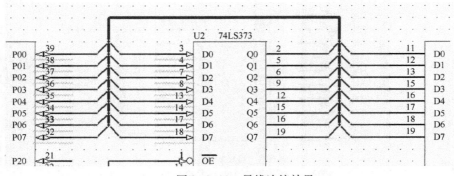

图 2-4-11　导线连接效果

特别注释

> Protel DXP 2004 提供了功能完备的图形绘制工具，运用提供的图形绘制工具可以很方便地在电路原理图上绘制直线、弧线、曲线、矩形、椭圆形，从而可以对原理图进行进一步的修饰，达到美化原理图的目的。
>
> 而在电路原理图实际绘制过程中，经常有初学设计者将电子元器件引脚之间的连接用直线画图工具绘制连接，这样操作是完全错误的。

任务二 放置电源、地符号操作

下面以放置 +9V 电源为例，完成本任务操作过程。

 做中学

1. 选择 Place|Power Port 命令，即进入放置状态。鼠标指针上出现一个大十字形还带一个电源符号。各符号各角度摆放效果如表 2-4-2 所示。

表2-4-2 各符号各角度摆放效果

大地	信号地	电源地	Wave	Bar	Arrow	Circle
			⌇VCC	⊣VCC	⊳ VCC	-○VCC
			VCC	VCC	VCC	VCC
			VCC⌇	VCC⊢	VCC◁	VCC○
			VCC	VCC	VCC	VCC

2. 单击 Wiring 工具栏中的 按钮或单击菜单 Place| Power Port（或直接按键盘字母 P|O），此时 的接线端会变成十字光标，将十字光标放在预放置接地符号的元器件接线端（这里以电容 C2 为例），这时将出现红色的米字形，放置接地符号效果如图 2-4-12 所示。然后单击鼠标即可。

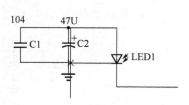

图 2-4-12 放置接地符号效果

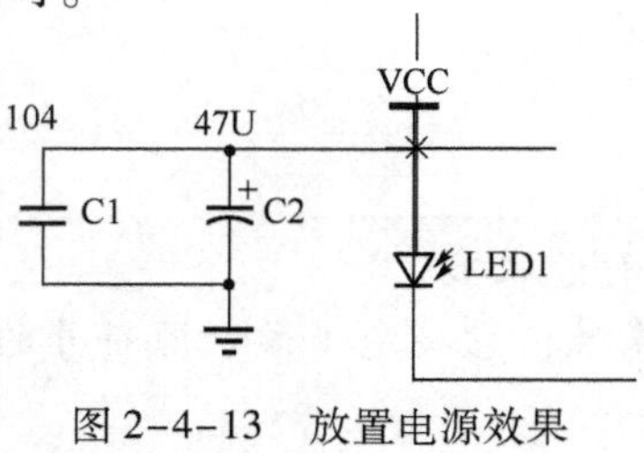

图 2-4-13 放置电源效果

3. 单击 Wiring 工具栏中的按钮 ，此时 的接线端会变成十字光标，将十字光标放在预放置电源的元器件的接线端（这里以 LED1 为例），这时将出现红色的米字形，放置电源效果如图 2-4-13 所示。然后单击鼠标即可。

4. 重复以上放置接地、电源等步骤，按原理图完成全部放置。原理图放置电源、接地效果如图 2-4-14 所示。

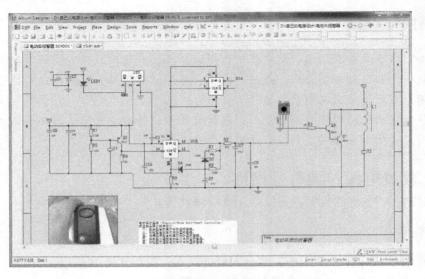

图 2-4-14　原理图放置电源、接地效果

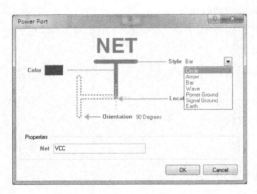

图 2-4-15　Power Port 对话框

5. 设置电源和接地符号属性。双击任意电源符号或用单击确定按钮并按 Tab 键的方法，打开 Power Port（设置电源及接地符号属性）对话框，如图 2-4-15 所示。在该对话框中，Properties 区域的 Net 后面的编辑框内由默认的"VCC"修改为"+9V"。

6. 单击 Style 选项后的 ▼ 按钮，将弹出如图 2-4-15 所示的电源及接地符号样式下拉列表，在列表中选择"Circle"作为电源符号的外形风格。

7. Orientation：设置电源旋转角度为 90°。

8. 单击 OK 按钮，返回原理图编辑窗口，+9V 电源设置结果如图 2-4-16 所示。

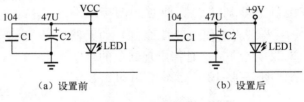

　（a）设置前　　　　　　　　　（b）设置后

图 2-4-16　+9V 电源设置结果

🐞 **特别注释**

➢ 在电路设计中，通常同一个电源网络采用单一的电源符号风格。

➢ Net：电源符号所在的网络，这是电源符号最重要的属性，它确定了该电源符号的电气特性。

任务三　放置网络标号和端口操作

 做中学

首先，以 Altera 公司 MAX II 系列 EPM240 芯片为例，说明放置网络标号的操作过程。

1. 单击 Schematic Standard 工具栏最左边的 Open Any Document 按钮，出现 Files 面板，如图 2-4-17 所示。

2. 单击 New 区域中的 Schematic Sheet（新建原理图）命令项。

3. 打开 Libraries 库面板，单击 Search... 按钮，搜索查找"EPM240"芯片（方法同前），添加"Altera MAX II. Intlib"库，其结果如图 2-4-18 所示。

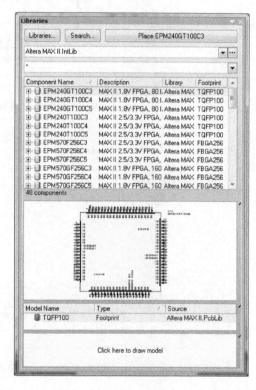

图 2-4-17　Files 面板　　　图 2-4-18　添加"Altera MAX II. Intlib"库的库面板

4. 单击 Place EPM240GT100C3 按钮，按 Tab 键，修改 Designator 为 U1A，单击 OK 按钮，在原理图合适位置，单击放置芯片。

5. 单击 Libraries 库中的基本库 Miscellaneous Connectors. IntLib，选择 Header10×2，单击 Place Header 10×2 按钮，按 Tab 键，修改 Designator 为 J1，单击 OK 按钮，在原理图合适位置，放置该引脚接线柱，添加芯片及接线柱后原理图效果如图 2-4-19 所示。

6. 单击 Schematic Standard 工具栏中的保存按钮，在弹出的 Save 保存原理图对话框中将原理图命名为"开发板 EMP240"，如图 2-4-20 所示。

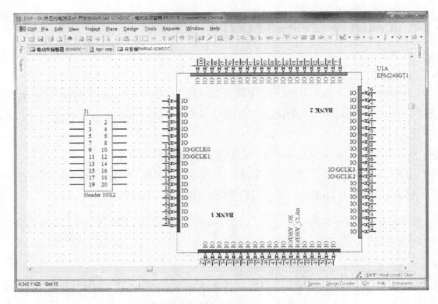

图 2-4-19　添加芯片及接线柱后的原理图

图 2-4-20　Save 保存原理图

　　7. 添加网络标号。单击 Wiring 工具栏中的按钮 或单击 Place|Net Label 菜单命令，也可利用快捷键 P | N ，光标呈现十字状并且有名为 NetLabel1 的网络标号随着鼠标一起移动，如图 2-4-21 所示。

　　8. 按 Tab 键，在弹出的 Net Label 对话框中，在 Properties 区域 Net 后面的编辑框中将默认的"Net Label1"修改为"I/O1"，如图 2-4-22 所示。

　　9. 单击 OK 按钮，返回原理图窗口，此时呈现十字状的光标并且有名为 I/O1 的网络标号随着鼠标一起移动，在接线柱的对应引脚上单击鼠标左键，一个网络标号就放置完成了。此时继续逐个引脚单击对应网络标号（此时网络标号自动增1），继续放置到 I/O8，全部完成后，用鼠标右键单击可退出放置状态。I/O1-8 放置过程及结果如图 2-4-23（a）、（b）所示。

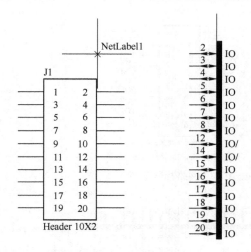

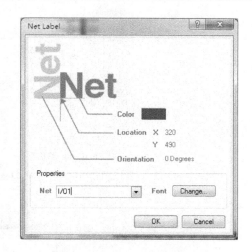

图 2-4-21　放置网络标号时的鼠标指针状态　　　图 2-4-22　Net Label 对话框

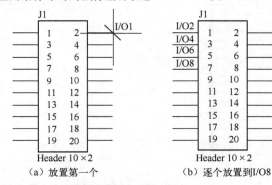

（a）放置第一个　　　　　　（b）逐个放置到 I/O8

图 2-4-23　I/O1-8 放置过程及结果

特别注释

> ➤ 连续性地整体放置网络标号远比一个一个地添加要方便得多，操作简单，节省时间。
>
> ➤ 在放置网络标号时，可以按空格键来改变放置方向，每按一次，逆时针旋转90°。这和放置电源符号时改变方向的操作方法相同。
>
> ➤ 其他个别的网络标号，再进行单独设置。

10. 再次单击按钮 ，直接将网络标号 Net 设置为 I/O15，同理按步骤 8~9 操作，依次放置其他连续的网络标号 I/O15-20，如图 2-4-24（a）所示，其他不同的网络标号逐个放置，如图 2-4-24（b）所示。

11. 为了显示清晰，便于添加网络标号，先将芯片 EPM240 各引脚用导线适当延长，如图 2-4-25 所示。

12. 同操作步骤 7~10，在芯片 EPM240 上放置对应的网络标号。注意：千万不能张冠李戴。至此，网络标号的添加完成，其结果如图 2-4-26 所示。

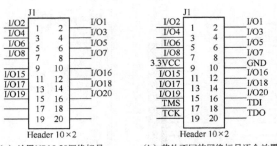

（a）放置I/O15-20网络标号　　　（b）其他不同的网络标号逐个放置

图 2-4-24　完成 Header 10×2 网络标号放置

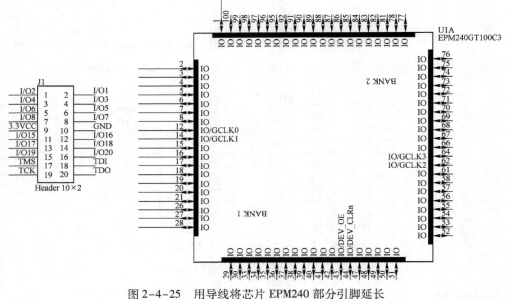

图 2-4-25　用导线将芯片 EPM240 部分引脚延长

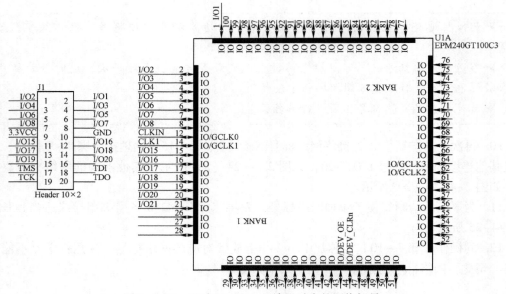

图 2-4-26　芯片 EPM240 上放置对应的网络标号

13. 最后，单击 Schematic Standard 工具栏中的"保存"按钮，将操作结果进行保存。
接下来，进行图 2-4-2 中单片机处理器芯片 8031 的串口 RXD、TXD 端口的设置操作。

特别注释

> 在设计电路图时，建立元器件之间的连接除了以上几种方法外，还可以使用放置输入和输出端口（Port）的方法。
> 具有相同名称的输入、输出端口，在电气意义上可以看做是连接的。
> 在高级层次电路图的设计中端口是不可缺少的组件。

做中学

1. 单击布线工具栏上的按钮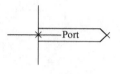或单击 Place | Port 菜单项，也可利用快捷键 P | R，执行放置输入、输出端口的命令，光标变为十字形状，并且会有一个输入、输出端口随十字光标移动，如图 2-4-27所示。

图 2-4-27　放置输入、输出端口

2. 设置端口属性。按 Tab 键，即可打开 Port Properties（设置端口属性）对话框，在该对话框中的 Style 栏后面的端口外观样式列表中选择"Right"，如图 2-4-28 所示。在 Properties 区域的 Name 后面的编辑框中将默认的"Port"修改为"RXD"，在 I/O Type 栏后面的端口类型列表中选择"Output"。

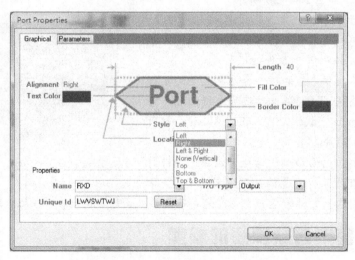

图 2-4-28　设置 Port Properties 对话框

3. 单击 OK 按钮，返回原理图编辑窗口。移动光标到 8031 芯片的 RXD 引脚导线端附近，待出现红色米字形电气捕捉标志，单击鼠标左键，就可以确定端口连接在引脚导线 10上，然后拖动鼠标再单击鼠标左键，就可以确定端口的另一端。这样就完成了放置输出端口"RXD"，同理可添加"TXD"端口。添加后的原理图效果如图 2-4-29 所示。

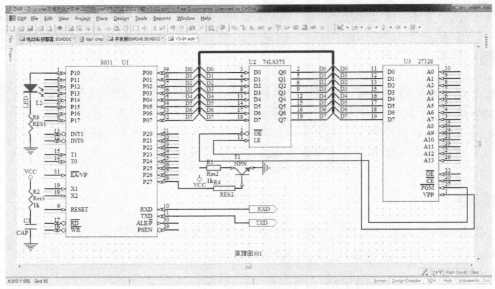

图 2-4-29　添加 RXD、TXD 端口原理图最终效果

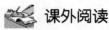 **课外阅读**

　　任务三中网络标号操作的核心芯片是 Altera 公司 MAX II 系列 EPM240/570 芯片。以它为核心开发的电路板可以帮助学生降低学习成本和加快进入可编程逻辑器件的设计开发领域。开发板实物如图 2-4-30 所示。

　　当然，这对于中职学生来说还是有相当的难度，但对学生的职业前景及未来工作有很大帮助，可为学生提供快速学习可编程逻辑器件的硬件平台的基础。本 CPLD 开发平台提供丰富的硬件资源和大量的实验例程。开发板上使用 JTAG 接口对芯片进行编程。可以配送 Byte Blaster II 下载线，可以下载 Altera 公司所有的 FPGA/CPLD 芯片。

图 2-4-30　EMP240 开发板实物

　　开发板上有相应的 I/O 口，学生可以通过排针引出来，PCB 上都有标注。通过排针引出来的 I/O，学生可以任意分配引脚，方便学生开发自己的电子产品，最大限度为学生节约学习、开发成本。

项目五　报警电路原理图的检查

学习目标

（1）熟悉对原理图编译、检查的方法及各种报表选项参数的设置。
（2）能对创建 ERC（电气规则检查）报表进行错误修正，最终生成网络表。

问题导读

复杂问题如何简单化?

在前面的任务中介绍了如何逐一对元器件的序号进行修改，当然也重点介绍了对所选元器件按 Tab 键，属性设置好后，可以解决多个同一元器件一次性放置多个的问题（或用阵列粘贴的办法解决），这些对于比较简单的原理图来说已经是很方便了。但当电路比较复杂，元器件数目及类型很多时，以上的办法还是显得烦琐，而且可能会出现某些元器件的序号重复，或某类元器件的序号不连续等问题。

如果在绘制原理图的过程中，没有对元器件的序号进行设置，系统通常在元器件编号中会带有"?"号，如电阻为"R?"，电容为"C?"，如图 2-5-1 所示。

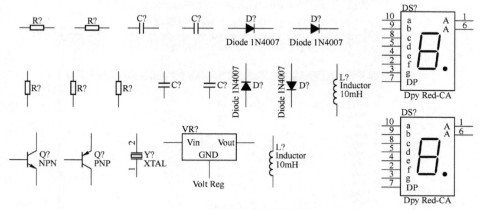

图 2-5-1　未统一编辑前的效果

知识拓展

针对这一点，Protel DXP 2004 为用户提供了元器件的自动编号功能，使用这一功能可以在放置完全部的元器件后统一对元器件进行编号，从而节省了绘图时间，又可以使元器件的序号完整正确，减少电路原理图的错误。

单击 Tools|Annotate 菜单命令，弹出 Annotate 自动编号设置对话框（设置默认），单击 `Update Changes List`，在出现确定 21 个元器件编号对话框时单击 `OK`，单击接受编号按钮 `Accept Changes (Create ECO)`，在 Engineering Change Order 对话框中依次单击按钮 `Validate Changes`、`Execute Changes`，如图 2-5-2 所示。其中，图 2-5-2（a）为 Annotate 自动编号设置对话框

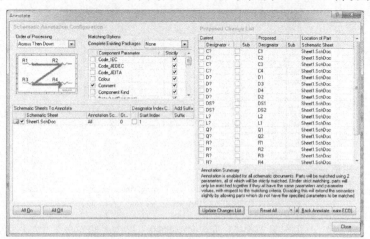

（a）Annotate 自动编号设置对话框
图 2-5-2　元器件自动编号操作

（b）确定 21 元器件编号对话框

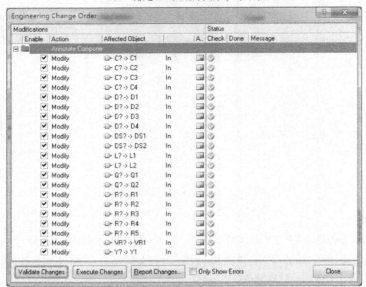

（c）单击 Validate Changes 按钮后对话框显示效果

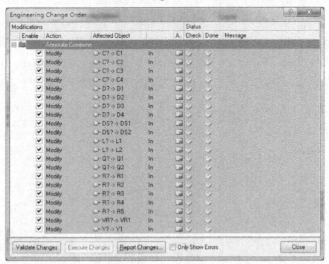

（d）单击 Execute Changes 按钮后对话框显示效果

图 2-5-2　元器件自动编号操作（续）

（默认）、图 2-5-2（b）确定 21 元器件编号对话框、图 2-5-2（c）在 Engineering Change Order 对话框中单击 Validate Changes 按钮后对话框显示效果、图 2-5-2（d）在 Engineering Change Order 对话框中单击 Execute Changes 按钮后对话框显示效果。

最后两次单击 Close 按钮，返回电路原理图编辑窗口，即可完成如图 2-5-3 所示的元器件自动编号效果。

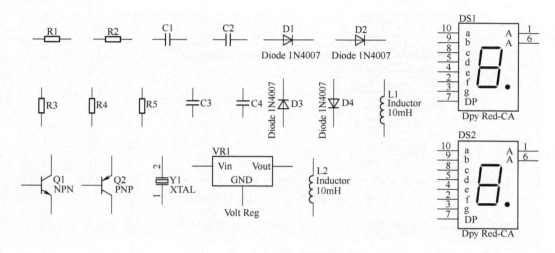

图 2-5-3　元器件自动编号完成效果

知识链接

细节决定成败

电气规则检查（Electrical Rule Check，ERC），用来检查电路原理图中电气连接的完整性。元器件之间的连接必须遵循一定的电气规则，在进行 PCB 设计之前需确保原理图电气规则的正确。电气规则检查可以按照用户指定的逻辑特性进行，可以输出相关的物理逻辑冲突报告，例如悬空的引脚、没有连接的网络标号以及没有连接的电源等。在生成测试报告文件的同时，再根据报表对原理图进行修正。对设计一个复杂的电路原理图来说，电气规则检查代替了手工检查的繁重劳动，有着手工检查无法达到的精确性以及快速性，是设计原理图的好帮手。

在电路原理图中，应用 Protel DXP 2004 的工程编译功能可以对原理图进行电气规则错误检查，用菜单命令 Project | Project Options 打开其 Option for PCB Project 某项目 .prj 文件对话框，选项从左到右依次为：Error Reporting（错误检查规则）、Connection Matrix（连接矩阵）、Class Generation（生成类）、Comparator（比较设置）、ECO Generation（ECO 启动）、Options（选项）、Multi - Channel（多通道）、Default Prints（默认输出）、Search Paths（输出路径）和 Parameters（网络选项）等。涉及原理图检查的核心在前两项。

任务一　原理图编译、检查设置

做中学

电动车报警器原理图编译、检查设置操作步骤如下：

1. 单击 Project | Project Options 命令，弹出 Options for PCB Project 电动车报警器 .PRJPCB

对话框，如图 2-5-4 所示。

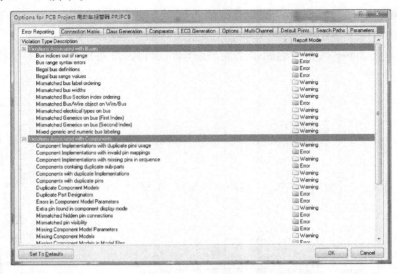

图 2-5-4　Options for PCB Project 电动车报警器．PRJPCB 对话框

2. 在 Error Reporting 选项标签中可以设置原理图电气测试的规则，在该选项卡中列出了所有的电气错误报告类型。在 Violation Type Description 栏中共设置了 6 大错误类型，如图 2-5-4 Error Reporting 选项卡所示。

 特别注释

➤ 在 Error Reporting 选项卡 Violation Type Description 区域中所设置的 6 类电气错误报告如表 2-5-1 所示。

表 2-5-1　6 类电气错误类型检查

违规类型描述	含　义
Violations Associated with Buses	总线的违规检查
Violations Associated with Components	元件的违规检查
Violations Associated with Documents	文件的违规检查
Violations Associated with Nets	网络的违规检查
Violations Associated with Others	其他项的违规检查
Violations Associated with Parameters	参数的违规检查

3. 在 Report Mode 区域中列出了错误的报告类型，将鼠标放在任何一个错误上单击，即可打开各种类型的错误报告，选择要提醒的类型，然后单击 OK 按钮即可，这里使用默认设置，如图 2-5-5 所示。

4. Connection Matrix 选项标签：用于设置电路的电气连接方面检查。如果要设置当无源器件的引脚连接时系统产生警告信息，可以在矩阵右侧找到无源器件引脚（Passive Pin）这一行，然后再在矩阵上部找到未连接（Unconnected）这一列，改变由这一行和列决定的矩阵中的方框的颜色，即可改变电气连接检查后错误报告的类型。再如引脚间的连接、元器件和图纸输入等。这个矩阵给出了一个在原理图中不同类型的连接点以及是否被允许的图表描述，如图2-5-6所示。

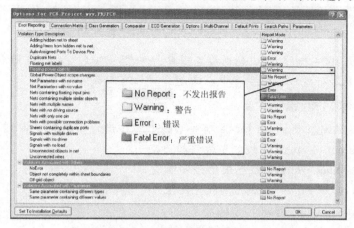

图2-5-5　错误的报告类型

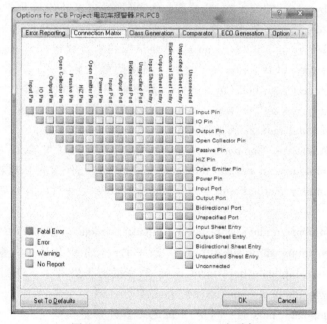

图2-5-6　Connection Matrix 选项卡

 特别注释

> 例如，在矩阵图的右边找到 Output Pin，从这一行找到 Open Collector Pin 列。在它的相交处是一个橙色的方块，表示在原理图中从一个 Output Pin 连接到一个 Open Collector Pin 时的颜色，它将在项目被编辑时启动一个错误条件。
> 绿色代表 No Report，黄色代表 Warning，橙色代表 Error，红色代表 Fatal Error。
> 当鼠标移动到矩形上时，鼠标光标将变成小手形状，连续单击鼠标左键，该点处的颜色就会按绿→黄→橙→红→绿的顺序循环变化。若此时无源器件的引脚没连接，系统就会产生警告信息，即在图中小手所指的矩形设置为黄色。

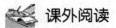 课外阅读

Protel DXP 2004 DRC 规则中英文对照

在 Protel DXP 2004 中的 DRC 规则检查项目，对于一些英文水平较薄弱的朋友是一个大难题，这里对其进行整理，仅供参考，希望能对你有所帮助。

Ⅰ：Error Reporting 错误报告

A：Violations Associated with Buses 有关总线电气错误的各类型（共 12 项）

◆bus indices out of range 总线分支索引超出范围

◆Bus range syntax errors 总线范围的语法错误

◆Illegal bus range values 非法的总线范围值

◆Illegal bus definitions 非法的总线定义

◆Mismatched bus label ordering 总线分支网络标号错误排序

◆Mismatched bus/wire object on wire/bus 总线/导线错误的连接导线/总线

◆Mismatched bus widths 总线宽度错误

◆Mismatched bus section index ordering 总线范围值表达错误

◆Mismatched electrical types on bus 总线上错误的电气类型

◆Mismatched generics on bus (first index) 总线范围值的首位错误

◆Mismatched generics on bus (second index) 总线范围值末位错误

◆Mixed generics and numeric bus labeling 总线命名规则错误

B：Violations Associated Components 有关元件符号电气错误（共 20 项）

◆Component Implementations with duplicate pins usage 元件引脚在原理图中重复被使用

◆Component Implementations with invalid pin mappings 元件引脚在应用中和 PCB 封装中的焊盘不符

◆Component Implementations with missing pins in sequence 元件引脚的序号出现丢失

◆Component contaning duplicate sub-parts 元件中出现了重复的子部分

◆Component with duplicate Implementations 元件被重复使用

◆Component with duplicate pins 元件中有重复的引脚

◆Duplicate component models 一个元件被定义多种重复模型

◆Duplicate part designators 元件中出现标示号重复的部分

◆Errors in component model parameters 元件模型中出现错误的参数

◆Extra pin found in component display mode 多余的引脚在元件上显示

◆Mismatched hidden pin component 元件隐藏引脚的连接不匹配

◆Mismatched pin visibility 引脚的可视性不匹配

◆Missing component model parameters 元件模型参数丢失

◆Missing component models 元件模型丢失

◆Missing component models in model files 元件模型不能在模型文件中找到

◆Missing pin found in component display mode 不见的引脚在元件上显示

◆Models found in different model locations 元件模型在未知的路径中找到

◆Sheet symbol with duplicate entries 方框电路图中出现重复的端口

◆Un-designated parts requiring annotation 未标记的部分需要自动标号

◆Unused sub-part in component 元件中某个部分未使用

C：violations associated with document 相关的文档电气错误（共 10 项）

◆conflicting constraints 约束不一致的

◆duplicate sheet symbol name 层次原理图中使用了重复的方框电路图

◆duplicate sheet numbers 重复的原理图图纸序号

◆missing child sheet for sheet symbol 方框图没有对应的子电路图

◆missing configuration target 缺少配置对象

◆missing sub-project sheet for component 元件丢失子项目

◆multiple configuration targets 无效的配置对象

◆multiple top-level document 无效的顶层文件

◆port not linked to parent sheet symbol 子原理图中的端口没有对应到总原理图上的端口

◆sheet enter not linked to child sheet 方框电路图上的端口在对应子原理图中没有对应端口

D：violations associated with nets 有关网络电气错误（共 19 项）

◆dding hidden net to sheet 原理图中出现隐藏网络

◆dding items from hidden net to net 在隐藏网络中添加对象到已有网络中

◆uto-assigned ports to device pins 自动分配端口到设备引脚

◆uplicate nets 原理图中出现重名的网络

◆loating net labels 原理图中有悬空的网络标签

◆lobal power-objects scope changes 全局的电源符号错误

◆et parameters with no name 网络属性中缺少名称

◆et parameters with no value 网络属性中缺少赋值

◆ets containing floating input pins 网络包括悬空的输入引脚

◆nets with multiple names 同一个网络被附加多个网络名

◆nets with no driving source 网络中没有驱动

◆nets with only one pin 网络只连接一个引脚

◆nets with possible connection problems 网络可能有连接上的错误

◆signals with multiple drivers 重复的驱动信号

◆sheets containing duplicate ports 原理图中包含重复的端口

◆signals with load 信号无负载

◆signals with drivers 信号无驱动

◆unconnected objects in net 网络中的元件出现未连接对象

◆unconnected wires 原理图中有没连接的导线

E：Violations associated with others 有关原理图的各种类型的错误（共 3 项）

◆No Error 无错误

◆Object not completely within sheet boundaries 原理图中的对象超出了图纸边框

◆Off-grid object 原理图中的对象不在格点位置

F：Violations associated with parameters 有关参数错误的各种类型（共 2 项）

◆same parameter containing different types 相同的参数出现在不同的模型中

◆same parameter containing different values 相同的参数出现了不同的取值

Ⅱ：Comparator 规则比较

A：Differences associated with components 原理图和 PCB 上有关的不同（共 16 项）

◆Changed channel class name 通道类名称变化

◆Changed component class name 元件类名称变化

◆Changed net class name 网络类名称变化

◆Changed room definitions 区域定义的变化

◆Changed Rule 设计规则的变化

◆Channel classes with extra members 通道类出现了多余的成员

◆Component classes with extra members 元件类出现了多余的成员

◆Difference component 元件出现不同的描述

◆Different designators 元件标示的改变

◆Different library references 出现不同的元件参考库

◆Different types 出现不同的标准

◆Different footprints 元件封装的改变

◆Extra channel classes 多余的通道类

◆Extra component classes 多余的元件类

◆Extra component 多余的元件

◆Extra room definitions 多余的区域定义

B：Differences associated with nets 原理图和 PCB 上有关网络不同（共 6 项）

◆Changed net name 网络名称出现改变

◆Extra net classes 出现多余的网络类

◆Extra nets 出现多余的网络

◆Extra pins in nets 网络中出现多余的引脚

◆Extra rules 网络中出现多余的设计规则

◆Net class with Extra members 网络中出现多余的成员

C：Differences associated with parameters 原理图和 PCB 上有关的参数不同（共 3 项）

◆Changed parameter types 改变参数类型

◆Changed parameter value 改变参数的取值

◆Object with extra parameter 对象出现多余的参数

任务二　原理图的修正操作

 做中学

电动车报警器原理图的修正操作步骤如下：

首先，将电动车报警器电路图补充完整，将自制报警音乐芯片 U2 – C002 原理图库（市场上种类很多，这里采用报警音乐芯片 C002）通过添加，放置到电动车报警原理图中，完成各引脚的原理图连接。此 U2 音乐芯片原理图库的操作实训详见本单元习题与实训中的实训五自制原理图库 C002。

 特别注释

> 音乐芯片是一种比较简单的语音电路，它通过内部的振荡电路，再外接少量分立元件，就能产生各种音乐信号，音乐芯片是语音集成电路的一个重要分支，目前广泛用于音乐卡、电子玩具、电子钟、电子门铃、家用电器等。
> 根据音乐输出的特点，一般将音乐电路分为以下几类：单曲、复音、音乐带闪灯、唱歌。按封装形式有 COB 黑膏软封装和三极管封装形式。
> 音乐芯片通常由以下几个部分组成（芯片内部原理图）：逻辑控制电路、振荡器、地址计数器、音符节拍存储器（ROM）、音阶发生器、输出驱动器。
> 其次，在电动车报警器原理图中我们小心地设置两个错误，一个是将三极管 Q3 基极电阻设置为 R2，另一个是将 U1 芯片 4 引脚与接地端进行分离。

 特别注释

> 当项目被编译时，任何已经启动的错误均将显示 Messages 面板中。被编译的文件会与同级的文件、元件和列出的网络以及一个能浏览的连接模型一起列表在 Compiled 面板中。
> 如果报告给出错误，根据报告，检查和修改电路错误，重新编译项目（执行菜单命令 Project|Compile Document ＊.SchDoc）来进行复检错误，直到确认所有修改的都是正确的为止，即 Messages 面板是空白。

 做中学

原理图修正的具体操作步骤如下：

1. 执行菜单 Project|Compile Document 电动车报警器.SCHDOC 命令，如图 2-5-7 所示。

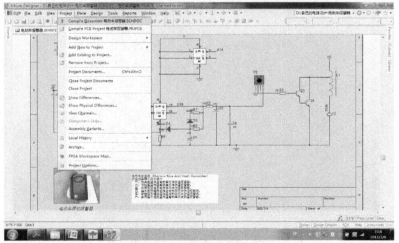

图 2-5-7　编译原理图菜单

2. 此时系统自动打开 Messages（消息面板），如图 2-5-8 所示。在消息面板中可以看到当前原理图存在的错误及原因。若没有自动弹出，可单击窗口右下角的标签栏 System 标签中的 Messages 命令项。

图 2-5-8　消息面板

3. 双击第一行【Warning】（警告）Floating Power Object GND（接地电源）错误，弹出如图 2-5-9 所示的错误反馈窗口。此时会看到整个原理图背景没有错误的地方都会变浅，只有错误处正常显示，如图 2-5-10 所示。

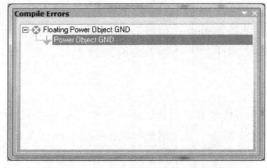

图 2-5-9　Power Object GND 反馈窗口

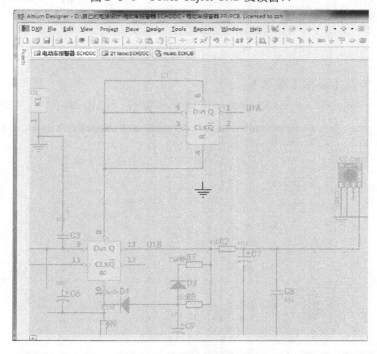

图 2-5-10　只有接地电源符号正常显示

4. 此时，单击选中接地符号并拖动它与 U1 芯片 4 引脚相连，即可完成此修改。

同理，双击第二行【Error】Duplicate Component Designators R2 at 540，350 and 760，390（在坐标 540，350 和 760，390 处重复定义的电阻 R2）错误，弹出如图 2-5-11 所示的电阻 R2 错误反馈窗口。此时会看到整个原理图背景没有错误的地方都会变浅，只有错误处正常显示。

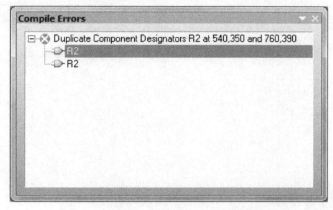

图 2-5-11 Power Object GND 反馈窗口

5. 根据电路设计，单击下面的 R2 电阻，确定目标就是与三极管 Q3 基极相连的电阻 R2，双击它，在弹出的 Parameter Properties 对话框中将 R2 改为 R3，如图 2-5-12 所示，单击 OK 按钮返回。

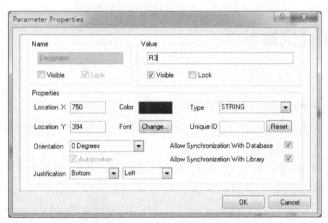

图 2-5-12 修改 R2 对话框

6. 重新执行菜单命令 Project|Compile Document 电动车报警器 .SchDoc 来进行复检错误。此时 Messages 面板，Compile 窗口都是空白，全部修改正确后显示窗口如图 2-5-13 所示。

 特别注释

原理图常见的一些错误：

➢ ERC 报告引脚没有接入信号：

a. 创建封装时给引脚定义了 I/O 属性；

b. 创建元件或放置元件时，引脚与线没有连上；

c. 创建元件时 pin 方向反向，必须非 pin name 端连线。

> ➤ 元器件跑到图纸界外：没有在元器件库图表纸中心创建元器件。
> ➤ 当使用自己创建的多部分组成的元器件时，千万不要使用 annotate。

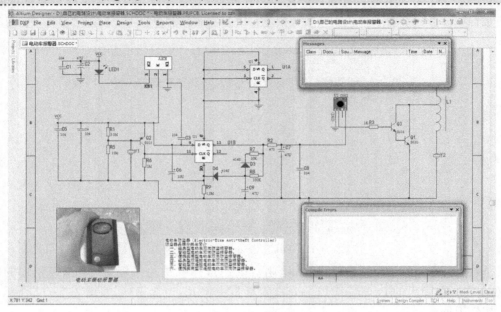

图 2-5-13　全部修改正确后显示窗口

任务三　电路生成网络表

 做中学

电动车报警器生成网络表操作步骤如下：

1. 执行 Design | Netlist For Document | Protel 菜单命令，然后执行 System | Projects 命令，如图 2-5-14 所示。

2. 打开 Projects 工程项目栏，选择工程文件下的 Generated | Netlist Files | 电动车报警器 . NET，Projects 工程项目栏如图 2-5-15 所示。

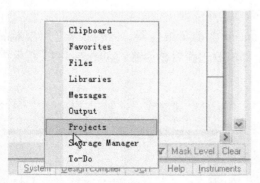

图 2-5-14　执行 System | Projects 命令窗口

图 2-5-15　Projects 工程项目栏

3. 双击电动车报警器 . NET，即可打开生成的电路网络表，它由如图 2-5-16 所示元器件列表和图 2-5-17 所示网络列表两部分组成。

图 2-5-16 生成的电动车
报警器元器件列表部分

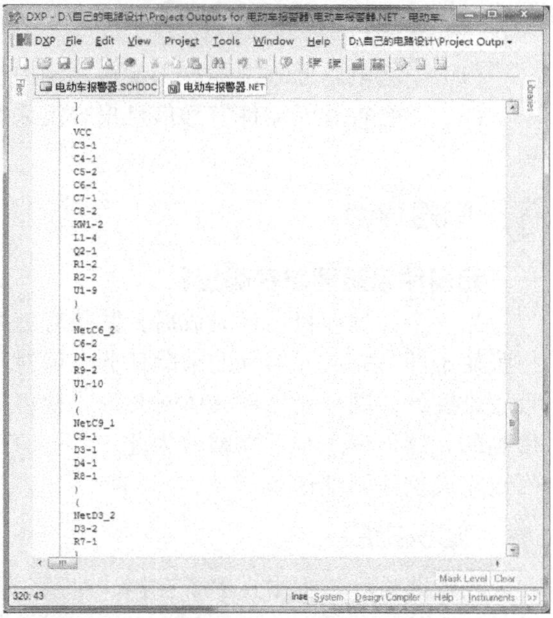

图 2-5-17 生成的电动车
报警器网络列表部分

 特别注释

> 元器件列表的格式：每一个元器件都是用一对方括号对称包装，其中内容依次是元器件标号、元器件封装和元器件的描述信息。所有元器件按标号顺序依次列出。

> 网络列表的格式：每一个元器件都是用一对圆括号对称包装，其中内容依次是网络名称和该网络中各个元器件引脚列表，元器件引脚列表根据它们的名称进行排列。如果设计者没有给网络进行命名，系统将根据该网络中元器件引脚列表中第一个引脚命名网络。

> 最终的检查结果将以网络表为准。

> 网络表是原理图与 PCB 之间的桥梁文件，它提供了完备规则的全部有价值的信息描述。

> Protel DXP 2004 除了能够生成自己需要的网络表之外，还可以生成各种流行 EDA 软件格式的网络表，如图 2-5-18 所示。

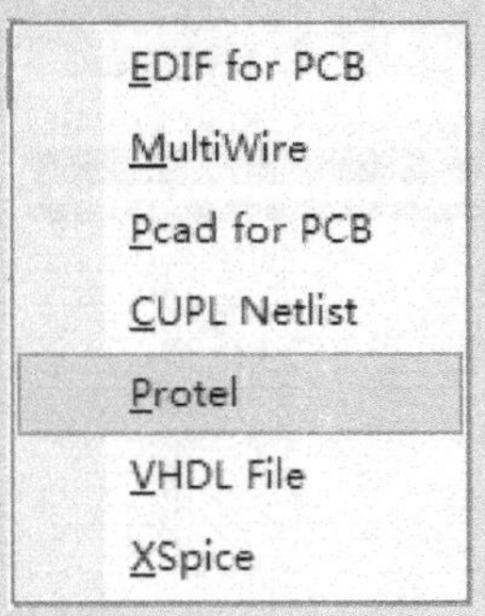

图 2-5-18 Protel DXP 2004
能生成的各类网络表

项目六　报警电路原理图及报表打印输出

 学习目标

（1）学会电路原理图的打印预览及输出设置。

（2）学会查看元器件符号信息报表及采购明细报表打印，满足实际电子元器件购买清单要求。

 问题导读

元器件采购清单在哪里？

当一个工程项目设计完成后，紧接着就要进行元器件的明细采购。特别简单的电路，写一张便条即可完成元器件的采购任务。但对于比较大的电路设计，元器件种类又多，具体数目较难统计，同种元器件具体封装形式很可能还有所不同，单靠人工很难将设计工程项目所用到的元器件信息统计完整。为此，Protel DXP 2004 提供了专门的报表工具可以很轻松、全面地完成这项明细任务。

知识拓展

在电路设计过程中，出于存档、对照、校对以及交流等目的，总希望能够随时输出整个设计工程的相关信息，即使是电子文档形式，查看起来也比较方便。

除了网络表外，Protel DXP 2004 还能生成如下几种其他报表帮助设计者完成工程项目：

◇ 元器件采购明细报表：该报表列出了原理图中所有的元器件及元器件的所有信息，该报表可以帮助设计者进行元器件采购，因此称为元器件采购报表。

◇ 元器件交叉参考报表：该报表中分原理图文件列出了每张原理图中使用的元器件及元器件相关详细信息。

◇ 工程项目层次报表：该报表给出了工程项目的层次关系。

这些报表的生成都集中在 Reports 菜单中的相关命令项中完成。

知识链接

自动编号报表

在为元器件自动编号时，Protel DXP 2004 也会生成自动编号报表，该报表的生成是在元器件的自动编号时完成的。

单击 Tools | Annotate，弹出 Annotate 对话框，操作同项目五"知识拓展"，在 2-5-2（d）图中，单击 Report Change 按钮，弹出元器件自动编号报表，如图 2-6-1 所示，此报表既可以存档（单击 Export 按钮），也可以打印输出（单击 Print 按钮）。

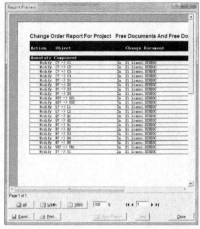

图 2-6-1　Report Preview 显示效果

任务一　原理图打印预览及输出

在连接好打印机的环境下，可以进一步将原理图打印输出。

 做中学

1. 单击执行 File | Page Setup 菜单命令，可弹出 Schematic Print Properties 对话框，对需要打印的原理图进行页面的设置，这里设置为 A4、横向、原理图整体黑白打印。页面设置对话框如图 2-6-2 所示。

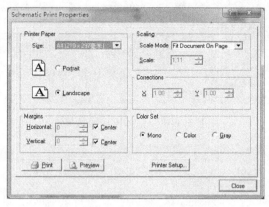

图 2-6-2　页面设置对话框

 特别注释

> ➤ Printer Paper（打印纸设置）：Size（大小）、Portrait（纵向）、Landscape（横向）。
>
> ➤ Margins（余白）即原理图边框和纸边沿的距离：Horizontal（页边距水平距离）、Vertical（页边距垂直距离），复选框 Center（居中）。
>
> ➤ Scaling（缩放比例）：其中，Scale Mode（刻度模式）包括 Fit Document On Page（原理图整体打印）、Scaled Print（按设定的缩放率分割打印）。
>
> ➤ Color Set（彩色组）：Mono（单色）、Color（彩色）、Gray（灰色）。
>
> ➤ 3 个按钮：Print（打印）、Preview（预览）、Printer Setup（打印设置）。

2. 单击 Preview 按钮，也可以在原理图编辑窗口，执行菜单 File | Print Preview 命令，效果图如图 2-6-3 所示。可通过单击对话框下面的四个按钮以不同显示方式预览电路原理图。

3. 单击按钮 Printer Setup...，可弹出如图 2-6-4 所示的打印机相关属性设置对话框，在该对话框中进行打印机相关属性的设置。这里选择当前页打印 2 份。

 特别注释

> ➤ 在 Printer 区域：Name（选择安装好的打印机）。
>
> ➤ 在 Print Range 区域：All Pages（打印所有页）、Current Page（打印当前页）、Pages From ×× To ××（打印从××页到××页）。
>
> ➤ 在 Copies 区域：Number of copies（打印的份数），复选框 Collate（是否逐份打印）。

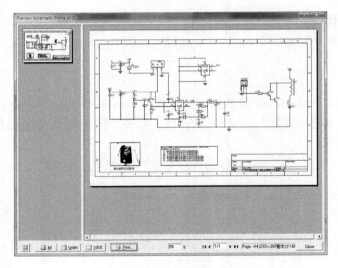

图 2-6-3　整体原理图效果

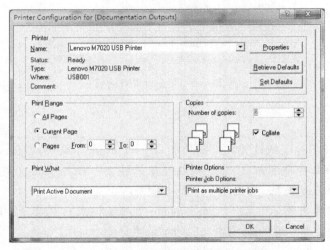

图 2-6-4　打印机相关属性设置对话框

4. 然后单击 OK 按钮，返回。

5. 单击 Print 按钮，在联机正常的情况下，完成 2 份当前电动车报警器原理图的输出。

6. 单击 Close 按钮，返回原理图编辑窗口。

任务二　元器件采购明细报表

 做中学

1. 在电动车报警器原理图环境下，单击 Reports|Bill of Materials，则弹出 Bill of Materials 对话框，单击不同表格标题，可以使表格内容按该标题次序排列，在相应的选项后面打钩则表示显示该项，不打钩则表示隐藏该项。Bill of Materials 对话框右端是元器件清单列表的主体部分，如图 2-6-5 所示。

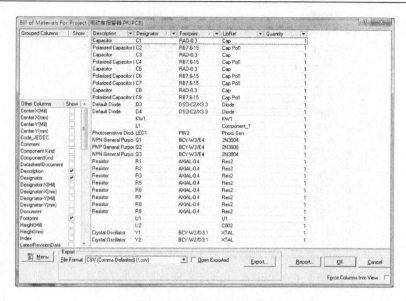

图 2-6-5　元器件清单列表

2. 单击按钮 Report... ，生成元器件报告，如图 2-6-6 所示。在该报告中，有 3 个预览按钮，分别为 All（全屏幕显示）、Width（等宽显示）和 100%（100% 显示）。另外还有一个可供输入显示比例的对话框，在该框中可以输入合适的显示比列，然后按 Enter 键即可。

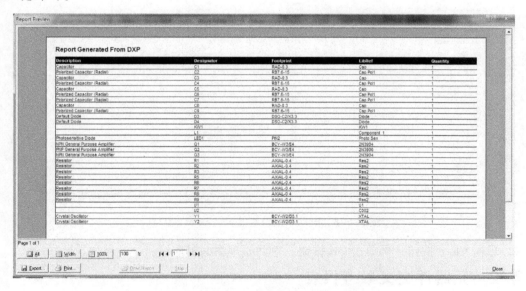

图 2-6-6　电动车报警器元器件报告

3. 单击按钮 Print... ，可以从打印机中输出。

4. 单击按钮 Export... ，弹出如图 2-6-7 所示的文件保存输出对话框，在对话框中可以对元器件清单列表的输出格式进行设置，在"保存类型(T)"下拉列表中，有多种文件类型可供选择，这里选择保存的文件类型为"Microsoft Excel Worksheet（＊.xls）"，文件名为

"电动车报警器"。单击"保存"按钮后即可保存电动车元器件报表 Excel 文件。

图 2-6-7　保存"电动车报警器"文件对话框

5. 报表文件输出后，在图 2-6-6 中，单击按钮 Export... ，显示出 Excel 格式的电动车报警器报表内容，如图 2-6-8 所示。

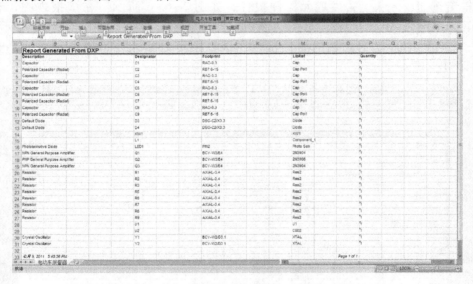

图 2-6-8　电动车报警器报表（Excel 2007）

6. 单击 Close 按钮，再单击 OK 按钮，返回原理图编辑环境。

任务三　元器件交叉参考报表

任务二中介绍了对于一般较简单（非层次结构）的原理图元器件采购明细报表，很清楚地说明了工程项目中的元器件需求。但对于层次结构的原理图（下个单元将做详细介绍），具体元器件应用到哪张原理图中需要明确的报表。

下面以 Protel DXP 2004 安装目录下的 Examples \Reference Designs \LedMatrixDisplay. PRJPCB 为例，介绍该报表的生成过程，即具体的操作步骤。

做中学

1. 按要求路径，打开 LedMatrixDisplay. PRJPCB 工程项目文件，打开后工程项目 LedMatrixDisplay. SCHDOC 主原理图如图 2-6-9 所示。

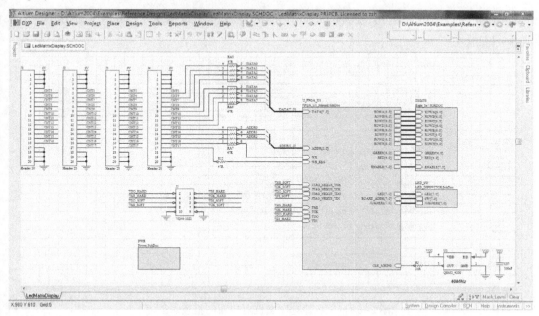

图 2-6-9　打开工程项目中 LedMatrixDisplay. SCHDOC 主原理图文件

2. 单击 Reports|Component Cross Reference（元器件交叉参考文件），即可打开如图 2-6-10 所示的 Component Cross Reference Report For Project（工程项目元器件交叉口参考报表）对话框。

图 2-6-10　工程项目元器件交叉口参考报表对话框

特别注释

> 在图 2-6-10 所示对话框中可以看到各个原理图中的元器件信息分别列出。但仍只有默认的五项：Description（元器件描述）、Designator（元器件序号）、FootPrint（元器

件封装）、LibRef（元器件库中的型号）、Quantity（元器件数量）。这一点同 Bill of Materials 报表输出。

➤ 我们仍不能很好地分开它们属于哪张原理图。

3. 单击该对话框左上角的 Document 后面的复选框，即要文档 Show（显示），结果如图 2-6-11 所示。

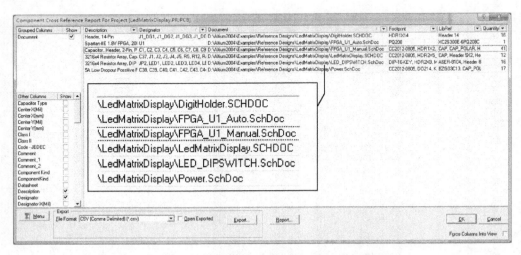

图 2-6-11　各原理图文档对应明细报表对话框

4. 单击按钮 Report... ，生成元器件报告，如图 2-6-12 所示。

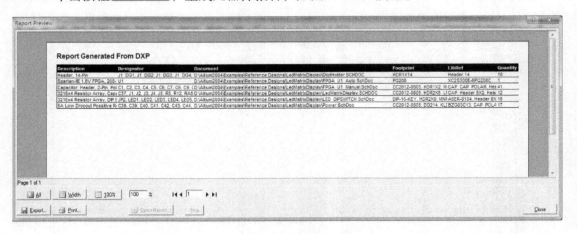

图 2-6-12　各原理图文档对应明细报表

 特别注释

➤ 图 2-6-12 所示各原理图文档对应明细报表，仍不能完全打印出来。这个问题属于软件本身系统设计问题。

5. 同理，单击按钮 Export...，输出文件类型为 Microsoft Excel Worksheet（∗.xls），文件名默认为 "LedMatrixDisplay"。单击 "保存" 按钮。

6. 同理，报表文件输出后，在图 2-6-12 中，单击按钮 Open Report...，显示出 Excel 格式的 LedMatrixDisplay.xls 报表全部完整内容（这是经过 Excel 编辑过的效果图），打印预览效果如图 2-6-13 所示。

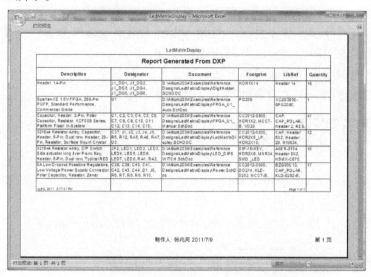

图 2-6-13　LedMatrixDisplay.xls 报表打印预览效果

特别注释

> ➤ 在 Excel 格式中，可以看到各个原理图中的元器件信息分别列出。设置单元格高度为 45，对齐方式下的文本控制为自动换行，调整各列列标右边框。
> ➤ 页面设置 A4、横向，另外，将多余空列删除。
> ➤ 给表格全添加边框，标题行各列合并居中。
> ➤ 为该报表添加页眉和页脚，字体、字号、对齐方式等自行设计。

课外阅读

在 Protel DXP 2004 中导入 Protel 99 SE 中的元器件库

在 Protel 99 SE 中有部分封装元器件是 Protel DXP 2004 中没有的，如果一个一个地去创建这些元器件，不仅费事，而且可能会产生错误。将 Protel 99 SE 中的封装库导入 Protel DXP 2004 中实际是很方便的，而且事半功倍，方法是：启动 Protel 99 SE，新建一个 ∗.DDB 工程，在这个工程中导入需要的封装库，需要几个就导入几个，然后保存工程并关闭 Protel 99 SE。启动 Protel DXP 2004，打开刚保存的 ∗.DDB 文件，这时，Protel DXP 2004 会自动解析 ∗.DDB 文件中的各文件，并将它们保存在 "∗/" 目录中，以后就可以十分方便地调用了。其实对 Protel 99、Protel 2.5 等以前版本的封装元器件库也可以用导入的方法将其导入 Protel DXP 2004 中。

本单元技能重点考核内容小结

1. 熟悉电路原理图具体工作环境参数设置方法；
2. 掌握电路元器件常规操作方法及属性编辑；
3. 学会创建新元器件库的方法、操作步骤及工具栏使用；
4. 熟练掌握绘制导线，放置总线、总线分支线、网络端口等的方法与步骤；
5. 熟悉电路原理图的检查方法与修改操作步骤；
6. 掌握由原理图生成网络表操作方法；
7. 学会电路原理图及相关报表的输出及打印操作设置。

本单元习题与实训

一、填空题

1. 使用 Protel DXP 2004 进行电路设计的过程，一般要分三个核心阶段：_____、
_____、_____。

2. 常见二极管、三极管、电感器、阻容元件的装配方式一般有_____、
_____、_____。

3. 要完成对原理图图纸纸张参数设置，一般单击菜单_____下的 Document
Options 菜单项，在 Document Options 对话框中进行相关参数设置。

4. 在 Document Options 对话框中的 Sheet Options 选项卡中，通过勾选 Grids 栏中的____
_____和_____复选框，可以进行图纸的捕获栅格和可视栅格的精确数值
设置。

5. 绘制电路原理图通常用到两个基本原理图库，一个是常用分立元器件库 Miscellaneous
_____. IntLib，包含了一般常用的分立元器件符号；另外一个是接插件库 Miscel-
laneous _____. IntLib，包含了一般常用的接插件符号。

6. 单击 Edit 菜单下的_____命令，就可以实现一次粘贴多个对象，而且在
粘贴过程中，序号和标号可以按指定的设置自动递增。

7. Protel DXP 2004 为用户提供了元器件的自动编号功能，使用这一功能可以在放置完
全部的元器件后统一对元器件进行编号，通过单击 Tools 菜单下的_____菜单
命令。

8. 在电路原理图中，应用 Protel DXP 2004 的工程编译功能可以对原理图进行电气规则
错误检查，用菜单命令_____。

9. 当项目被编译时，任何已经启动的错误均将显示_____面板中。

二、选择题

1. 单击 File|New|Schematic 命令，面板中默认出现的文件名为_____。
A. Sheet. SchDoc   B. Sheet1. SchDoc
C. Free. SchDoc   D. 默认与工程项目同名

2. 对于公司或企业设计更加规范的电路原理图纸，标题栏是图纸说明的重要组成部分。
其中一种是 Standard（标准型），另一种是_____。

A. IEEE
B. ANIS

C. ANSI
D. ANS1

3. 在放置电子元器件操作时，按_____键可以退出元器件放置的状态。

A. Ctrl
B. Alt

C. Tab
D. Esc

4. Place 命令用于_____。

A. 放置导线
B. 放置端口

C. 放置电源线
D. 以上都是

5. Electrical Grid 选项可以设置_____。

A. 可视栅格
B. 跳跃栅格

C. 电子捕捉栅格
D. 电路图标题栏

6. 元器件的位置调整应包括_____。

A. 移动
B. 旋转

C. 复制
D. 删除

7. 不可改变系统字的设定是_____。

A. 字体
B. 字形

C. 字号
D. 艺术字

8. Error Reporting 选项标签中可以设置原理图电气测试的规则，在该选项标签中列出了所有的电气错误报告类型，其中共设置了_____种错误类型。

A. 4
B. 5

C. 6
D. 7

三、判断题

1. 在电子元器件搜索关键字中使用"＊"和"？"这两个通配符。（ ）

2. Fit All Objects 的含义是可在当前的工作窗口显示整个原理图。（ ）

3. 将鼠标与 Shift 键配合使用，可以选取多个元器件对象。（ ）

4. 可以不用新建一个工程项目而单独新建一张电路原理图。（ ）

5. 图纸跳跃栅格 Snap 最小值设置为 1。（ ）

6. 电路元器件库一旦被卸载或删除，就不能重新安装。（ ）

7. 单击执行菜单 File|Page Setup 命令，可弹出 Schematic Print Properties 对话框，对需要打印的原理图进行页面的设置。（ ）

8. Protel DXP 2004 除了能够生成自己需要的网络表之外，还可以生成各种流行 EDA 软件格式的网络表。（ ）

四、简答题

1. 电路原理图设计一般步骤有哪些？

2. 原理图 Wiring 工具栏主要有哪些工具，这些工具各有何功能？

3. 什么是网络标号？其具体应用环境有何参考？

4. 端口设置中的 Style 有哪些？

5. 打印元器件采购明细报表一般有哪些操作步骤？输出 Excel 格式报表重点有哪些操作步骤？

五、实训操作

实训一　绘制电路原理图常规操作

1. 将本单元中的设计原理图文件（自己任意选择一个文件即可，难易自定）保存在两个不同的路径下面，并打开。

2. 用菜单命令打开或关闭各种工具栏，练习快捷键的使用。练习单击、双击、按住鼠标左键并拖动元器件和用虚线框选择元器件。

3. 在图中练习对象的编辑、移动、修改、复制、粘贴等操作。

实训二　绘制桥式整流滤波稳压电路原理图（图 2-1）

1. 实训任务

（1）要求学生能够进行基本电路原理图库的元器件的熟练操作。

（2）绘制相关《电子技术基础与技能》中桥式整流滤波稳压电路原理图。

（3）进一步熟悉二极管、电容、7809/12 等电子元器件型号的放置与使用。

2. 任务目标

（1）学会基本电子元器件库中二极管、电容、7809/12 的快速定位与属性设置。

（2）重点掌握变压器输出连接桥式整流滤波及稳压电路的连接与参数设计。

（3）进行元器件采购明细报表输出。

3. 参考绘制的电路原理图

参考绘制的电路原理图如图 2-1 所示。

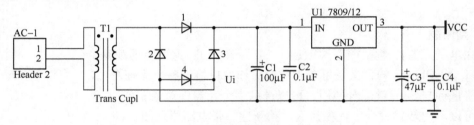

图 2-1　桥式整流滤波稳压电路原理图

4. 参考元器件采购明细报表

增加 Value 值的元器件明细采购报表如图 2-2 所示。

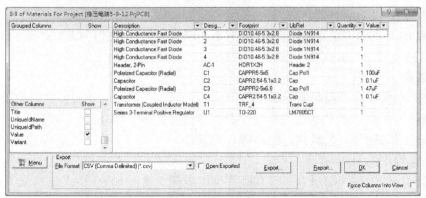

图 2-2　增加 Value 值的元器件明细采购报表

实训三 OTL 分立元件功率放大器设计

1. 实训任务

（1）进一步熟悉 OTL 分立元件电路原理图设计用到的相关库元器件。

（2）电子元器件布局参照原理图。

（3）集群编辑元器件标号，字体为黑体，字号为小四。

（4）学会设置输出喇叭的网络端口。

2. 任务目标

（1）理解并掌握 OTL 电路工作电路原理图。

（2）掌握 OTL 分立元件功率放大器元器件的选择与属性的设置过程。

（3）掌握电路元器件集群编辑操作及网络端口设置的方法。

（4）培养学生温故知新的能力。

3. 绘制 OTL 电路原理图

绘制 OTL 功率放大器电路原理图，如图 2-3 所示（学生也可以自行设计），并进行符合 Protel 设计规范的修改。（可参考《电子技术基础与技能》、《电子线路》 等教材中涉及的电路图）参考电路原理图如图 2-3 所示。

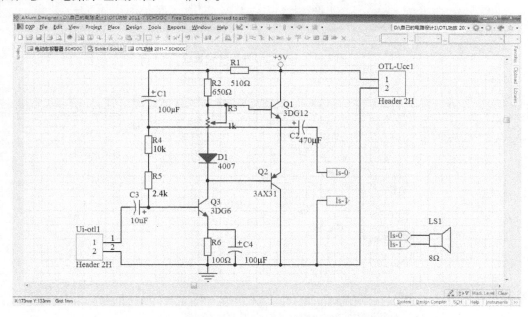

图 2-3 OTL 分立元件功率放大器参考电路原理图

4. 集群编辑过程参考图

电子元器件标号设置前如图 2-4 所示。

对元器件标号集群编辑过程效果如图 2-5 所示。

5. 输出 Excel 电子表格的元器件采购明细报表

最终按要求设计的 OTL 分立元件功率放大器输出默认采购明细报表如图 2-6 所示。

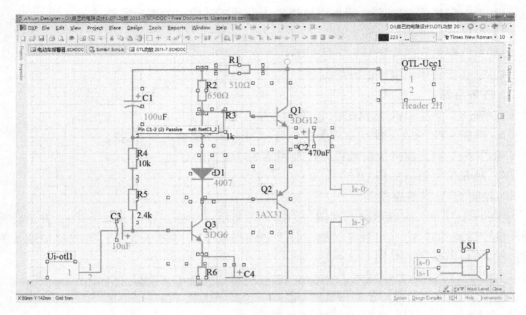

图 2-4　电子元器件标号设置前

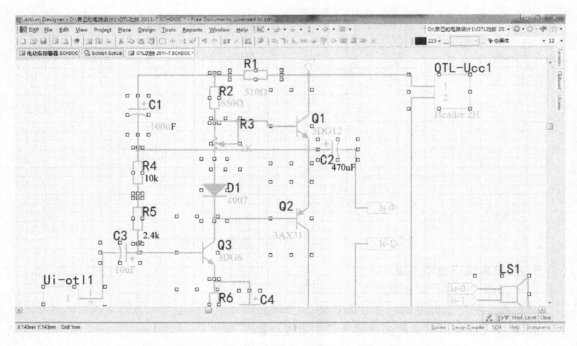

图 2-5　对元器件标号集群编辑过程效果图

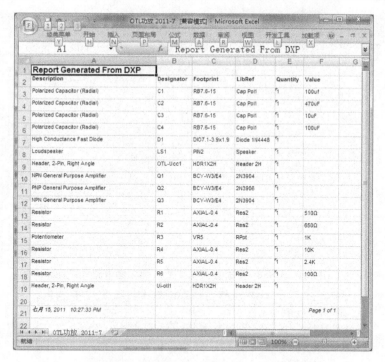

图 2-6 OTL 分立元件功率放大器默认输出采购明细 Excel 报表

实训四 设计 LM386 集成音频功率放大器电路原理图

1. 实训任务

（1）熟悉并掌握应用 LM386 设计制作音频功率放大器原理图。

（2）电子元器件布局参照原理图。

（3）学会生成网络报表。

2. 任务目标

（1）理解并掌握 LM386 集成电路工作电路原理图。

（2）掌握 LM386 集成元件功率放大器元器件的各引脚选择与属性的设置过程。

（3）进一步掌握电路原理图检查并修改的操作及网络端口设置的方法。

（4）培养学生独立对比思考问题、实际处理问题的能力。

3. 绘制 LM386 电路原理图

以 LM386 集成音频功率放大器电路为基础设计的原理图（学生可以参考电子报等杂志报刊相关功率放大器应用文章），并进行符合 Protel 设计规范的再设计（可参考《电子技术基础与技能》、《电子线路》等教材中涉及的电路图）。参考电路原理图如图 2-7 所示。

4. 设计者自行设置电路原理图中的某个电气错误，然后进行系统的原理图错误检查，并更改正确。

5. 将正确的电路原理图，生成网络报表输出，参考网络表如图 2-8 所示。

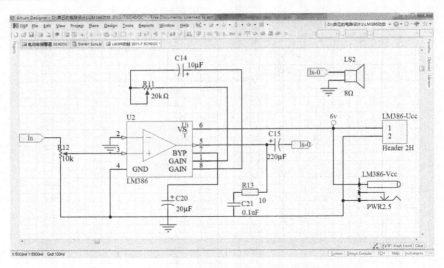

图 2-7　LM386 集成音频功率放大器参考电路原理图

图 2-8　生成 LM386 集成音频功率放大器网络表

实训五　自制原理图库 C002

1. 实训任务

（1）进一步熟悉并掌握建立原理图库的操作方法。

（2）独立完成 C002 原理图库的设计与添加应用的步骤。

（3）学会生成原理图库报表。

2. 任务目标

（1）理解并掌握绘制 C002（COB 封装）集成语音报警芯片电路工作原理。

（2）掌握 C002 的各引脚引线端的连接含义与应用。

（3）进一步掌握绘图工具栏中工具的使用与应用方法。

（4）培养学生学以致用的意识与实际处理问题的能力。

3. 绘制 C002 集成电路原理图库，C002 芯片实物图及元器件布局图如图 2-9 和图 2-10 所示。

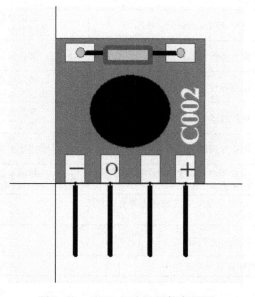

　　　　图 2-9　C002 芯片实物图　　　　　　　图 2-10　C002 芯片元器件布局图

4. 参考生成的 C002 库报警芯片报表，如图 2-11 所示。

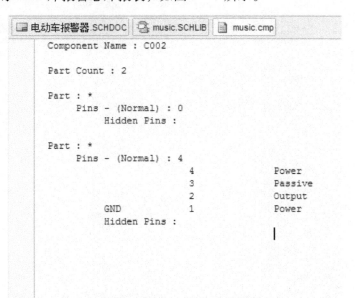

图 2-11　C002 库报警芯片报表

实训综合评价表

班级			姓名		PC 号		学生自评成绩	
操作	考核内容			配分	重点评分内容			扣分
1	图纸及页面设置			15	根据原理图的大小定义原理图纸大小及页面的相关参数设置			
2	原理图环境其他参数设置			5	熟练进行捕捉栅格、可视栅格、电气格点等设置操作			
3	元器件常规编辑操作			5	完全掌握复制、粘贴、删除、移动、陈列粘贴等			
4	创建新的原理图元器件库			15	使用绘制工具创建原理图元器件库，如引线引脚、电气规则等相关具体参数设置			
5	原理图库的添加使用			15	准确添加原理图库操作，灵活应用			
6	绘制导线、添加网络端口			20	参照电路工作原理图，熟练掌握导线连接，添加网络端口及属性的设置			
7	放置总线、总线分支线			15	参照电路工作原理图进行总线、总线分支线的绘制			
8	电路原理图的检查			5	能处理一般性的错误，及时修改更新			
9	生成元器件的各种报表，原理图打印输出			5	熟练掌握元器件采购明细报表设置，会用 Excel 电子表格输出报表			
反思反馈	绘制原理图完成较理想的有哪些操作？							
	操作存在问题							
教师综合评定成绩					教师签字			

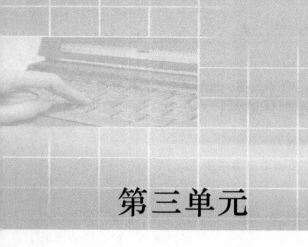

第三单元

工程项目原理图高级设计

◎ 本单元综合教学目标

通过本单元的学习，设计者将了解并熟知层次化原理图的概念，知道什么是自顶向下和自底向上层次化设计，学会设置绘制过程中所用参数，熟练掌握两种方法绘制原理图，熟练和巩固 Protel DXP 2004 层次式电路图设计操作，并能将一个较大的电路图设计成一个模块式的、具有层次的电路图。进一步熟悉层次化原理图设计输出网络报表的内容及操作方法。

◎ 岗位技能综合职业素质要求

1. 掌握层次化原理图设计流程。
2. 能够熟练运用层次化设计的两种方法绘制原理图。
3. 掌握层次化原理图之间的切换操作。
4. 重点掌握各个原理图之间通过端口或网络标号建立电气连接的方法。
5. 掌握层次化原理图网络报表的输出及操作方法。

项目一　层次化原理图设计方法

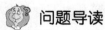 学习目标

（1）了解层次化原理图设计的操作流程，并能熟练地运用自顶向下和自底向上两种方法绘制原理图。

（2）掌握至少两种方法来切换层次化原理图。

问题导读

大规模原理图为什么要进行层次化设计？

在第二单元中曾经介绍过 Protel DXP 2004 系统大规模原理图设计的例子，还进行了原

理图元件交叉参考报表的操作，这个例子就是 Protel DXP 2004 支持层次化原理图设计的很好说明。如果不采用这种层次化的设计，而将原理图设计在一张图纸上，显然有如下问题：

◇ 原理图必须改用更大幅面的图纸设计。然而打印图纸时又遇到了另一问题，即打印机最大输出幅面有限。

◇ 设计者检查电气连接以及修改电路比较困难。

◇ 其他设计人员难以读懂原理图，给设计交流带来诸多不便。

 知识拓展

所谓层次电路设计就是把一个完整的电路系统按照功能分解成若干个子系统，即子功能电路模块，需要的话，把子功能电路模块再分解成若干个更小的子电路模块，然后用方块电路的输入/输出端口将各子功能电路连接起来，于是就可以在较小幅面的多张图纸上分别编辑、打印各模块电路的原理图了，层次电路框图如图 3-1-1 所示。

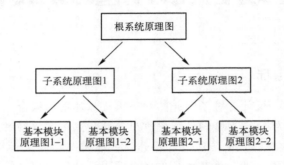

图 3-1-1　层次电路框图

这样设计的电路图在顶层电路中看到的只是一个功能模块，可以很容易地把握整个电路图的结构。如果想了解某个方框图的具体电路，可以单击该方框图，进入到下一层电路，从而做进一步了解。

知识链接

在层次电路设计中，把整个电路系统视为一个设计工程项目（注意：＊.Prj 和＊.SchDoc 文件扩展名的区分）。在工程项目根系统原理图（即总电路图）中，各子功能模块电路用方块电路表示，且每一模块电路有唯一的模块名和文件名与之对应，其中模块文件名指出了相应模块电路原理图的存放位置。在原理图编辑窗口内，打开某一电路系统设计项目文件 .prj 时，也就打开了设计项目内各模块电路的原理图文件。

Protel DXP 2004 原理图编辑器支持层次电路设计、编辑功能，可以采用自顶向下或自底向上的层次电路设计方法。

◇ 自顶向下逐级设计层次电路：先建立根系统方块电路原理图，从宏观上设计好各层模块，并正确连接；再由层方块电路图产生下一层电路原理图，从微观上实现各个模块功能。

◇ 自底向上逐级设计层次电路：先建立下层原理图，从微观上设计各个模块功能并正确连接；再由下层原理图产生上一层或顶层电路方块图，再从宏观上实现各层模块功能。

任务一　自顶向下层次化设计

在使用这种方法时，我们应先绘制顶层电路，然后再绘制子层电路，下面举例简要说明。如图3-1-2所示为一个直流稳压电源部分原理图，交流电输入，经过桥式整流电路整流后，再经过电容滤波、三端稳压器78M05输出5V直流电压，供后面的负载（这里以RL代替）电路工作。这个简单的电路可以分为整流电路和滤波稳压电路两部分，很多实际电路要比这个复杂许多，这里主要介绍软件的操作方法和使用技巧。

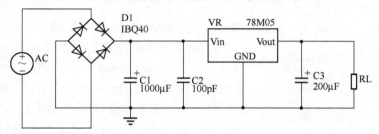

图3-1-2　电源电路

其层次原理图（电源顶层电路）如图3-1-3所示，整流电路和滤波稳压电路分别如图3-1-4、图3-1-5所示。

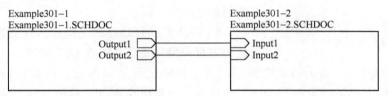

图3-1-3　电源顶层电路

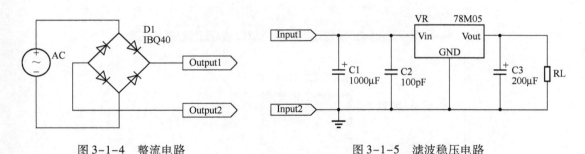

图3-1-4　整流电路　　　　　　　　　图3-1-5　滤波稳压电路

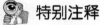 **特别注释**

> 层次电路原理图的设计关键在于如何正确传递各个层次之间的电路信号。
> 从上面的电路图可以看出，在层次电路图中信号的传递主要靠方框图标号、输入/输出端口等。
> 根系统电路原理图中的方框图必须对应一个子电路原理图，两者的输入/输出端口相对应，且两者同名。
> 具体操作过程可以参考教学参考资料包中的相关视频。

做中学

自顶向下层次化设计的具体操作步骤如下：

1. 单击 File|New|Project|PCB Project 命令，建立 PCB 工程项目文件，单击 File | Save Project，文件命名为 Example. PRJPCB。

2. 单击 File|New|schematic，系统会自动将新建原理图文件以默认的文件名加入到 Example. PRJPCB 工程项目中。

3. 单击 File | Save 命令，保存文件名为：Example301，结果如图 3-1-6 所示。

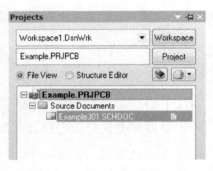

图 3-1-6　保存工程项目及原理图文件窗口

4. 单击 Wiring 绘图工具中的 放置方框电路图按钮，或单击 Place | Sheet Symbol 菜单命令项，即进入放置电路方框图状态，光标变成十字形并附加着方框电路图的标志显示在工作窗口中，此时按下 Tab 键，出现如图 3-1-7 所示的方框电路图属性编辑对话框，将该对话框的"Designator"栏默认名改为"Example301 - 1"，在"Filename"栏输入该方框电路图对应的子原理图文件名"Example301 - 1. SchDoc"，其余选项保持默认值，然后单击 OK 按钮。

5. 移动光标到原理图左侧合适位置单击鼠标左键，确定方框电路图标志的一个顶点位置。

6. 继续移动光标，此时方框电路图的大小将随之移动而改变，再到合适位置单击鼠标左键，确定方框电路图标志的另一个对角顶点，方框电路图标志将放置在工作窗口中，此时完成了一个方框电路图的位置，如图 3-1-8 所示。

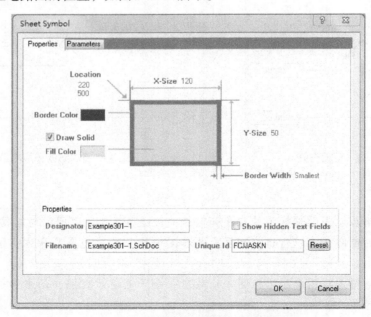

图 3-1-7　方框电路图属性编辑对话框

7. 单击绘图工具栏上的方框图端口按钮，或单击 Place | Add Sheet Entry 菜单命令项，即进入放置电路方框图 I/O 口状态，光标变成十字形，将光标移动到刚才放置好的整流电路方框图符号上，单击鼠标左键，此时一个端口符号悬浮在光标上，按 Tab 键，出现如图 3-1-9 所示的方框图输出端口属性对话框。将

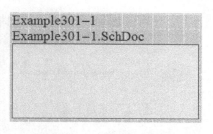

图 3-1-8　放置整流电路方框图

其中的"Name"栏输入出口名称"Output1"，在"I/O Type"栏设置为输出端口"Output"，然后单击 OK 按钮关闭对话框。移动光标到整流电路方框图符号上单击鼠标左键放下该端口。

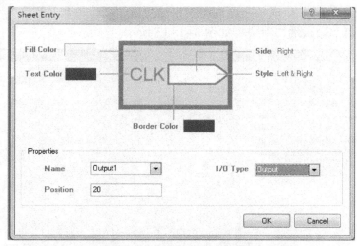

图 3-1-9　整流电路方框图输出端口属性对话框

 特别注释

➤ Name：本下拉列表框指定该电路方框图 I/O 口的名称。
➤ I/O Type 和 Style：这两栏和前面讲过的 I/O 端口的属性设置是一样的。
➤ Side：设置要把 I/O 口放置在电路方框图的左边还是右边。
➤ Position：本栏设置要把 I/O 口放置在电路方框图的位置。

8. 用相同的方法，在整流电路方框图符号中放置"Output2"端口，完成后如图 3-1-10 所示。

9. 用相同的方法，在整流电路子图符号的右边放置一个工作电路子图符号，如图 3-1-11 所示。

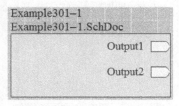

图 3-1-10　设置整流电路方框
　　　　　　输出端口效果图

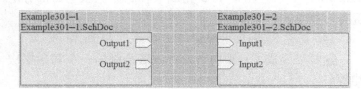

图 3-1-11　放置完成的两个方框图符号

10. 在顶层电路中将输入、输出端口用导线连接起来，画好的顶层电路图如图 3-1-3 所示。

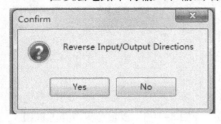

图 3-1-12 确认是否进行 I/O 取反

11. 接下来绘制子原理图，从而实现各个模块的功能。单击 Design | Create Sheet From Symbol，光标呈十字形，移动光标到整流方框电路图"Example301-1"上，单击鼠标左键，弹出如图 3-1-12 所示的对话框，询问在创建子原理图时是否将信号的输入、输出方向取反，这里单击 No 按钮，使方框图出口与子原理图中的输入端口的 I/O 特性一致。

结果，系统将自动为"Example301-1"子图符号创建一个子原理图，该图名称为"Example301-1. SchDoc"。生成的子原理图中自动生成了 2 个输出端口，与"Example301-2"子图符号中的两个输入端口对应，如图 3-1-13 所示。

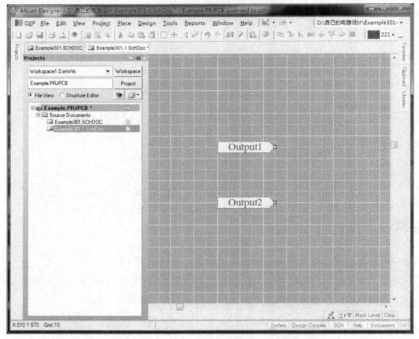

图 3-1-13 自动生成的子原理图输出端

12. 参考图 3-1-4 完成整流电路原理图的绘制，并保存此原理图文件。

13. 同理操作步骤 9，创建子原理图"Example301-2. SchDoc"，参考图 3-1-5 完成电容滤波稳压电路部分电路原理图绘制，并保存此原理图文件。

14. 最终 Projects 面板窗口如图 3-1-14 所示。

这样就完成了自顶向下设计方法绘制的一个简单层次电路。

图 3-1-14 最终 Projects 面板窗口

特别注释

> ➤ 在总原理图中除了放置方框电路图和方框电路图端口外，其他的所有对象，如元器件符号、电源符号等都可以放置上去。
> ➤ 绘制总电路原理图的流程和单张电路原理图的流程相同。
> ➤ 符号规范的总原理图中一般不会显示网络标号和原理图中的端口符号。
> ➤ 总原理图同样可以注释、检查、修改，最终打印输出。

任务二　自底向上层次化设计

在自底向上的层次化大批量图设计中，设计者对于复杂的整个系统工程连接可能不太熟悉，而对于几个模块或某一个模块，设计者却十分熟悉，可以较高质量地绘制一张电路原理图。在设计团队完成所有子原理图后，再生成根系统总原理图。这种设计是实际工作中最常用的设计方法，在这种状态下，原理图设计工作从细处着手，工程项目进度能够得到保证。但有时在完成系统设计后，当模块间进行修改时可能会影响到总原理图，有时甚至需要重新绘制总原理图。

 做中学

1. 绘制底层原理图

（1）先单击 File|New|Project|PCB Project 命令，建立 PCB 工程文件。

（2）单击 File|New|Schematic，系统会自动新建原理图文件，并以默认的文件名加入到 PCB_Project1. Prjpcb * 项目中。

（3）单击 File | Save all 命令，分别保存文件，工程文件命名为"Example302"，原理图文件命名为"Example302 – 1"。

（4）这里我们可以把任务一中制作的整流电路原理图 Example301 – 1 复制过来。直接打开原来绘制好的原理图"Example301 – 1"，选中该原理图中的所有对象，然后执行复制命令，再回到新建的空白原理图中，执行粘贴命令。

（5）再次执行菜单命令 File | New | schematic，创建一个新的空白原理图文档，将其命名为"Example302 – 2"，并保存文件。

（6）用同样的方法将任务一中绘制的滤波稳压电路复制到原理图"Example302 – 2"中。最后保存文件。

这样就完成了底层原理图的绘制。

2. 设计顶层原理图

（1）单击 File | New | Schematic，新建一个空白原理图文档，将该原理图文档保存，并命名为"Example302"，此图将作为顶层原理图。

（2）单击 Design | Create Sheet Symbol From Sheet 菜单项，将弹出如图 3 – 1 – 15 所示的对话框。在该对话框中将列出当前所有的原理图文件，移动鼠标指针选择其中任何一个原理图来生成子方框图符号，这里先选中"Example302 – 1. SCHDOC"，然后单击 OK 按钮。

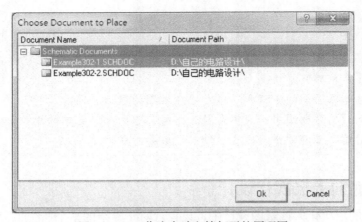

图 3-1-15　作为自动文档打开的原理图

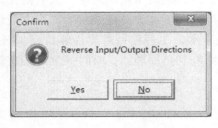

图 3-1-16　确认是否将 I/O 取反

（3）这时同样会弹出如图 3-1-16 所示的对话框，这里单击 No 按钮关闭该对话框。

（4）这时光标变成十字形，同时跟随光标出现一个子图符号，该子图符号是与底层电路 "Example302 - 1. SCHDOC" 相对应，移动光标到适当位置，单击鼠标左键放下整流电路方框电路图符号，系统自动生成 U_Example302 - 1 整流电路方框图，如图 3 - 1 - 17 所示。

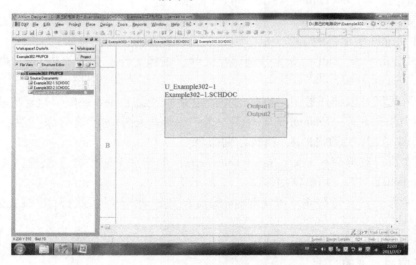

图 3-1-17　系统自动生成 U_Example302 - 1 整流电路方框图

（5）可以调整方框图符号的尺寸。

（6）再重复上述步骤（2）~（5），将电路图 "Example302 - 2. SCHDOC" 的子滤波稳压电路原理图符号加入总原理图。

（7）最后用导线将电路中输入、输出端口连接起来，完成顶层原理图的绘制。完成后的总电路图如图 3-1-18 所示。

这样，利用自底向上设计方法就完成了层次电路图的设计。

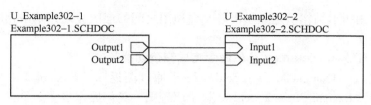

图 3-1-18　总电路图

 特别注释

> ➤ 利用此设计方法，要大体确定系统的模块划分。
> ➤ 根据单个模块绘制单张的子电路原理图。
> ➤ 在所在子电路原理图绘制完成后，根据各张子原理图绘制总原理图。
> ➤ 检查总原理图和各张子原理图之间的电气连接，确保正确规范。
> ➤ 画完电路图之后，要做 ERC 检查。对于没有连接的输入引脚，将会出现错误信息；不过，不一定每个输入型引脚都要被电路用到，所以没有连接的输入型引脚不一定就是错的。但是程序并不知道这种情况，所以要放置一个"不做 ERC 检查"的符号，让程序知道这个地方不是错误。放置这个符号，要使用 Place 菜单下的 Directives 下面的 No ERC 命令，启动这个命令，进入放置状态，放一个 X 符号在这个引脚即可。
> ➤ 还有多个电路方框图对应一张电路原理图，这就是重复性层次式电路图。对中职学生，此处从略。

任务三　层次化原理图之间切换操作

在 Protel DXP 2004 中有多种方法可以在顶层原理图和底层原理图之间切换，这里介绍两种。下面以前面任务完成的工程项目"Example"为例来说明操作方法。

 做中学

1. 使用 Project 面板切换层次电路图

这是一种最简单的切换方式，在 Project 面板中列出了该项目中的所有文档，单击相应的文档图标即可切换到相应的原理图。此外，该工程项目文件中的所有原理图如果都在打开状态，还可以通过单击原理图工作窗口上方的文件名卷标来进行切换。

 特别注释

> ➤ 这种方法的缺点是各个原理图之间没有显示出层次关系，无法分辨哪个是顶层原理图，哪个是底层原理图。

2. 使用 Navigator 面板切换层次原理图

单击原理图左下方的 Design Compiler | Navigator 命令项，打开 Navigator 面板，如图 3-1-19 所示。如果 Navigator 面板是空白的，表示还没有进行浏览操作。单击按钮 Interactive Navigation，此时光标变成十字形，移动光标到原理图任意一个对象上，单击鼠标左键即可将该对象置于浏览状态，同时 Navigator 面板中立即列出浏览图的浏览信息。

从图 3-1-19 中可以看出，在 Navigator 面板的第一个列表框中列出了当前项目的所有原理图文档，同时用树形结构清楚显示出各个原理图之间的层次关系，单击相应图标即可在顶层与底层之间切换。

3. 利用 Up/Down Hierarchy 菜单命令完成精确切换

例如，完成从"Example301 – 1. SchDoc"子原理图返回"Example301. SCHDOC"根系统原理图，再到"Example301 – 2. SchDoc"子原理图，具体操作步骤如下：

（1）先打开任务中"Example301 – 1. SchDoc"整流电路子原理图。

（2）单击 Tools｜Up/Down Hierarchy 菜单命令或者单击标准工具栏内的按钮，如图 3-1-20 所示。

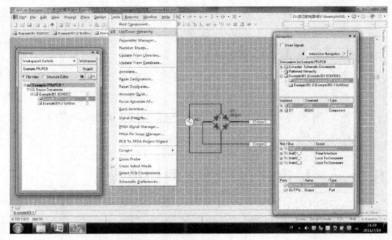

图 3-1-19　使用 Navigator 面板　　　　图 3-1-20　单击确定 Up/Down Hierarchy 菜单命令
　　　　切换层次原理图

（3）此时鼠标指针处于十字形状，移动到 Output1 端口上，效果如图 3-1-21 所示。

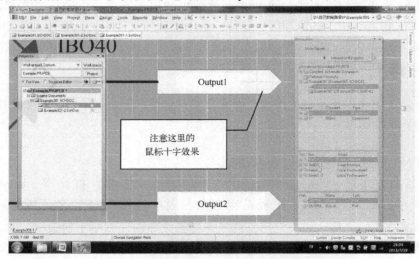

图 3-1-21　移动鼠标到 Output1 端口整个工作窗口效果

（4）单击 Output1 端口，结果鼠标指针从当前整流电路原理图的 Output1 输出端口指向"Example301.SCHDOC"根系统原理图的 Input1 端口上，操作结果如图 3-1-22 所示。

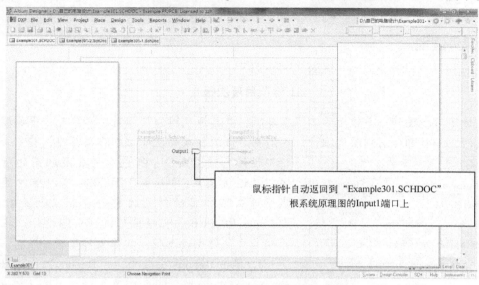

图 3-1-22　返回根系统原理图窗口效果

 特别注释

> 在如图 3-1-22 所示的工作窗口效果中，用鼠标左键单击 Output1 端口，又可返回到整流电路子原理图上，再单击 Output1 端口，又返回到根系统原理图的 Output1 端口上。

（5）继续单击用鼠标左键，此时鼠标指针自动指向滤波稳压工作电路原理图 Input1 端口上，整个 Example301－2.SchDoc 电路原理图工作窗口效果如图 3-1-23 所示。

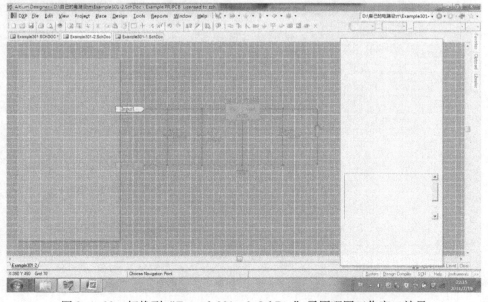

图 3-1-23　切换到"Example301－2.SchDoc"子原理图工作窗口效果

（6）执行以上操作，鼠标指针一直处于十字状态，单击鼠标右键或按 Esc 键可以退出操作，在非元器件空白处再单击鼠标左键，恢复鼠标指针正常状态，电路图全部显示正常。

至此，工程项目顶层原理图和底层原理图之间切换操作完成。

 课外园地

工程项目层次报告

设计团队在设计一个较大的工程项目时，电路原理图的设计通常不会是一张原理图能够完成的，一般都会用到层次设计。我们要看懂工程项目设计的电路原理图，首先必须搞清楚设计原理图文件中所包含的各原理图的所属关系以及连接关系，Protel DXP 2004 可以很方便地生成设计工程项目的结构性文件。现以上面打开的 Example. PRJPCB 工程项目为例，介绍设计工程组织结构性文件的生成过程，具体操作步骤如下：

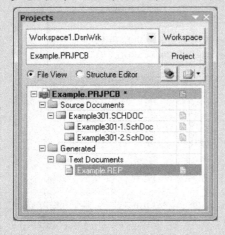

图 3-1-24　Projects 面板中生成的
Example. REP 报告文件

1. 单击 Reports（报告）| Report Project Hierarchy（工程项目生成报告）菜单命令，在 Projects 面板中会出现一个 Generated（生成报告）的文件夹，单击它前面的 ⊞，展开其文件夹，单击下一级 Text Documents（工程项目报告文档）⊞，展开后看见生成好的 Example. REP 报告文件，其文件名和工程文件名相同，如图 3-1-24 所示。

2. 单击该文件，可以将其打开，内容如图 3-1-25 所示。

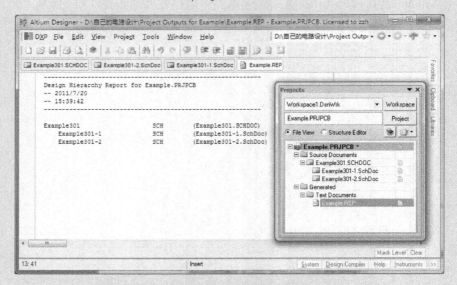

图 3-1-25　Example. REP 报告文件内容窗口

特别注释

> 在层次原理图中，文件名越靠左，说明文件层次越高，如图 3-1-24 所示。这一树形结构完全同于 Windows XP/Vista/7 中资源管理器窗口。

 专业术语

Mask（掩膜）

在第二单元中，电路原理图检查、编译结果显示在 Messages 面板中，单击有错误的电子元器件，电路原理图中没有被选中的元器件和网络连线呈灰色（半透明浅色）状态，好像蒙上一层毛玻璃，这就是 Protel DXP 2004 具有的 Mask 功能。又如在本单元任务三中，图 3-1-22、图 3-1-23 也是 Mask 效果图。单击工作窗口右下角的按钮 Clear ，或在原理图工作窗口中空白的地方单击鼠标左键就可以取消掩膜效果。

项目二　正负可调电源功放层次原理图设计

 学习目标

（1）能进行正负可调电源功放层次原理图的实际设计操作，掌握常用电子元器件的属性编辑操作。

（2）掌握电路电气控制连接相关检查方法。

问题导读

我们可以设计图 3-2-1 所示的层次电路图吗？

如图 3-2-1 所示是正负可调电源功率放大器实物图。

（a）正负可调电源　　　　　　　　　　　（b）功放（分立直插元器件型）

图 3-2-1　正负可调电源功率放大器实物

首先，从设计者安全方面考虑，电源输入不采用电源变压器，同时也为实验方便，而是从双路直流稳压源直接输入某数值的正、负直流电压，正电压由 P1 的 1 脚输入，经可调稳压模块 LM317 和扩流电流后得到功放电路需要的正电压值（ $+V_{CC} = 12V$ ）和电流值（ $+I \geqslant 1.5A$ ）。

同理，负电压由 P1 的 3 脚输入，经可调稳压模块 LM337 和扩流电流后得到功放电路需要的负电压值（$-V_{CC} = -12\text{V}$）和电流值（$-I \geqslant -1.5\text{A}$）。

设计的电源模块层次电路框图如图 3-2-2 所示。

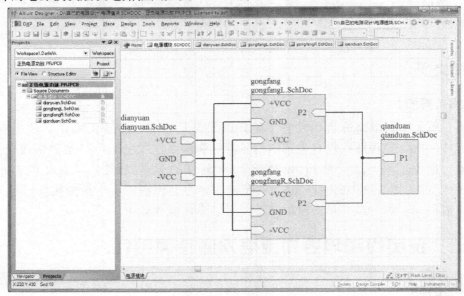

图 3-2-2　层次电路框图

 知识拓展

功率放大电路

功率放大电路的输入级采用差分放大电路设计，如图 3-2-3 所示。它主要由 NPN 三极管 Q1、Q2 组成，输出级由两只型号相同的 NPN 型大功率晶体管 Q6、Q7 组成，而没有采用互补对称推挽电路。输出管 Q7 对于负载（扬声器）来说是共发射极电路，而 Q6 则是射极输出电路，因此是不对称放大。

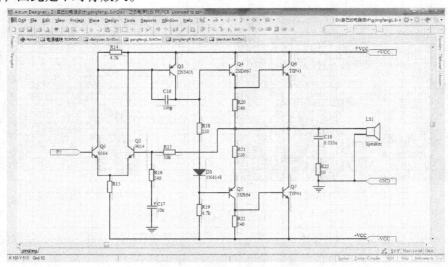

图 3-2-3　功放电路原理图

知识链接

正、负可调电源功率放大器

1. 功能说明

电源功率放大电路从结构上由电源 PCB、左声道 PCB、右声道 PCB 三块电路板组成（左、右声道电路完全相同），电源 PCB 负责 ±12V 供电，左、右声道 PCB 实现左、右声道信号功率放大。

2. 原理简介

功放电路由电源电路、音量调控电路、音调调控电路、滤波与前级放大电路、功率放大电路组成。这几部分电路设计可以参考《电子技术基础与技能》、《音响技术》、《模拟电子线路》等相关教材，进行电路原理图的分析、设计与操作能力锻炼。

3. NE5532 芯片的主要参数如表 3-2-1 所示

表 3-2-1 NE5532 的主要参数

名　称	参数值	备　注
单位增益带宽	10MHz	典型值
共模抑制比	100dB	典型值
DC 电压增益	100V/mV	典型值
峰－峰电压波动	32 V（典型值）	$\pm V_{CC} = \pm 18V$ 和 $R_L = 600\Omega$
转换速度	9V/μs	典型值
电源电压范围	±3V 至 ±20V	

4. NE5532 芯片介绍

NE5532 是典型的双极型输入运算放大器，它内部包含两组形式完全相同的运算放大器。由于其体积小、电路简单，所以是讲究实用性、低投入的动手派的首选，我们这里侧重的是制作的过程。其封装和内部结构详见本单元实训一，其引脚说明如表 3-2-2 所示。

表 3-2-2 NE5532 引脚说明

名　称	引　脚	说　明
1OUT	1	第一组运放输出端
2OUT	7	第二组运放输出端
VCC +	8	电源正端（＋）
VCC −	4	电源负端（－）
1IN −	2	第一组反向输入端
1IN +	3	第一组同向输入端
2IN −	6	第二组反向输入端
2IN +	5	第二组同向输入端

任务一　层次电路原理图的建立与绘制

 做中学

1. 首先，进行层次电路根系统方框图的绘制，操作方法同项目一中的介绍，采用自顶向下的设计方法。这里将工程项目命名为"正负电源功放 . PrjPCB"。

图 3-2-4　各个文件建立后 Projects 面板

2. 然后，依据根系统方框图的连接，分别进行各个原理图的建立，例如，电源模块 . SchDoc：dianyuan. SchDoc（电源部分）、gongfangL. SchDoc（左声道功放电路）、gongfangR. SchDoc（右声道功放电路）、qianduan. SchDoc（前端控制电路），各个电路原理图命名如图 3-2-4 所示。

3. 其次，分别进行电源部分原理图绘制，如图 3-2-5 所示；功率放大器电路绘制，如图 3-2-3 所示；前端控制电路（包括音量调控电路、音调调控电路、滤波与前级放大电路）绘制，如图 3-2-6 所示。整个电路图的绘制过程及操作方法同第二单元原理图的绘制过程，此处不再重述。

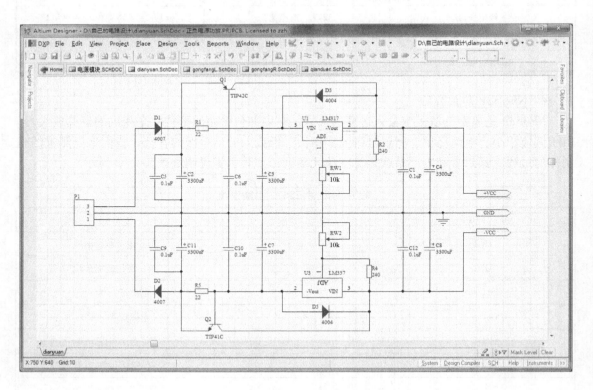

图 3-2-5　正负可调电源部分原理图

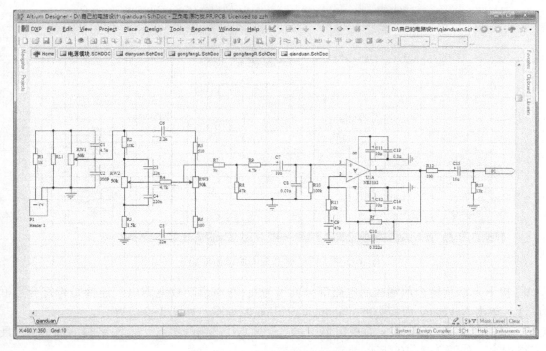

图 3-2-6　前端控制电路原理图

4. 最后，将建立的所有文件保存。

任务二　电路电气控制连接检查

 做中学

1. 打开任务一中建立的"正负电源功放.PrjPCB"工程项目。

2. 在 Projects 面板中双击"电源模块.SchDoc"根系统方框图。

3. 单击原理图工作窗口左下方的 Design Compiler | Navigator 菜单命令项，打开 Navigator 面板，此时 Navigator 面板是空白的，如图 3-2-7 所示。

4. 单击按钮 Interactive Navigation ，此时光标变成十字形，移动鼠标到电源模块方框图上，其操作效果如图 3-2-8 所示，注意图 3-2-8 中的放大图。

5. 单击鼠标左键即可将电气连接的子图 dianyuan.SchDoc（电源部分）原理图打开，此时再单击鼠标右键，结束当前交互式的导航，还要再单击鼠标左键，进入正常显示状态，如图 3-2-5 所示。前后操作并对比电气连接是否正确。

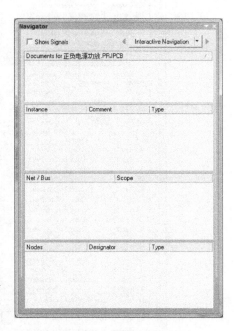

图 3-2-7　空白 Navigator 面板

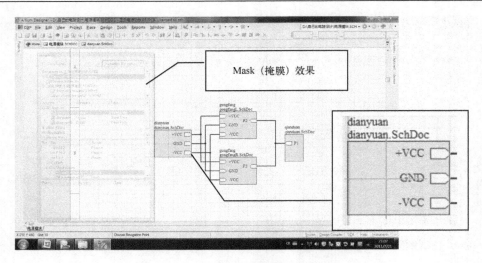

图 3-2-8　鼠标移动到电源模块框图上

6. 接下来继续检查前端控制电路部分输出与左/右声道功放电路电气连接是否符合方框图设计。单击 Navigator 面板中的 qianduan. SchDoc 原理图，如图 3-2-9 所示。

7. 单击图 3-2-9Net/Bus 面板区域下的 ⊞ ⥱ NetC15_2　　　Sheet Interface　　　 网络表前面的⊞，展开网络列表，如图 3-2-10 所示。

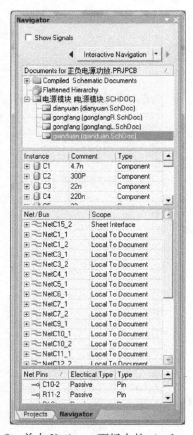

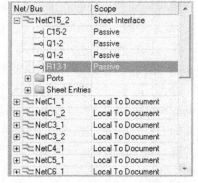

图 3-2-9　单击 Navigator 面板中的 qianduan. SchDoc　　　图 3-2-10　NetC15_2 展开效果图

特别注释

> 在图 3-2-10 NetC15_2 展开效果图中，C15-2、Q1-2、Q1-2、R13-1 均表示该
网络中各个元器件引脚连接。
> 这些引脚列表根据它们的名称进行系统排列，这和生成的网络表内容是一致的。

8. 单击 ⊟═NetC15_2　　　Sheet Interface　下面的 Ports（端口）前面的 ⊞，将端口展开。单击 P1
端口，前端电路输出端口 P1 显示效果如图 3-2-11 所示。

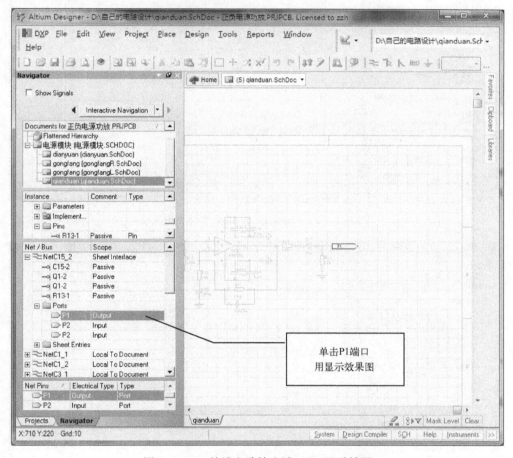

图 3-2-11　前端电路输出端口 P1 显示效果

9. 单击第一个 P2 端口，如图 3-2-12 所示，gongfangR. SchDoc（功放右声道）文件突
出显示。

10. 单击第二个 P2 端口，如图 3-2-13 所示，gongfangL. SchDoc（功放左声道）文件突
出显示。

至此，通过前后检查对比，我们已经看得十分清楚，前端控制电路 P1 端口输出，经两
个 P2 输入端口分别连接功放左/右声道电路的输入，电路电气连接工作正常，即层次电路设
计正确。

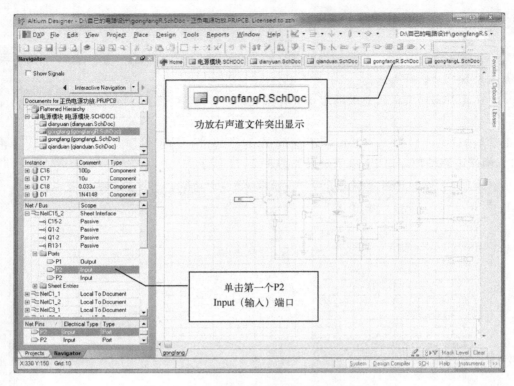

图 3-2-12　gongfangR. SchDoc 文件突出显示

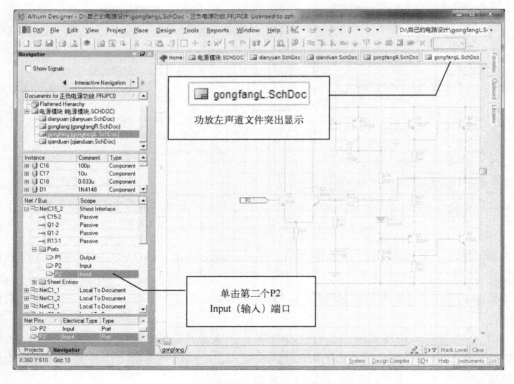

图 3-2-13　gongfangL. SchDoc 文件突出显示

项目三　循环 LED 彩灯多通道电路设计

 ## 学习目标

（1）熟练运用层次化电路原理图的设计方法，并学会利用 Repeat 语句进行多通道电路设计与网络表核对检查。

（2）能独立完成循环 LED 彩灯多通道电路原理图的设计。

 ## 问题导读

重复设计怎么解决？

层次电路原理图的绘制，我们已经在项目二中有了更进一步的学习和操练。完全一样的工作电路，有时我们要重复设计很多次，有没有一种方法，解决重复设计的问题呢？答案是有。

知识拓展

基于单片机应用的循环 LED 彩灯设计

如图 3-3-1 所示是基于 AT89S52 单片机应用系统的循环彩灯部分电路原理图。在该电路中，有 8 只完全相同的发光二极管显示电路。

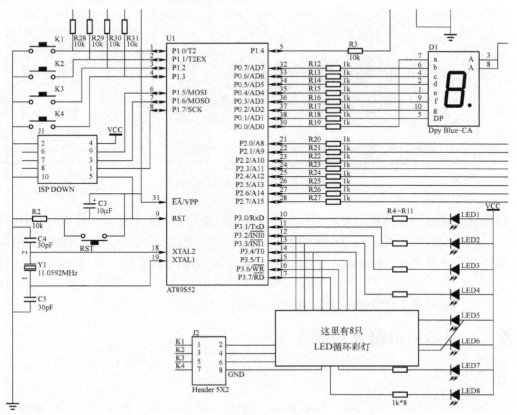

图 3-3-1　循环 LED 彩灯设计部分原理图

当然，我们自己也可以基于 AT89S52 单片机进行 8 只 LED 循环彩灯最小化设计。

 知识链接

应用 Repeat 命令进行多通道电路设计

如图 3-3-2 所示是某公司推广的 40 路电动车快速充电站充电端口控制电路原理图，这个电路没有应用多通道电路设计。

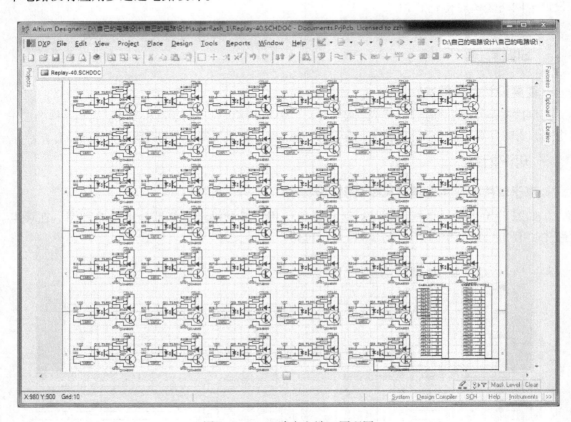

图 3-3-2　40 路充电端口原理图

很明显，这样的设计过于臃肿，原理图不清晰。应用多通道电路设计恰恰可以解决以上问题，并可大大简化图纸。而应用多通道电路设计的关键是设置相同子图的重复引用次数，重复引用命令的格式为：Repeat（子图符号，第一次引用的通道号，最后一次引用的通道号）。

下面我们以循环 LED 彩灯为例，来学习多通道电路设计。

任务一　多通道电路设计操作

 做中学

1. 单击 File | New | Project | PCB Project 命令，建立 PCB 工程项目文件，单击 File | Save Project，文件命名为"多通道彩灯设计 . PrjPCB"。

特别注释

> ➤ 多通道电路属于层次电路的一种。这个例子将按自顶向下的方法创建多通道电路原理图。
>
> ➤ 在创建多通道电路之前首先要创建一个工程项目文件。

2. 单击 File | New | schematic，系统会自动将默认新建原理图文件 Sheet1. SchDoc 加入到多通道彩灯设计 . PrjPCB 工程项目中。单击 File | Save 命令，保存文件名为："XHCD. SCHDOC"，保存工程项目及原理图文件窗口如图 3-3-3 所示。

3. 单击 Wiring 绘图工具中的 [图] 放置方框电路图按钮，光标变成十字形并附加方框电路图的标志显示在工作窗口中，此时按 Tab 键，出现如图 3-3-4 所示的放置方框电路图属性编辑对话框，将该对话框的"Designator"栏默认名改为"AT89S52"，在"Filename"栏输入该方框电路图对应的子原理图文件名"AT89S52. SchDoc"，其余选项保持默认值，然后单击 OK 按钮。

图 3-3-3　保存工程项目及原理图文件窗口

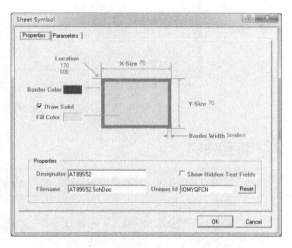

图 3-3-4　放置方框电路图属性编辑对话框

4. 操作方法同步骤 2 和 3，在 XHCD. SchDoc 原理图中右边建立循环彩灯方框子图，符号名为 Repeat（LED，1，8），子图名为 LED. SchDoc，如图 3-3-5 所示。

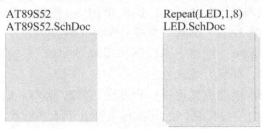

图 3-3-5　放置多通道总方框图

5. 单击绘图工具栏上的方框图端口按钮 [图]，进行放置连接端口即循环彩灯的各路 LED 操作，并通过总线与导线彼此连接，画好的顶层电路图如图 3-3-6 所示。

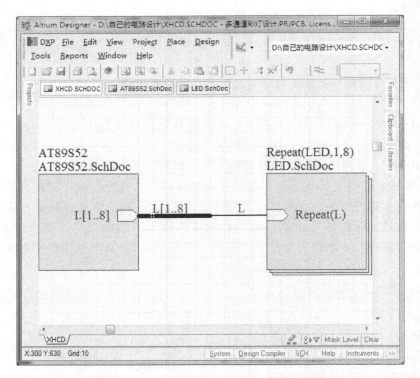

图 3-3-6　通过总线与导线进行连接效果图

特别注释

> 在图 3-3-6 中，注意 Net 网络标号的标注。左边是总线网络标号 L［1..8］，右边是导线网络标号 L。

> 注意方框图端口 Name 的命名，一定是与定义的重复变量名一致。

6. 接下来绘制子原理图，从而实现单片机电路与循环彩灯 LED 电路的功能。

单击 Design | Create Sheet From Symbol，光标呈十字形，移动光标到整流方框电路图 "AT89S52. SchDoc" 上，单击鼠标左键，弹出如图 3-1-12 所示的对话框，询问在创建子原理图时是否将信号的输入/输出方向取反，这里单击 No 按钮，自动生成子原理图输出端 L［1..8］并完成绘制，如图 3-3-7 所示。完成后保存文件。

7. 操作方法同步骤 5 和 6，创建子原理图 "LED. SchDoc"，完成 LED 控制电路原理图的绘制，如图 3-3-8 所示，并保存此文件。

8. 利用项目二中的层次电路电气连接检查方法，单击 Tools | Up/Down Hierarchy 菜单命令项或者单击标准工具栏内的按钮，此时鼠标指针处于十字形状，移动到 L［1..8］端口上，按鼠标左键进入多通道 LED 网络标号选择，效果如图 3-3-9 所示。

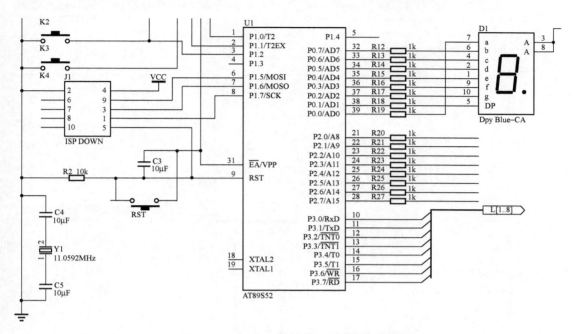

图 3-3-7　单片机 LED 工作电路部分原理图

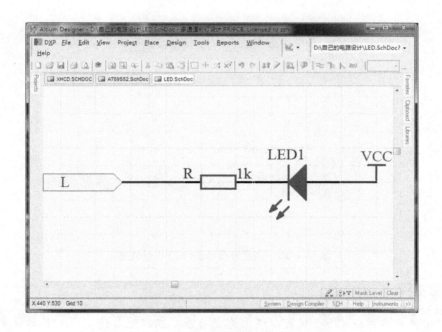

图 3-3-8　由子图符号 LED 生成的 LED.SchDoc

9. 此时单击 L［1..8］网络标号，结果如图 3-3-10 所示。多通道循环彩灯 LED 电气连接检查完成。

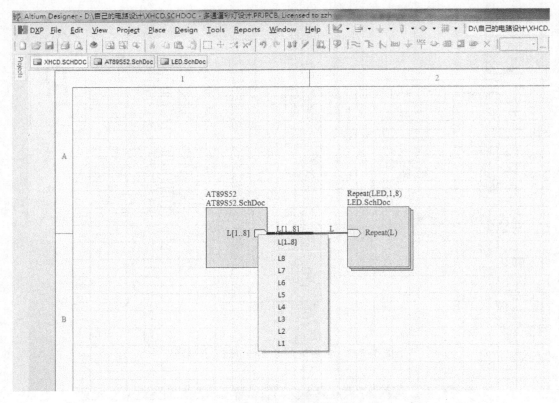

图 3-3-9　多通道 LED 网络标号选择

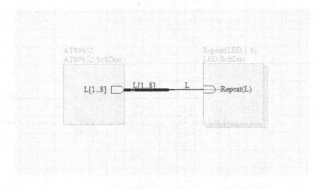

图 3-3-10　多通道循环彩灯 LED 电气连接

 特别注释

> ➢ 单击鼠标右键或按 Esc 键可以退出掩膜功能，在非元器件空白处再单击鼠标左键，恢复鼠标指针正常状态，电路图全部显示正常。
> ➢ 也可以单击工作窗口右下角的按钮 Clear ，关闭掩膜功能。

10. 此时再单击打开 LED.SchDoc 循环彩灯电路原理图自动变为如图 3-3-11 所示。

11. 单击 Design | NetList for Project | Protel 菜单命令项，可以由多通道电路创建 Protel 网络表。逐层展开 Projects 面板下自动生成的 Generated 文件夹，如图 3-3-12 所示。

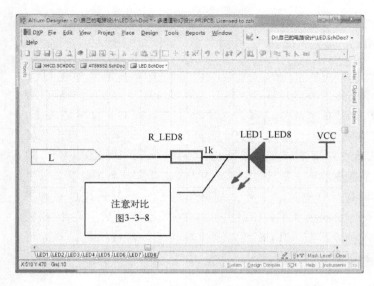

图 3-3-11　自动变化的 LED. SchDoc 循环彩灯电路原理图　　图 3-3-12　生成多通道彩灯设计网络表

12. 单击打开网络表文件"多通道彩灯设计 . NET"，可以看到，子图 LED. SchDoc 内的 R 和二极管元件在网络表内也自动加上了编号后缀，如图 3-3-13 所示是发光二极管从 LED1_LED1、LED1_LED2、……、LED1_LED8 网络编号形式。

13. 最后，单击 File｜Save ALL 菜单命令项，将所有文件保存。

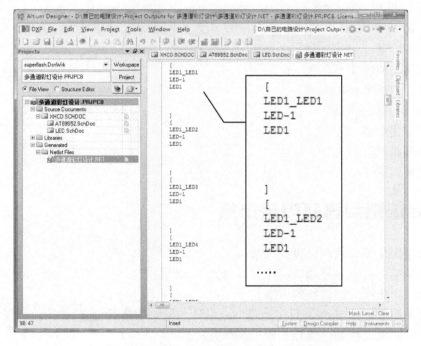

图 3-3-13　发光二极管的网络编号形式

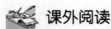 **课外阅读**

Atmel 系列 AT89S52 介绍

AT89S52 是一种低功耗、高性能 CMOS 8 位微控制器，具有 8 KB 在系统可编程 Flash 存储器。使用 Atmel 公司高密度非易失性存储器技术制造，与工业 80C51 产品指令和引脚完全兼容。片上 Flash 允许程序存储器在系统可编程，也适于常规编程器。在单芯片上，拥有灵巧的 8 位 CPU 和在系统可编程 Flash，使得 AT89S52 为众多嵌入式控制应用系统提供高灵活、超有效的解决方案。AT89S52 具有以下标准功能：8 KB Flash，256 KB RAM，32 位 I/O 口线，看门狗定时器，两个数据指针，三个 16 位定时/计数器，一个 6 向量 2 级中断结构，全双工串行口，片内晶振及时钟电路。另外，AT89S52 可降至 0 Hz 静态逻辑操作，支持两种软件可选择节电模式。空闲模式下，CPU 停止工作，允许 RAM、定时/计数器、串口、中断继续工作。掉电保护方式下，RAM 内容被保存，振荡器被冻结，单片机一切工作停止，直到下一个中断或硬件复位为止。

主要性能：

◇ 该芯片与 MCS – 51 单片机产品兼容
◇ 8 KB 在系统可编程 Flash 存储器
◇ 1000 次擦写周期
◇ 全静态操作：0 ~ 33 Hz
◇ 三级加密程序存储器
◇ 32 个可编程 I/O 口线
◇ 3 个 16 位定时/计数器
◇ 8 个中断源
◇ 全双工 UART 串行通道
◇ 低功耗空闲和掉电模式
◇ 掉电后中断可唤醒
◇ 看门狗定时器
◇ 双数据指针
◇ 掉电标识符

本单元技能重点考核内容小结

1. 掌握层次化原理图两种设计方法；
2. 熟练掌握方框电路及端口操作与其对话框属性设置；
3. 掌握层次化原理图切换的方法；
4. 学会利用 Repeat 语句进行多通道电路设计与网络表核对检查；
5. 掌握电路电气控制连接相关检查操作方法。

本单元习题与实训

一、填空题

1. 把一个完整的电路系统按功能分解成若干子系统，即子功能电路模块，这是 Protel DXP 2004 具有的_____设计。

2. 单击 Place 菜单下的_____菜单命令项，即进入放置电路方框图状态。

3. 采用多通道电路设计使用的重复引用命令是_____。

4. NE5532 是典型的_____运算放大器，它内部包含两组形式完全相同的运算放大器。

二、选择题

1. 单击 Design | NetList for Project | Protel，Projects 面板中默认出现的文件扩展名为____。

A. SchLib   B. Prj   C. NET   D. REP

2. 利用_____菜单下 Up/Down Hierarchy 菜单命令完成层次电路原理图的精确切换。

A. Design   B. Project   C. Place   D. Tools

3. 单击_____菜单下 Report Project Hierarchy（工程项目生成报告）菜单命令项，在 Projects 面板中会出现一个 Generated（生成报告）的文件夹。

A. Design   B. Report   C. Place   D. Project

三、判断题

1. 在层次电路设计中，必须建立一个设计工程项目。（   ）

2. 在总原理图中除了放置方框电路图和方框电路图端口外，其他的所有对象，如元器件符号、电源符号等都不可以放置。（   ）

3. 单击原理图工作窗口左下方的 Design Compiler | Navigator 菜单命令项，就可以打开 Navigator 面板。（   ）

4. 采用多通道电路设计的关键之一是注意设置不相同子图的重复引用次数。（   ）

四、简答题

1. 根据正负可调电源与功率放大电路原理图，分类汇总元器件组成。（建议对比输出元器件明细报表）

2. 层次电路设计的原理图有哪些切换操作的方法？

3. 简述利用 Repeat 命令建立循环彩灯 LED 多通道电路设计的主要步骤有哪些？

五、实训操作

实训一　芯片 NE5532、AT89S52 元件库设计

实训任务

1. 建立 NE5532 元件库，其封装和内部结构分别如图 3-1（a）、（b）所示。

2. 建立单片机 AT89S52 芯片库，如图 3-2 所示。

实训二　完成正负可调电源功率放大电路层次电路设计

参考本单元中的设计，再根据实际工作电路，发挥自己的潜能，设计属于自己的层次电路图。

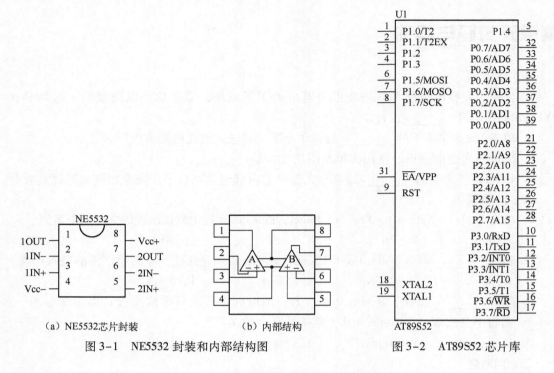

（a）NE5532芯片封装　　　　　（b）内部结构

图 3-1　NE5532 封装和内部结构图

图 3-2　AT89S52 芯片库

实训三　模拟两路交通信号灯设计

1. 实训任务

（1）要求能够进行一般电路原理图及库的元器件的熟练操作。

（2）对 NE555 芯片应用电路设计。（可参考《电子技术基础与技能》等教材中的 NE555 芯片电路应用设计）

（3）进一步熟悉 74LS 系列芯片型号的应用。

2. 任务目标

（1）学会元器件库的正确查找与使用。

（2）重点掌握 NE555 芯片及 74LS 系列芯片电路的连接与参数设计。

（3）可以进行层次化的电路设计。（可建立多通道交通信号灯设计）

3. 绘制电路原理图

（1）先按一张普通电路原理图设计，如图 3-3 所示。

（2）通过分析交通信号灯电路，将其电路分解，设计成层次电路。

实训四　绘制基于单片机 STC 90C58 快充器层次原理图

1. 实训任务

（1）熟悉并掌握单片机 STC 90C58 芯片应用电路部分原理图。

（2）电子元器件位置布局及层次电路原理图设计。

（3）学会生成层次网络报表。

2. 任务目标

（1）理解并重点掌握方框图、芯片端口、网络标号等应用设计。

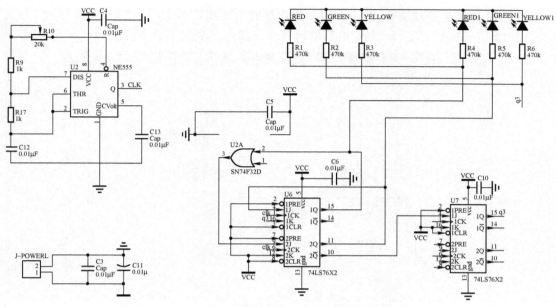

图 3-3　模拟两路交通信号灯电路原理图

（2）掌握层次电路设计的操作过程。

（3）进一步掌握层次电路原理图检查、切换等操作方法。

（4）培养独立思考、联想对比，实际操控的能力。

3.　绘制基于单片机 STC 90C58 快充器参考电路层次原理图

（1）系统主控电路原理图如图 3-4 所示。

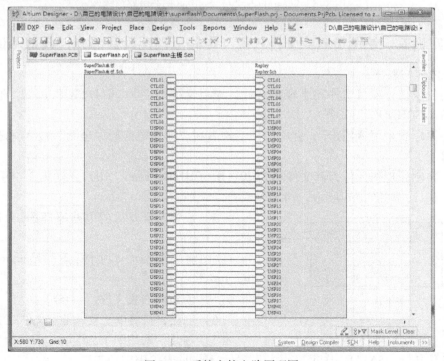

图 3-4　系统主控电路原理图

（2）40 路快充控制端 Replay. SchDoc 原理图如图 3-3-2 所示。

（3）SuperFlash 主板 . SchDoc 电路原理图（一部分）如图 3-5 所示。

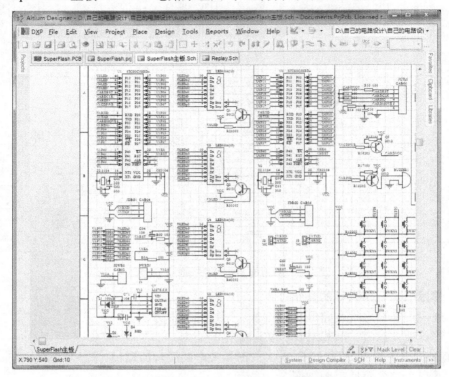

图 3-5　SuperFlash 主板 . SchDoc 部分电路原理图

实训五　绘图员职业资格认证（电路原理图设计部分）模拟考试

操作内容与要求：

（1）创建设计项目文件和原理图文件，项目文件命名为 2011. PRJPCB，原理图文件命名为 2011A. SCHDOC。（2 分）

（2）原理图采用 A4 图纸，并将绘图者姓名和"印制电路板原理图"放入标题栏中相应位置。（2 分）

（3）自制原理图元件，其文件名为 2011B. SCHLIB，snap = 10，元件为 3 个引脚，元件命名为 78Ls12，如图 3-6 所示。（4 分）

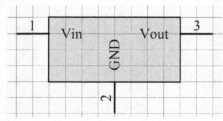

图 3-6　元件 78Ls12

电容及电阻：AXIAL - 0. 3

（4）设计符合要求的电路原理图，如图 3-7 所示。（10 分）

绘图前必须添加库文件：ST Operational Amplifier. IntLib。

（5）创建网络表文件。（1 分）

（6）创建材料清单，放入考生文件夹中。（1 分）

（7）各元件采用如下封装：

Header 2：HDR1X2H

LM148D：DIP – 14　　　　　　　　78Ls12：09pcbB（自制）

其他元件采用系统默认封装。

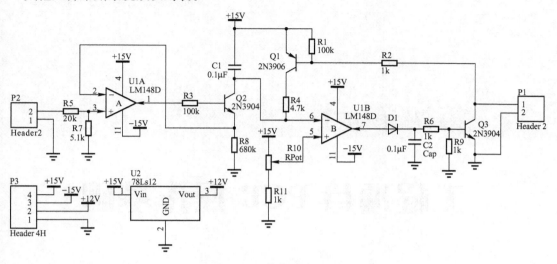

图 3-7　原理图

绘图员职业资格（电路原理图设计部分）模拟考试评价表

省市地区		考点校名		PC 号		考试时间	
考核内容			配分	重点评分内容			扣分
电路原理图设计			25	按照题目要求完成设计			
1	创建设计项目文件和原理图文件：项目文件命名为 2011. PRJPCB 原理图文件命名为 2011A. SCHDOC		2	两个文件建立正确			
2	原理图图纸参数设置： 采用 A4 图纸； 并将绘图者姓名和"印制电路板原理图"放入标题栏中相应位置		2	图纸参数设置正确 标题栏内容放置正确			
3	自制原理图元件： 文件名为 2011B. SCHLIB，snap = 10，元件为 3 个引脚； 元件命名为 78LS12		4	创建库元件正确 具体参数符合要求			
4	原理图编辑： （绘图前添加库文件 ST Operational Amplifier. IntLib）		10	库文件 ST Operational Amplifier. IntLib 添加正确，设计符合要求			
5	创建网络表文件		1	创建网络表文件正确 内容正确			
6	创建材料清单 并放入考生文件夹中		1	创建元器件材料明细清单正确 生成 Excel 电子表格 文件类型报表正确			
7	原理图及元器件综合检查		5	元器件参数、布局等			
综合评定成绩				教师签字			

第四单元

工程项目 PCB 操作基础

◎ **本单元综合教学目标**

了解印制电路板的种类，熟悉印制电路板的基本组件。熟悉 PCB 编辑环境，学会加载元器件封装库、网络表及元器件操作，掌握印制电路板设计流程，学会设置电路板参数，掌握单层及双层印制电路板的设计方法，理解设计规则设置，掌握印制电路板的布局、布线原则。掌握印制电路板的设计规则检查方法，学会查阅错误信息并进行修改。理解电路板完成后需输出的各种报表。

◎ **岗位技能综合职业素质要求**

1. 掌握印制线路板（PCB）必要的环境选项设置。
2. 能熟练进行 PCB 文件的库调入或关闭操作及添加库元器件操作。
3. 掌握 PCB 库文件中绘制新的库元器件，创建新库操作。
4. 掌握铜膜导线、焊盘、过孔的编辑及元器件属性修改。
5. 会精确放置安装孔，并进行属性设置。
6. 掌握元器件自动布局与手工编辑调整操作。
7. 能按照要求利用 Protel 的自动布线及手动布线功能进行布线。
8. 会 PCB 的一般设计规则检查，并能对错误进行修改。
9. 能进行电路 PCB 文档及相关报表的打印输出。

项目一　倒车雷达 PCB 基础设置

学习目标

（1）了解 PCB 及基本构成，熟悉 PCB 工作层及参数设置，掌握 PCB 编辑器工作环境参数的具体设置。

（2）掌握手动设计和在 FILES 面板中利用向导快速自动生成规范的 PCB 面板的操作方法，并会进行相关参数的设定。

 问题导读

什么是 PCB？

电子产品的日益丰富，很多人都见过电路板，其实它就是电子专业术语英文缩写名称"PCB"。它的全称是印制电路板（Printed Circuit Board）。"PCB"几乎会出现在每一种电子设备中。作为基板，电子零部件都是焊接在它上面的，主要负责各个零件之间的相互电气连接。

超声波测距电路学习 PCB，可应用于汽车倒车数码雷达、建筑施工工地的测量以及一些工业现场的位置监控，也可用于如液位、井深、管道长度的测量等场合。要求测量范围在 0.30 ~ 4.00m，测量精度甚至可以达到 1cm，测量时与被测物体无直接接触，能够清晰稳定地显示测量结果。如图 4-1-1 所示是汽车倒车数码雷达，（a）是 PCB 设计图，（b）是工作状态下实物图。

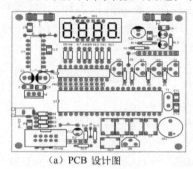

（a）PCB 设计图　　　　　　　　（b）工作状态下实物图

图 4-1-1　汽车倒车数码雷达

知识拓展

随着电子设备越来越复杂，需要的零部件自然越来越多，PCB 上面的线路与零件也越来越密集了。裸板（上面没有零件）也常被称为"印制线路板 Printed Wiring Board（PWB）"。板子本身的基板是由绝缘隔热、并不易弯曲的材质制作而成。在板表面可以看到的细小线路材料是铜箔，原本铜箔是覆盖在整个板子上的，在制造过程中部分铜箔被蚀刻处理掉，留下来的部分就变成网状的细小线路了。这些线路被称做导线（conductor pattern）或布线，用来提供 PCB 上零件的电路连接。

通常 PCB 的颜色都是绿色或棕色，这是阻焊漆（solder mask）的颜色。它是绝缘的防护层，可以保护铜线，在焊接时可以排开焊锡，有效防止焊锡溢出造成短路，防焊层有顶层防焊层（Top Solder Mask）和底层防焊层（Bottom Solder Mask）之分。防焊层也称阻焊层。在阻焊层上还会印刷一层丝网印刷面（silk screen）。通常在这上面会印上文字与符号（大多是白色的），以标示出各零件在板子上的位置。丝网印刷面也被称做图标面（legend）。如图 4-1-2 所示是某款便携车载报警器部分裸板。

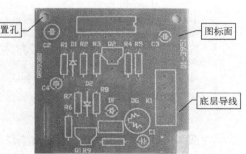

图 4-1-2　某款便携车载报警器部分裸板

知识链接

PCB 的材料分类（刚性、挠性）

A. 酚醛纸质层压板
B. 环氧纸质层压板
C. 聚酯玻璃毡层压板
D. 环氧玻璃布层压板
E. 聚酯薄膜
F. 聚酰亚胺薄膜
G. 氟化乙丙烯薄膜

PCB 的层数分类

A. 单面板（Signal Layer PCB）（如图 4-1-2 所示）
B. 双面板（Double Layer PCB）
C. 多层板（Multi Layer PCB）

简单电路用单面板，布线相对复杂的电路用双面板，计算机主板要用多层板，如四层板（两层走线、电源、GND）、六层板（四层走线、电源、GND）。现在还有雕刻板。

设计 PCB 一般工作流程

准备原理图和网络表→规划 PCB→设置环境参数→装入网络表和元件封装→设置工作参数→元件综合布局→元件综合布线→设置覆铜→DRC 检查修改→文件保存→打印输出→导出文件送交电路制板商。

任务一   PCB 工作环境参数设置

电路板的设计工作正式开始了。

做中学

1. 首先，我们新建一个 PCB 文件。单击 File | New | Project | PCB Project 命令，建立汽车倒车数码雷达工程项目文件，单击 File | New | PCB，系统会自动将新建 PCB 文件以默认的文件名 "PCB1. PcbDoc" 加入到 PCB_Project1. Prjpcb * 项目中。单击 File | Save all 命令，分别保存文件，均命名为：汽车倒车数码雷达（注：扩展名不同，. PRJPCB 工程项目文件；. PCBDOC PCB 文件），结果如图 4-1-3 所示。

2. 然后，单击 Design | Board Options 菜单，进行图纸设置。其默认 PCB 图纸由默认尺寸的白色方框和空白的 PCB 形状（带格点的黑色区块）构成。也可以按快捷键 O | G，弹出 PCB 图纸设置对话框，如图 4-1-4 所示。

图 4-1-3   保存工程项目及 PCB 文件

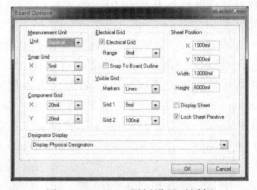

图 4-1-4   PCB 图纸设置对话框

具体 PCB 图纸的各项环境设置如图 4-1-5 所示。

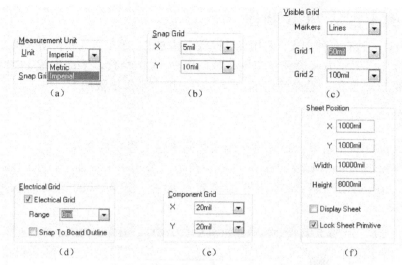

图 4-1-5　具体 PCB 图纸各项环境设置

（1）单击对话框中的 Measurement Unit 选项卡下的 Unit 右侧的下三角按钮，可进行测量单位英制（Imperial）或公制（Metric）的设置，如图 4-1-5 中（a）所示。

（2）同理，单击 Snap Grid（捕获网格）的 X 和 Y 值，它是指光标每次沿 X 和 Y 方向移动的最小距离，一般设置为 5mil 或 10mil，它的作用是容易将元器件引脚焊盘放在网格上。设置如图 4-1-5 中（b）所示。

（3）进行 Visible Grid 设置（可视栅格的设置，一种是 Dots，一种是 Lines，依个人设计喜好而定）。将 Grid1 设置为 50mil，Grid2 设置为 100mil，如图 4-1-5 中（c）所示。

（4）单击 Electrical Grid 可以设置电气格点（电气网格，它是系统在给定范围内自动搜索电气节点）。将 Range 设置为 8mil，如图 4-1-5 中（d）所示。

（5）单击 Component Grid 下 X 和 Y 值可以设置元器件格点，它决定了元件放置时的位置格点间距。将 X 设置为 20mil，Y 设置为 20mil，如图 4-1-5 中（e）所示。

（6）另外，在 PCB 图纸位置设置栏的设置包括：图纸左下角顶点 X 和 Y 坐标、Width（图纸宽度）、Height（图纸高度）、Display Sheet（是否显示图纸）、Lock Sheet Primitive（是否锁定图纸的原始位置）。各项设置数值，如图 4-1-5 中（f）所示。

特别注释

> mil 是英制单位，在 Protel 电路设计中，一般习惯使用该单位。
> 英制单位与公制单位的换算比例是：1000mil = 1 英寸 = 25.4mm（毫米）。
> 捕获格点的设置需要符合布线的各种参数数值，如最小线宽、最小线间距、相邻焊盘中能走几根导线、若采用直插型元件为主的引脚间距等。后面任务中有更详细的介绍。
> 启动电气格点功能后，将以当前位置为圆心，以 Range 栏中数值为半径的圆内搜索最近的具有电气特性的对象。如导线、焊盘、过孔等，并自动跳到该对象上。

至些，PCB 文件图纸的设置基本完成。

任务二　倒车雷达 PCB 制作

PCB 的设计大致有 3 种方式：利用设计模板向导方式、手工方式和自动方式（必要设置）。

本任务首先以手工方式设置汽车倒车数码雷达 PCB 参数。手动生成 PCB 的方式可以生成各种要求的 PCB 文件，是最通用的设计方式，具体操作步骤如下。

 做中学

1. 单击 File|Open 菜单，打开汽车倒车数码雷达工程项目文件。

2. 单击 Design|Board Layers and Colors…命令，弹出 Board Layers and Colors（板层和颜色）对话框，在 Signal Layers 对话框中设置单面板，设置后的结果局部放大效果图如图 4-1-6 所示。

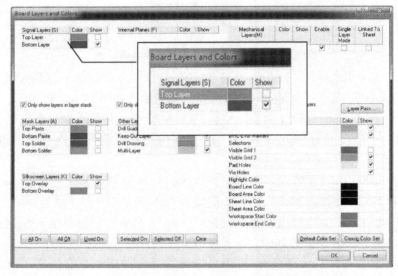

图 4-1-6　Board Layers and Colors（板层和颜色）对话框

3. 设置颜色显示，双击该对话框的右下角 System Colors 设置区 Board Area Color 选项右边的颜色框，设置颜色代码为 214，单击 OK 按钮结束设置，如图 4-1-7 所示。

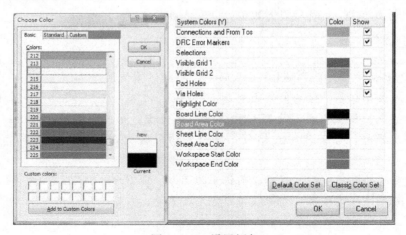

图 4-1-7　设置颜色

4. 单击窗口下边的板层区中的 Keep-Out Layer（禁止布线层）标签，如图 4-1-8 所示。

5. 单击 Utilities 工具栏中的 Utility Tools 中的 Set Origin 工具按钮，如图 4-1-9 所示，将左下角某位置设定原点（X: 0mil，Y: 0mil）位置。此处规划汽车倒车数码雷达电路板 X: 84mm，Y: 84mm。换算成英制数据（取整数），X: 3300mil，Y: 3300mil（相对于原点坐标）。

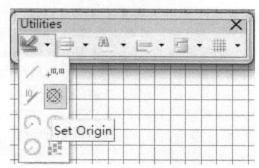

图 4-1-8　设置板层区中禁止布线层　　　　图 4-1-9　Utility Tools 中的 Set Origin 工具按钮

6. 继续单击 Utility Tools 中的 Place Line 工具按钮，以相对原点为起点画出一个 X 方向为 3300mil、Y 方向为 3300mil 的边框作为汽车倒车数码雷达 PCB 的边框，如图 4-1-10 所示。

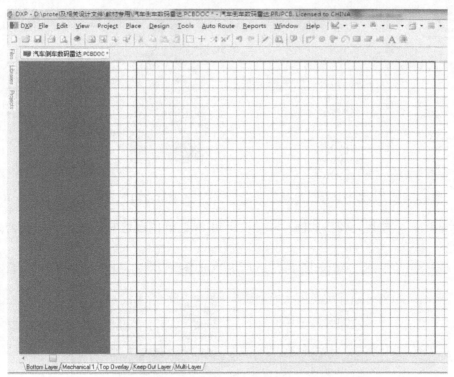

图 4-1-10　汽车倒车数码雷达电路板边框

7. 单击工具栏中的保存按钮，使设置的内容生效。

接下来我们用自动方式生成汽车倒车数码雷达 PCB。这样的方式可以在生成 PCB 文件的过程中设置好各个参数，这对于规则形状的 PCB，是最简单、最常用的设计方法，具体操作步骤如下。

做中学

1. 单击 Protel DXP 2004 主窗口右下角的标签栏 System（系统），从中选择 Files 子标签，如图 4-1-11 所示。

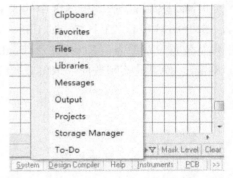

2. 单击后，屏幕上会弹出 Files 对应的工作窗口，如图 4-1-12 所示。分别单击 Open a document，Open a project，New 等选项菜单对应的折叠按钮，目的是节省显示空间。最终定位到 New from template 选项菜单下的 PCB Board Wizard…，即 PCB 自动生成向导子菜单项。PCB 自动生成向导第一屏如图 4-1-13 所示。

图 4-1-11　System 标签栏下的 Files 子标签

图 4-1-12　PCB 自动生成向导

图 4-1-13　PCB 自动生成向导第一屏

3. 单击 Next> 按钮，弹出如图 4-1-14 所示 PCB 单位设置对话框，这里我们采用公制 mm（毫米）单位。

4. 单击 Next> 按钮，弹出如图 4-1-15 所示 PCB 类型设置对话框，选择 Custom 自定义类型。

图 4-1-14　PCB 采用单位设置对话框

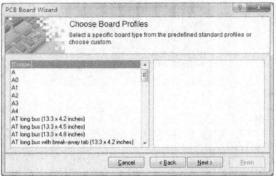

图 4-1-15　PCB 类型设置对话框

5. 单击 Next> 按钮，弹出如图 4-1-16 所示 PCB 尺寸设置对话框，在此设置形状类型、尺寸及 PCB 边框线宽、尺寸线宽等内容。

6. 单击 Next> 按钮，弹出如图 4-1-17 所示设置信号层和电源层对话框。这里设置信号层为 2 和电源层为 0。较复杂的电路（元器件较多）为便于布线，采用双面板设置，无须任何中间信号层和内部电源层。这样 PCB 包含铜箔层仅有 Top Layer（顶层）和 Bottom Layer（底层）。

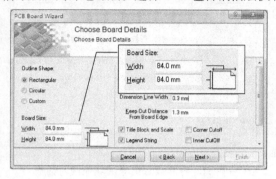

图 4-1-16　PCB 尺寸设置对话框

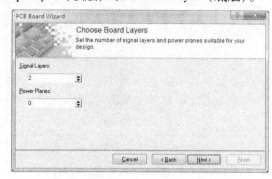

图 4-1-17　设置信号层和电源层对话框

7. 单击 Next> 按钮，弹出如图 4-1-18 所示设置 PCB 上 Via（过孔）类型对话框，这里采用 Thruhole Vias only（穿越型过孔类型）。

8. 单击 Next> 按钮，弹出如图 4-1-19 所示的设置 PCB 上电子元器件安装和走线的主体要求对话框。这里设置 Through-hole components（以直插型元件为主体）；在 Number of tracks between adjacent pads（允许在相邻焊盘间的导线数）一栏中设置 One Track（一根导线）。

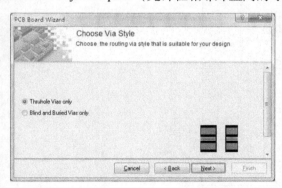

图 4-1-18　设置 PCB 上过孔类型对话框

图 4-1-19　设置电子元器件安装和走线主体要求对话框

 特别注释

> ◉ Through-hole components. 选择该选项表示 PCB 上以表贴元器件为主。
> 这时对话框中的内容变为如图 4-1-20 所示，选择 No 选项，确定为单面放置元器件。

图 4-1-20　确定是否单面放置元器件

9. 单击按钮 Next > ，弹出如图 4-1-21 所示过程与走线数值设置对话框，设置包括：Minimum Track Size（导线最小线宽），Minimum Via Width（过孔最小宽度），Minimum Via HoleSize（过孔最小孔径），Minimum Clearance（相邻两根走线最小间距）。这里均采用默认设置。

10. 单击 Next > 按钮，弹出如图 4-1-22 所示的 PCB 设置向导成功完成对话框。

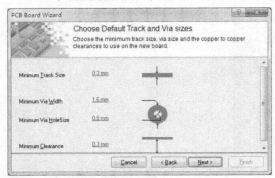

图 4-1-21　过程与走线数值设置对话框　　　　图 4-1-22　PCB 设置向导成功完成对话框

11. 单击 Finish 按钮即可。生成 PCB 后工作窗口如图 4-1-23 所示。

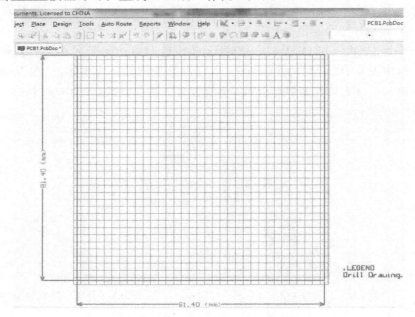

图 4-1-23　生成 PCB 后工作窗口

 特别注释

> 在使用向导生成的 PCB 文件中，同时定义了一些基本 PCB 的布线规则，这些属性设置将自动被使用到布线规则中。
> 这里面的定义都是全局规则，即在整个 PCB 上均起作用。

12. 单击 File | save 菜单项，进行文件的保存。

课外阅读（专业术语）

PCB 基板

PCB 基板材料包括：FR－4、聚酰亚氨、聚四氟乙烯 、FR5（G11）。

组成 PCB 的物理特性主要有：导线（线宽、线距）、过孔、焊盘、槽、表面涂层。

板层（Layer）

Protel DXP 2004 共有 74 个板层可供设计使用。其中 Signal（信号层 32 层）、Mechanical（机械层 16 层）、Internal Plane（内电层 16 层）、Solder Mask（阻焊层 2 层）、Paste Mask（锡膏层 2 层）、Silkscreen（丝印层 2 层）、Drill Guide（钻孔引导和钻孔冲压 2 层）、Keep Out（禁止布线层 1 层）和 Multi-Layer（横跨所有的信号板层 1 层）。

① 信号层（signal layer）主要用于放置元件和布线。

② 机械层（mechanical layer）用于制造和安装的标注和说明。

③ 电源层/接地层（internal /Planes）用于布置电源线和地线。

④ 丝印层（silkscreen layer）用于绘制元件的外形轮廓和元件的封装文字。

⑤ 阻焊层 用于阻焊，保护不希望镀锡的区域，防止焊接时焊锡扩张引起短路。

⑥ 禁止布线层（keep-out layer）用于电路板规划中设定布放元件和导线的区域边界。

过孔（Via）

过孔的作用是连接不同层的连线，有通孔（从顶层连到底层）、盲孔（从表层连到内层）和埋孔（从一个内层连到另一个内层）3 种类型。当手工放置连线或者自动布线时改变了布线所在的电气层，过孔将被自动放置。

项目二　倒车雷达 PCB 设计准备

学习目标

（1）进一步掌握电路板机械尺寸操作方法，熟悉 PCB 3D 视图控制操作。

（2）能将所用到的 PCB 元器件库或集成元器件添加到 PCB 编辑器中，掌握载入网络表及元器件封装系统操作。重点掌握加载网络表操作。

问题导读

汽车倒车数码雷达原理图如何绘制？

一步步按照图 4-2-1 所示电路图绘制，当然可以完成设计。我们能不能更快、更高质量地完成设计呢？回答是：可以！那么，怎样做呢？

在第二单元实训二中介绍过整流滤波稳压电路原理图绘制，那里重点是学习方法。现在，我们完全可以把它复制到当前汽车倒车数码雷达原理图中，作为电源电路一部分，将元器件的 Designator（序号）、Comment（注释文字）等按新的原理图修改即可。同理，本例中用到的 AT89S52 芯片，同样可以使用第三单元循环彩灯多通道电路设计中使用的 AT89S52 元件库，将元件库中的该芯片部分引脚稍加修改，即可应用到本例中。这样可以节省很多重

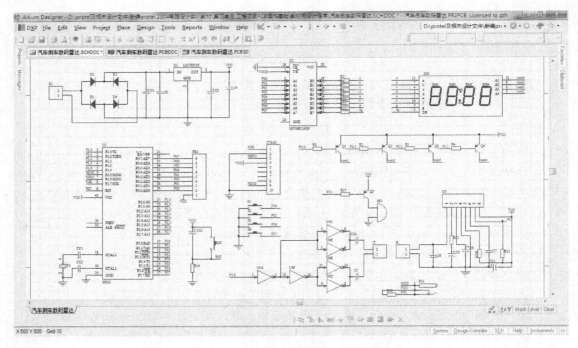

图 4-2-1　汽车倒车数码雷达原理图

复性的工作，提高绘制电路原理图的效率。前后这两部分修改使用如图 4-2-2（a）、（b）和图 4-2-3（a）、（b）所示。其他部分电路原理图绘制及库元件调用同理操作。

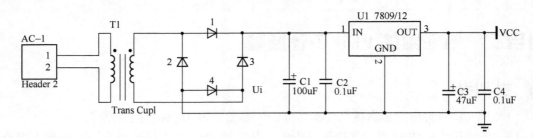

（a）第二单元实训二中连接的电源电路

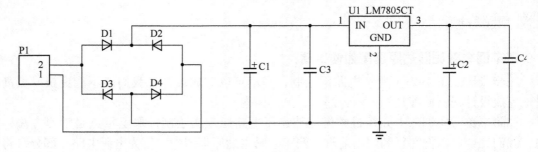

（b）修改后本例中使用的电源电路

图 4-2-2　前后对电源电路修改对比

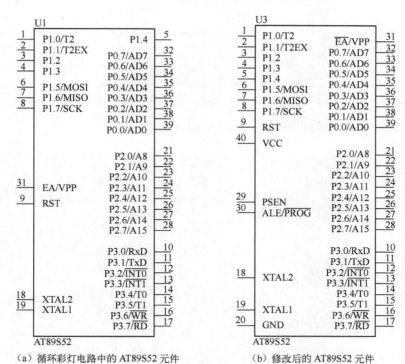

（a）循环彩灯电路中的 AT89S52 元件　　（b）修改后的 AT89S52 元件

图 4-2-3　前后对 AT89S52 元件库修改对比

 知识拓展

汽车倒车数码雷达装配说明

在汽车倒车数码雷达电子设备中，用于超声波检验的黑色超声波传感器不分收发，测距距离为 0.3~4m，供电电源为 9~12V，部分器件提供焊接件，有些自己准备。本例中使用的元器件清单明细报表如表 4-2-1 所示。

表 4-2-1　汽车倒车数码雷达元器件明细报表

参　　数	名 称 代 号	数量	参　　数	名 称 代 号	数量
470μF	C1	1	1kΩ	R1, R2, R3, R4, R16, R17	6
100μF	C2	1	4.7Ω	R13	1
104pF	C3, C4	2	220kΩ	R14	1
224pF	C5, C10	2	22kΩ	R15	1
223pF	C6	1	4.7kΩ	R18	1
330pF	C7	1	按键	RST, S1, S2 S3, S4	5
3.3μF	C8	1	蜂鸣器	SP1	1
1μF	C9	1	超声波接收管	R	1
47μF	C11	1	超声波发射管	T	1
10μF	C12	1	LM7805	U1	1
30pF	CY1, CY2	2	74HC245	U2	1
4007	D1, D2, D3, D4	4	89S52	U3	1
0.36 数码管	DS1	1	CD4069/74LS04	U4	1
360Ω	R5, R6, R7, R8, R9, R10, R11, R12	8	CX20106A	U5	1

参　数	名称代号	数量	参　数	名称代号	数量
10k 排阻	PR1	1	11.0592M	Y1	1
8550	Q1，Q2，Q3，Q4，Q5	5	DC 电源插座	P1	1
下载头	JTAG1		PCB 电路板		1

所有清单对应电子元器件原理图，如图 4-2-4 所示。

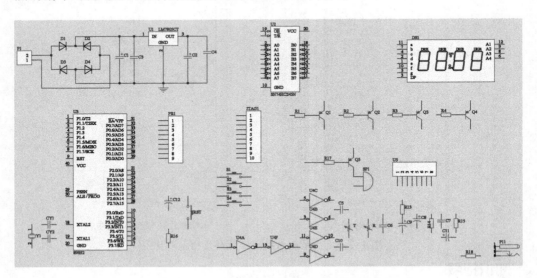

图 4-2-4　所有电子元器件清单原理图

特别注释

> ➢ 电路板上所有的 J * 的元件是焊接跳线用的接口，请自行用电阻腿等导线焊接，否则电路不能正常工作。
> ➢ 一般由公司统一生产的套件，是以电子元器件清单、PCB 电路板为准。

知识链接

一般公司 PCB 设计流程

1. 电路板设计的先期准备工作

电路板设计的先期准备工作主要是利用原理图编辑器工作环境进行原理图绘制，并且生成电路网络表，这个内容前面单元已经较详细地介绍过。当然，在有些特殊情况下，例如，要设计的电路比较熟悉、难度较小，可以不进行原理图设计而直接进入 PCB 设计环节。在 PCB 设计环节中，可以进行手动布局、布线，也可以进行半自动布局、布线，甚至全自动布局、布线。

2. 设置 PCB 工作环境参数

这是 PCB 设计过程中非常重要的步骤。主要内容有：规定电路板的结构及其尺寸、板层参数、格点的大小和形状以及布局参数，大多数参数可以用系统的默认值。

3. PCB 布线规则设置

布线规则是设置布线时的各个规范，如安全间距、导线宽度等，这是自动布线的依据。布线规则设置也是 PCB 设计的关键之一，需要一定的实践经验。

4. 更新网络表和 PCB

网络表是 PCB 自动布线的灵魂，也是原理图和 PCB 设计的接口，只有将网络表引入 PCB 后，Protel DXP 2004 才能进行电路板的自动布局、布线。

5. 修改元器件封装与布局

在原理图设计的过程中，ERC 检查不会涉及元器件的封装问题。因此，原理图设计时，元器件的封装可能被遗忘或使用不准确，在引入网络表时可以根据实际情况来修改或补充元器件的封装。装入正确的网络表后，系统自动载入元器件封装，并根据规则对元器件自动布局并产生飞线。若自动布局不够理想，还需要进行手动调整元器件布局操作，这也是 PCB 设计中重要的一步。

6. 自动布线

Protel DXP 2004 自动布线的功能比较完善，也比较强大。它采用最先进的无网格设计，如果参数设置合理，布局妥当，一般都会很成功地完成自动布线。

7. 手工调整布线

通常情况下，自动布线不尽合理，尤其是高质量的 PCB 设计，如手机、MP4、MP5、平板电脑等 PCB 其输入输出端口位置或距离，一些电子元器件之间的信号干扰问题，导线拐弯太多等问题，这时必须进行手工调整布线操作。

8. 保存文件与输出

最后，保存工程项目设计的各种类型文件，并打印输出或报表、文档的形式输出。

任务一　电路板规划与 PCB 3D 视图操作

本任务进一步完善项目一中手工规划电路板的电气边界以及物理尺寸的大小。

电路板的电气边界规定了电路板上布置的电子元器件及导线的范围，在电气边界之外不能布置任何具有电气意义的图件，所以真正有意义的电气边界规定的范围比物理尺寸略小。有时也可以不设置物理尺寸大小，仅设置电气边界，此时默认电气边界就是电路板的物理边界。

 做中学

继续项目一中手工绘制电路板（已经设置完成电气边界），规划机械外形，要求电气外围 50mil 为电路板物理尺寸，并在四角放置内径 125mil 的安装孔。

1. 打开项目一中的汽车倒车数码雷达 . PrjPCB 工程项目文件，单击打开 Projects 面板中汽车倒车数码雷达 . PCBDOC 文件。

2. 单击 PCB 编辑窗口下方的 Mechanical 1 工作层选项标签，单击 Utilities（公用项目）工具栏中 Utilities Tools 下的 ✐（Place Line）画线按钮，依次在坐标(−50，−50)、(3350，−50)、(3350，3350)、(−50，3350)处单击鼠标左键完成一个正方形框，最后单击鼠标左键结束绘制。这样即可完成汽车倒车数码雷达电路板的机械外形，如图 4−2−5 所示。

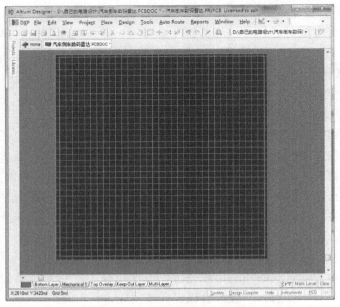

图 4-2-5　机械外形与电气边界

 特别注释

➤ 在利用鼠标确定坐标值后，例如，设置坐标原点后，快捷键 Q 即可将系统度量单位从英制切换到公制。

➤ 若对电路板外形设置不满意，可以单击工具栏中的 或快捷键 Ctrl + Z。

➤ 重新定义电路板外形操作，单击 Design|Board Shape|Redefine Board Shape，此时光标变成十字形状，工作窗口变成绿色，系统进入编辑 PCB 外形的命令状态，如图 4-2-6 所示。依据具体数值，再重新绘制一个矩形即重新定义电路板的边界。

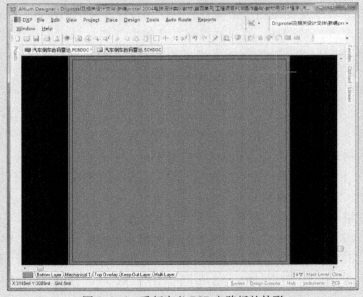

图 4-2-6　重新定义 PCB 电路板的外形

3. 在本任务中使用内外径相同的焊盘替代安装孔。单击 Wiring 工具栏中 ◎（焊盘）按钮，即可进入放置焊盘命令，按下 Tab 键进入编辑焊盘属性对话框，如图 4-2-7 所示，将其内外径都设置为 125mil。

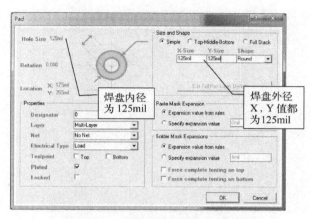

图 4-2-7　设置焊盘属性对话框

4. 单击 OK 按钮，返回 PCB 编辑窗口，此时在电路板上的适当位置放置 4 个焊盘（这里统一规划在四个角，注意四个相对精确的坐标规范放置）。结果如图 4-2-8 所示。

5. 单击 PCB 编辑环境中的 View 菜单，弹出如图 4-2-9 所示的 View 菜单。

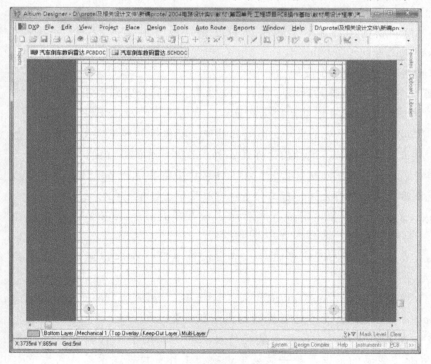

图 4-2-8　规划好焊盘的 PCB 电路板

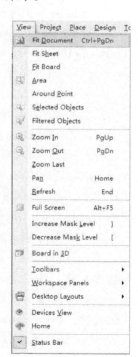

图 4-2-9　View 菜单

6. 单击 Board in 3D 命令项，结果如图 4-2-10 所示。此时自动生成与工程项目文件同名的汽车倒车数码雷达 . PCB3D 图。

图 4-2-10   自动生成的汽车倒车数码雷达 . PCB3D 图

 特别注释

在图 4-2-9 所示的 View 菜单下，各命令含义依次如下：

➢ Fit Document：可在当前的工作窗口显示整个 PCB 图，如图 4-2-5 所示。快捷键：Ctrl + PgDn。此时，从效果上等同于 Fit Board。

➢ Fit Sheet：在工作窗口中显示整个图纸。

➢ Area：在工作窗口中显示已选择的区域。单击此选项后，指针会变成十字状，然后按住鼠标左键选择区域，再次单击后就可以显示所选的区域。效果等同于原理图编辑窗口。

➢ Around Point：在工作窗口显示一个坐标点附近的区域。具体操作和原理图中显示一个坐标点附近区域相同。单击该菜单选项，鼠标指针将变成十字形状显示在工作窗口中，移动鼠标到想要显示的点，单击鼠标左键后移动鼠标指针，在工作窗口中将显示一个以该点为中心的虚线框，确定虚线框范围后，单击鼠标左键，在工作窗口中将显示虚线框所包含的范围。

➢ Selected Objects：先选中某一个元器件，然后单击该菜单选项，将在工作窗口中心处显示该元器件。效果等同于原理图编辑窗口。

➢ Filtered Objects：在设计元器件过滤器之后，单击该菜单项，在工作窗口中将屏蔽其他元件，只显示该元件。

➢ 工作窗口显示（实际图纸）Zoom Out（放大，快捷键：PgDn）、Zoom In（缩小，快捷键：PgUp）、Zoom Last（单击该菜单选项将回到上一视图）。

➢ Pan：在工作窗口中显示比例不变地显示鼠标所在点为中心的区域内的内容。具体操作为：移动鼠标确定想要显示的范围，单击该菜单选项，工作窗口将显示以该点为中心的内容。该操作提供了快速地显示内容切换功能，与 Around Point 菜单选项中所提供的操作不同，这里的显示比例没有发生改变。快捷键：Home。

➢ Refresh：视图的刷新。快捷键：End。

总之，Protel DXP 2004 提供了强大的视图操作，通过视图操作，设计者可以查看 PCB 电路板图的整体设计和细节，并方便地在整体和细节之间切换。

还可以通过工具栏上的按钮进行方便操作，再通过对视图的控制，设计者可以更加轻松地绘制和编辑电路 PCB 图。另外，注意快捷键的配合使用，以提高编辑效率。

课外阅读（专业术语）

焊盘（Pad）

焊盘是 PCB 设计中最常接触也是最重要的概念。各元器件之间通过焊盘连线形成最基本的电气连接。焊盘能被放在多层或单独一层，也可以作为没有被编进元器件库的自由焊盘放置在设计中的任何地方，贯穿焊盘是多层实体，不管当前层设置如何，都能穿过 PCB 的每一个信号层。但初学者却容易忽视它的选择和修正，在设计中千篇一律地使用圆形焊盘，选择元器件的焊盘类型要综合考虑该元器件的形状大小、布置形式、振动和受热情况、受力方向等因素。设计时要考虑以下原则：

◆ 形状上长短不一致时要考虑连线宽度与焊盘特定边长的大小差异不能过大。

◆ 需要在元器件引角之间走线时选用长短不对称的焊盘往往事半功倍。

◆ 各元器件焊盘孔的大小要按元器件引脚粗细分别编辑，确定原则是孔的尺寸比引脚直径大 0.2~0.4mm。

◆ 焊盘的三种类型：在图 4-2-7 所示的 Pad 属性对话框中，单击 Size and Shape（大小和形状）区域下的 Shape（形状）的下拉按钮，除默认 Round（圆形）外，还可以设置为 Rectangel（矩形）和 Octagonal（八角形），如图 4-2-11 所示。

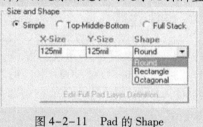

图 4-2-11　Pad 的 Shape

任务二　装载元器件库和网络表操作

通过任务一的操作，电路板已经规划好，接下来就是要加载元器件封装和网络表。在具体操作之前还是要特别注意以下两个方面：第一，汽车倒车数码雷达原理图中涉及的元器件在元器件封装库中都有对应的元器件封装。第二，为了保证加载的网络表是正确的，在加载之前我们必须通过对汽车倒车数码雷达原理图的正确编译。如有错误，需要修改后再次编译直到没有错误为止。本例具体电路原理图编译如下。

 做中学

1. 打开项目一中的汽车倒车数码雷达 .PrjPCB 工程项目文件，单击打开 Projects 面板中汽车倒车数码雷达 .SCHDOC 文件，如图 4-2-1 所示。

2. 单击 Project | Compile Document 汽车倒车数码雷达 .SCHDOC，执行编译原理图文件操作，系统将自动打开 Messages（消息）面板，如图 4-2-12 所示，由于原理图中没有错误，消息框中不出现任何信息。

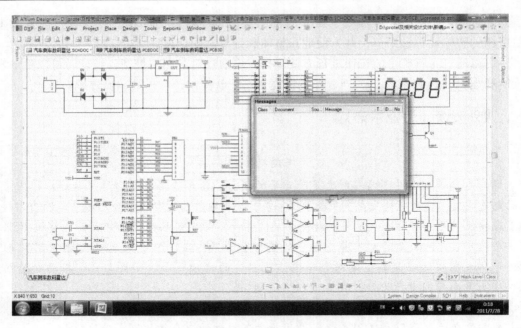

图 4-2-12　PCB 编辑窗口中的 Messages 消息面板

特别注释

> 编译电路原理图可参考第二单元。

> 在 Protel DXP 2004 中，对于电子元器件的封装形式管理采用集成库方式。以前 Protel 版本中封装形式是以单独的库的形式存在，这种单独的封装库方式在 DXP 2004 系统中依就存在。

> Protel DXP 2004 引入了集成库的概念，对于大多数电气符号（原理图元件）都有一种推荐的或者首选的 PCB 封装形式，这样做具有很强的针对性，使初学者更容易掌握，为设计者提供更为细心的技术支持，并能提高 PCB 电路设计效率。这些库中包含世界上各个大公司数以千计电子元器件品种，可以满足绝大多数 PCB 电路的设计需要。

> 电子技术飞速发展，各个公司新电子元器件层出不穷，新封装工艺更是日新月异，造成 DXP 2004 版本的现有封装库不满足（最新）PCB 电路设计的需要。

> 矛盾之一就是有的公司为了核心技术，PCB 设计中常采用非标准电子元器件封装（自己公司个性设计，甚至独一无二），以及出于某种实际需要对标准元件的非标准化应用。

　　3. 加载单片机芯片 AT89S52 封装器件库。加载方法同以前操作，我们这里选择的是系统 Library 库目录下的 Texas Instruments 子目录下的 TI Logic Memory Mapper. INTLIB 库，如图 4-2-13 所示。

　　4. 单击打开按钮，返回 Install 库窗口，如图 4-2-14 所示。单击 Close 按钮，返回原理图编辑窗口。结果显示如图 4-2-15 所示。

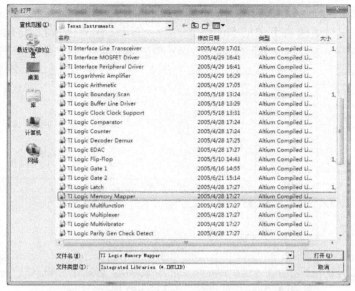

图 4-2-13 打开 TI Logic Memory Mapper. INTLIB 库

图 4-2-14 Install 库窗口

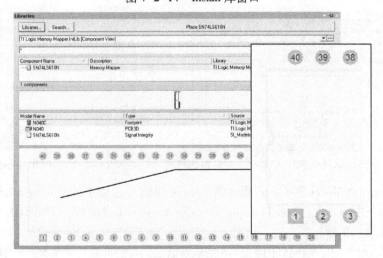

图 4-2-15 DIP-40 芯片封装

5. 双击汽车倒车数码雷达原理图中的单片机芯片 AT89S52，打开其属性对话框。如图 4-2-16 所示。在对话框右下角的 Models for U3 – 89S52 模式区域没有任何信息。

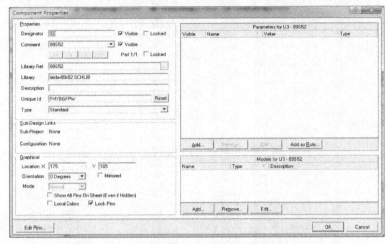

图 4-2-16　单片机芯片 AT89S52 属性对话框

特别注释

➤ 单片机芯片 AT89S52，因为是自己设计的元器件库，而且当时没有设计其引脚封装，所以在进行 PCB 设计时，这个元器件库的封装必须准确添加。

➤ 我们这里选用相同引脚封装的 DIP – 40 即双列直插 40 引脚封装。

6. 单击 Add 按钮，系统将弹出添加单片机芯片 AT89S52 封装对话框，如图 4-2-17 所示。

7. 单击 OK 按钮。系统弹出 PCB Model 对话框，如图 4-2-18 所示。

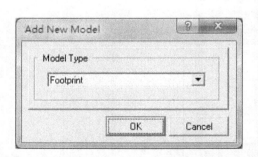

图 4-2-17　添加单片机芯片 AT89S52 封装对话框　　　图 4-2-18　PCB Model 对话框

8. 单击 Footprint Model 区 Name 后面的 Browse 按钮，在弹出的 Browse Libraries 对话框中单击 Libraries 的下拉按钮，选择 TI Logic Memory Mapper. IntLib 库，单击 OK 按钮，添加完成。结果如图 4-2-19 所示。

9. 单击两次 OK 按钮，返回到图 4-2-16 所示对话框，我们将看到 ▮▮▮▮ ▾ Footprint　DIP: 40 Leads; Row Spacing 15.24 mm; Pitch 2.54 m 这样一行 DIP – 40 封装信息。最后，单击 OK 按钮。

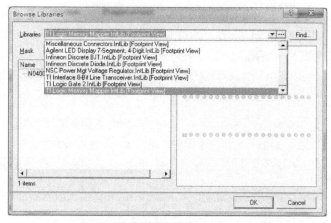

图 4-2-19　选择 TI Logic Memory Mapper. IntLib 库

 特别注释

> ➤ 更多关于元器件封装的相关内容，详见附录 C。

10. 单击 File|Save 菜单项，将修改及时保存。

 特别注释

> ➤ 为了将来在 PCB 布局、布线、视图及 DRC 规则检查时少遇到麻烦，这里再重新建一个 PCB 文件。
> ➤ 项目一中手工制作的汽车倒车数码雷达 . PCBDOC 电路板仅仅是练习使用。
> ➤ 按项目一任务二中 PCB 自动生成向导的操作方法，最终生成文件，命名为："汽车倒车数码雷达－1. PCBDOC"，如图 4-2-20 所示。

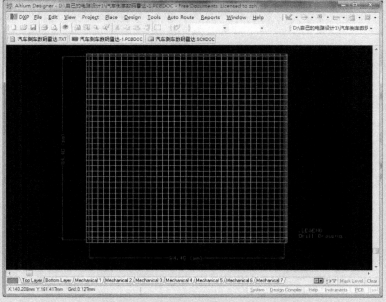

图 4-2-20　汽车倒车数码雷达－1. PCBDOC

11. 单击 Design 菜单下的 Update PCB Document 汽车倒车数码雷达 – 1. PCBDOC 菜单项（更新 PCB 设计），如图 4-2-21 所示，即可弹出如图 4-2-22 所示的 Engineering Change Order（设计工程项目变更）对话框。

图 4-2-21　选择汽车倒车数码雷达 – 1. PCBDOC 菜单项

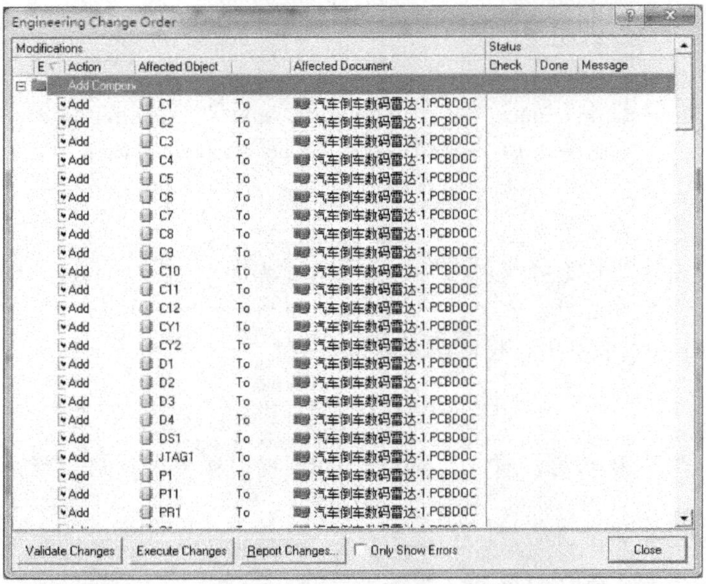

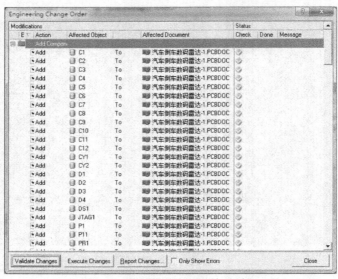

图 4-2-22　设计工程项目变更对话框

12. 单击 Validate Changes 按钮执行验证变更命令，如图 4-2-23 所示，可以看到 Status（状态栏）的 Check（检验）项中每一行均标有对钩，该标志表示加载的元器件和网络是正确的。

图 4-2-23　验证变更有效对话框

13. 单击 Execute Changes 执行变更按钮，即可将网络表和元器件载入 PCB 文件中，执行变更过程的对话框如图 4-2-24 所示。

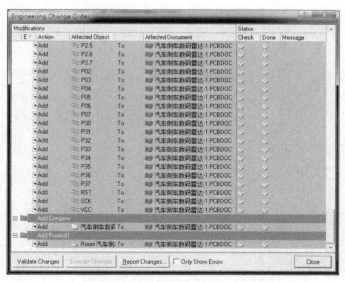

图 4-2-24　执行变更过程的对话框

14. 单击 Report Changes... 变更明细预览报告按钮，即可弹出本次变更详细资料。结果如图 4-2-25 所示。

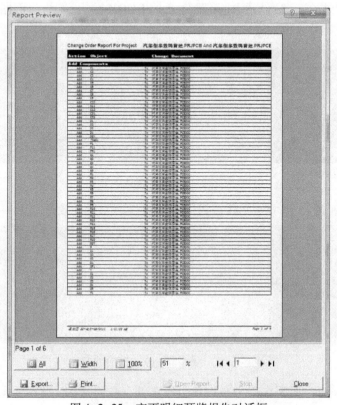

图 4-2-25　变更明细预览报告对话框

15. 单击 Close 按钮，关闭该对话框，单击汽车倒车数码雷达－1.PCBDOC 文件，相应的网络表和元器件封装已经加载到该 PCB 编辑器中。整个 PCB 及电子元器件编辑图如图 4-2-26 所示。

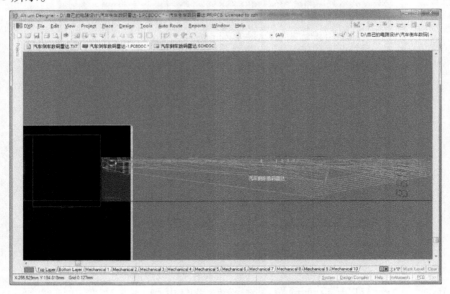

图 4-2-26　整个 PCB 编辑器窗口

16. 此时，在整个元器件外围元器件盒（ROOM）上单击，元器件盒选中效果如图 4-2-27 所示。

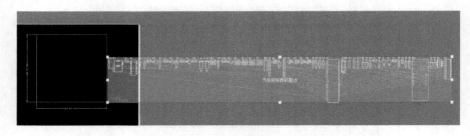

图 4-2-27　元器件盒选中效果

17. 然后按 Del 键将 ROOM 删除，只保留元器件。元器件效果如图 4-2-28 所示。

图 4-2-28　删除 ROOM 的元器件效果

18. 此时在 Projects 面板窗口中右键单击汽车倒车数码雷达.PCBDOC 文件，在快捷菜单上单击 Remove from Project 菜单命令项，将其移除，如图 4-2-29 所示。

19. 此时右键单击汽车倒车数码雷达 - 1. PCBDOC 文件，在快捷菜单上单击 Save as 菜单命令项，在弹出的另存为对话框中，将文件名保存为"汽车倒车数码雷达 . PCBDOC"，弹出确认另存为对话框，单击 Yes 按钮，如图 4-2-30 所示。

图 4-2-29　单击 Remove from Project 菜单命令项效果　　　图 4-2-30　确认另存为对话框

20. 单击 File | Save All 菜单命令项。

至此，正式建立好"汽车倒车数码雷达 . PRJPCB"工程项目文件。

课外阅读（专业术语）

Protel 元器件封装

电子元器件（俗称零件）封装是指实际电子元器件焊接到电路板时引脚的外观和焊盘焊点的位置，是纯粹的空间位置概念。

通常我们更习惯于将 PCB 元器件称为元器件的封装形式，简称为封装形式或封装，它包含了元器件的外形轮廓及尺寸大小、引脚数量和布局（相对位置信息）以及引脚尺寸（长短、粗细或形状）等基本信息。

因此有时不同的元器件可共用同一零件封装，同种元器件也可能有不同的元器件封装。像电阻、电容，有传统的针插式，这种元件体积较大，电路板必须钻孔才能安置元件，完成钻孔后，插入元件，再过锡炉或喷锡（也可手焊），成本较高；而手机、平板电脑、PSP 等的设计都是采用体积小的表面贴片式电阻、电容元件（SMD），这种元件不必钻孔，用钢膜将半熔状锡膏倒入电路板，再把 SMD 元件放上，即可焊接在电路板上了。

在 Miscellaneous Devices. Intlib 基本库中，以晶体管为例说明：晶体管是我们常用的元件之一，库中仅有简单的 NPN 2N3904 与 PNP 2N3906 之分，但实际上，在其他公司的三极管库中还有很多类型的三极管及对应的封装。例如，系统 Library \ Fairchild Semiconductor \FSC Discrete BJT. IntLib 库，打开如图 4-2-31 所示的窗口，可以看到不同类型的三极管及封装类型。

图 4-2-31　各种三极管及封装类型窗口

　　　另外，在 DEVICES 库中，电阻也是简单地把它们称为 RES1 和 RES2，不管它是 20Ω 还是 470kΩ、1MΩ 都一样，对电路板而言，它与欧姆数根本不相关，完全是按该电阻的功率数来决定的，我们选用的 1/4W 或 1/2W 的电阻，都可以用 AXIAL0.3 元件封装，而功率数大一些的电阻，可以用 AXIAL0.4、AXIAL0.5 等元件封装。

项目三　倒车雷达元器件库及报表操作

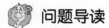 **学习目标**

（1）熟悉常见的集成元器件库，掌握装载元器件库的操作步骤。
（2）会建立自己的元器件库并调用。
（3）掌握库元器件手工建立常用 PCB Lib Standard、PCB Lib Placement 工具栏相关按钮操作。
（4）掌握 Reports 菜单中相关元器件封装及库报表输出。

 问题导读

PCB 库够用吗?

　　设计电路原理图有原理图库，设计 PCB 同样有 PCB 库，其操作方法与原理图库相同。在项目二任务二中，添加了 AT89S52 单片机芯片的 TI LogicMemory Mapper. INTLIB 封装库，利用其封装，在更新 PCB 设计时，我们才能在 PCB 上得到其电子器件原理图。

　　在 Protel DXP 2004 系统中，有更加丰富的 PCB 库（*.PCBLib）。为我们设计制作高质量的 PCB 提供有力的保障。

知识拓展

DIY 汽车倒车雷达 USB 电源接口

　　看着家里有用的、没用的、待淘汰的各个公司的手机充电器，真感觉这是资源的浪费，直接扔了也可惜，如果有 USB 接口的电源，手上又有很多 USB 数据线的连接器，不如 DIY 一个汽车倒车雷达 USB 电源接口。汽车有车载 USB 电源（经测试电压工作在 5.0 ~ 5.3V 之间），两者结合一下，汽车倒车雷达电路板供电问题就可以解决了。再将超声波探头（体积不大），用导线连接好，将其安装在汽车的侧面、后面、正面适当的位置即可。各种封装的 USB 接口，如图 4-3-1 所示。

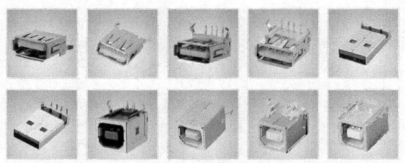

图 4-3-1　各种 USB 接口

图 4-3-1　各种 USB 接口（续）

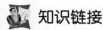 **知识链接**

导线、飞线和网络

导线也称铜膜走线，俗称电线，用于连接各个焊点（连接端口），是印制电路板最重要的部分，印制电路板设计都是围绕如何布置导线来进行的。

在 Protel 电路设计系统中与导线有关的另外一种线，常称为飞线，也称预拉线。飞线是在引入网络表后，系统根据规则生成的，用来指引布线的一种连线。如图 4-2-26 中连接电子元器件的细细的线。飞线与导线是有本质区别的，飞线只是一种形式上的连线，它只是形式上表示出各个焊点间的连接关系，没有电气的连接意义。导线则是根据飞线指示的焊点间连接关系布置的，具有电气连接意义的连接线路。

网络和导线也有所不同，网络除了导线还包括焊点，因此在提到网络时不仅指导线而且还包括和导线相连的焊点。

任务一　装载元器件封装库操作

 做中学

1. 单击打开汽车倒车数码雷达 . PRJPCB 工程项目文件下的汽车倒车数码雷达 . PCBDOC 文件。

2. 单击 Design | ADD/Remove Library 菜单，将弹出 Available Libraries 对话框，如图 4-3-2 所示。在该对话框中列出了当前已经加载的元器件库。

图 4-3-2　Available Libraries 对话框

3. 单击 Install 按钮，将弹出打开对话框，经过确定查找范围，这里是系统 Library 目录下的 PCB 子目录，然后选择 Con USB. PCBLib 库，如图 4-3-3 所示。

图 4-3-3　加载库的打开对话框

 特别注释

> 在图 4-3-3 打开对话框中，注意文件类型下拉列表框中选择 ∗.PCBLib 文件类型。
> 这个 PCB 目录下，集成大量且实际的各类电子元器件的 PCB 封装库。

4. 单击打开按钮，结果如图 4-3-4 所示。此时表示该对话框中新增了 USB 元件封装库 Con USB. PCBLib。

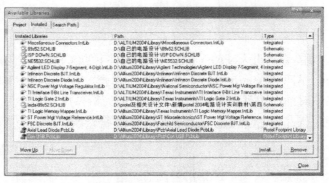

图 4-3-4　加载 Con USB. PCBLib 后库列表

 特别注释

> 如图 4-3-4 所示的已经加载元器件库对话框中，Move UP 按钮表示可以将当前元器件库前移，单击一次，上移一位。
> 同理，Move Down 按钮表示可以将当前元器件库后移，单击一次，后移一位。
> 在列表中选择不用的库，单击 Remove 按钮。

5. 单击 Close 按钮。

6. 为查看 Con USB. PCBLib 库中 USB 元件效果，请继续看课外阅读。

 课外阅读（专业术语）

USB 元件 3D 效果观察

打开汽车倒车数码雷达工程项目文件，新建一个 PCB 文件，保存时命名为
"USB. PCBDOC" 文件，通过打开 Libraries 面板下 Con USB. PCBLib 库，添加 10 个不同封
装的 USB 器件，如图 4-3-5 所示。单击 View 菜单下 Board in 3D 命令项，结果如图 4-3-6
所示，不同的 USB 封装一目了然。设计者还可以对 3D 视图进行不同角度的旋转。

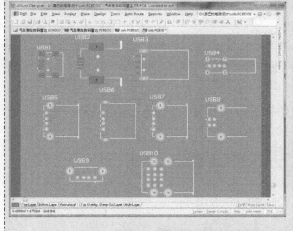
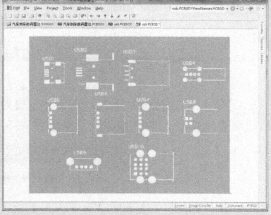

图 4-3-5 添加 10 个 USB 器件窗口效果图　　　图 4-3-6 10 个 USB 器件 3D 窗口效果图

任务二 创建元器件封装库及报表输出

在项目二中，AT89S52 单片机芯片的封装是使用了 TI Logic Memory Mapper. INTLIB 库中
的元器件。下面具体说明创建 AT89S52 单片机芯片元器件库的操作步骤，享受制作的乐趣
与成就感。

 做中学

1. 打开汽车倒车数码雷达 . PRJPCB 工程项目文件。

2. 掌握 AT89S52 单片机芯片双列直插（DIP - 40）封装的引脚间距、焊盘大小、双列
间距、芯片长度等精确尺寸，如图 4-3-7 所示。

图 4-3-7 整个 AT89S52 芯片引脚各个位置的精确尺寸

3. 单击选择 Tools（工具）| New Component（新元件）命令，开始新建元器件，新建元器件向导界面自动弹出，如图 4-3-8 所示。

4. 单击 Next 按钮，进入建立元器件类型对话框，这里选择 Dual in-line Package（DIP）封装类型，单位选择 Imperial（mil），如图 4-3-9 所示。

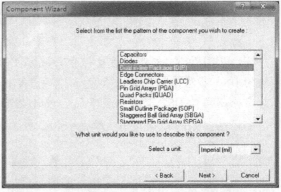

图 4-3-8　新建元器件向导　　　　　　　　图 4-3-9　建立元器件类型对话框

5. 单击 Next 按钮，进入焊盘尺寸定义对话框。焊盘孔径：30mil，焊盘直径：60mil，严格按图 4-3-7 所示数据修改。结果如图 4-3-10 所示。

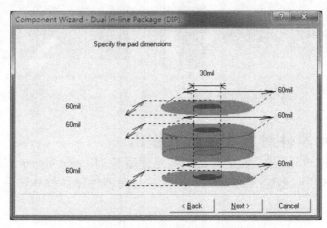

图 4-3-10　焊盘尺寸定义对话框

6. 单击 Next 按钮，进入焊盘间距对话框，同步骤 5，严格按图 4-3-7 所示数据修改。结果如图 4-3-11 所示。

7. 单击 Next 按钮，进入芯片框线设置对话框，结果如图 4-3-12 所示。

8. 单击 Next 按钮，进入定义 AT89S52 芯片焊盘数量设置对话框，结果如图 4-3-13 所示。

9. 单击 Next 按钮，进入元器件命名对话框，结果如图 4-3-14 所示。

10. 单击 Next 按钮，进入元器件制作完成对话框，结果如图 4-3-15 所示，单击 Finish 按钮。

11. 当返回元器件库窗口时，最终将看到制作完成的 AT89S52 双列直插 40 引脚的芯片封装，如图 4-3-16 所示。

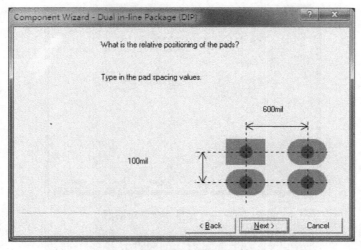

图 4-3-11　焊盘间距对话框

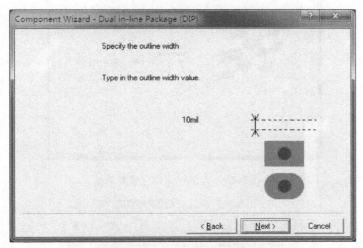

图 4-3-12　芯片框线设置对话框

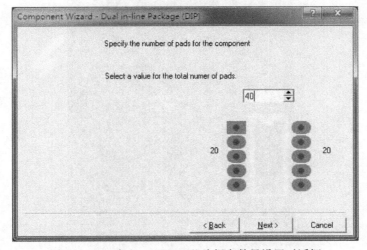

图 4-3-13　定义 AT89S52 芯片焊盘数量设置对话框

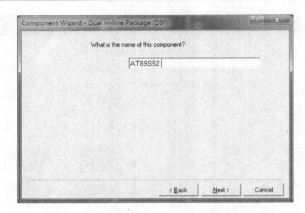

图 4-3-14　元器件命名对话框

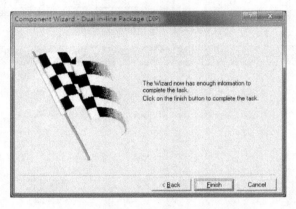

图 4-3-15　元器件制作完成对话框

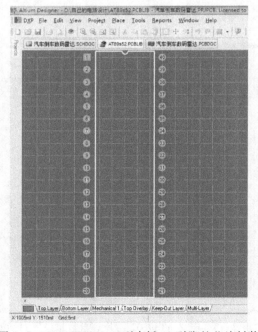

图 4-3-16　AT89S52 双列直插 40 引脚的芯片封装

特别注释

> ➤ 此方法是利用元器件向导（Component Wizard）生成规则的元器件封装库。PCB 元件的制作可以通过两种方式进行：一种是借助 PCB 编辑器自带的向导制作，根据自己制作对象的类属，按照步骤和提示进行。该向导功能十分强大、操作比较方便，可以提高制作效率，缺点是它仅适合于两个引脚和引脚排布具有较强规律性的电子器件，即不同封装类型的集成电路（甚至是中大规模的集成电路）。另一种是手工制作方式，特别是对于非标准元器件的制作，这种制作方式体现了设计的灵活性。
>
> ➤ 向导制作元器件封装库的操作，注意每个环节设置细节，思路一定要清楚，否则，返工费时费力。
>
> ➤ 元器件的封装形式规划是 PCB 设计的首要任务之一，采用的封装形式是否正确恰当不仅直接反映设计者对元器件设计的科学性与实用性，甚至根本性地决定设计的成败。
>
> ➤ 对电子元器件封装的了解，实质是对实际元器件的了解与熟知，这一点非常重要，需要更长时间的积累与总结。

12. 单击 Reports | Component 菜单命令项，将自动生成该元器件符号的信息报表，文件名为 AT89S52. cmp，列表依次给出了元器件名称，所在的元器件库，创建日期和时间及元器件封装中各个组成部分的详细信息，如图 4-3-17 所示。

13. 单击 AT89S52. PCBLIB 库文件，单击 File | Save 命令，进行保存。

14. 接下来进行 AT89S52. PCBLIB 调用操作。加载该库的操作方法同本项目任务一，不再重述。注意，找到保存该库的路径即可。

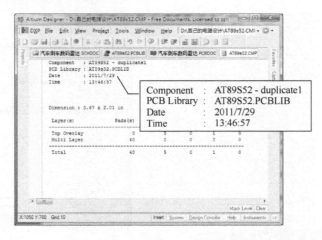

图 4-3-17　AT89S52 封装信息报表

特别注意

在以上的操作过程中，如果在调用该库时出现了如图 4-3-18 所示的 Libraries 面板窗口显示内容，说明该库中有多余的（误操作生成的）元器件封装库元件 PCBComponent_1。

A. 现在单击 PCB 编辑窗口中的 AT89S52. PCBLIB 库文件标签，进入该库的编辑窗口。单击窗口右下角的 PCB 标签，在菜单下选择 PCB Library 菜单命令项。结果打开 PCB

Library 面板窗口，如图 4-3-19 所示。

B. 此时，右键单击 PCB Library 面板窗口中的 PCBCOMPONENT_ 1，在弹出的快捷菜单中选择 Clear 命令项，将其删除，如图 4-3-20 所示。

C. 此时，弹出如图 4-3-21 所示确认删除对话框，单击 Yes 按钮。

D. 结果，PCB Library 面板窗口如图 4-3-22 所示。

E. 最后，单击 File | Save 命令项，或按 Ctrl + S 快捷键。同理，Library 库中的内容也是如此。

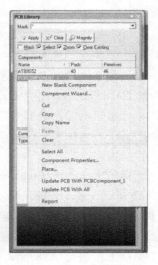

图 4-3-18　Libraries 面板窗口　　图 4-3-19　PCB Library 面板窗口　　图 4-3-20　快捷菜单中选择 Clear 命令项

图 4-3-21　确认删除对话框　　　　图 4-3-22　仅剩 AT89S52 芯片的 PCB Library 面板窗口

课外阅读（专业术语）

不规则元器件封装的绘制

随着电子技术及其工艺的快速发展，新式的封装不断涌现，出现了很多具有不规则引脚排列的封装形式。绘制特殊的它们，就不能单纯使用向导来完成，需要手工设计完成。例如，本单元知识拓展中的 USB 电源接口设计，现手头正好有 USB 接口，准确测量尺寸后，例如，库元件封装的引脚间距（2.5mm），焊盘大小、焊盘孔的大小、USB 边框等精确尺寸，如图 4-3-23 所示。

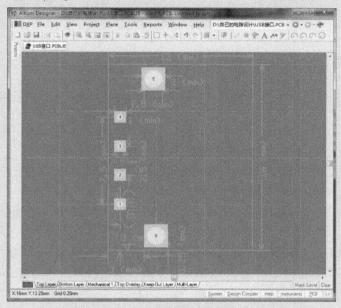

图 4-3-23　USB 精确尺寸

具体设计操作步骤如下：

1. 新建 USB 元件封装库文件的方法同前，将其命名为"USB 接口 . PCBLib"，不再重述，注意统一保存路径，方便日后调用。

2. 在库编辑环境下，工作窗口任意处右键单击鼠标，在弹出的快捷菜单下选择 Library Options 菜单命令项，如图 4-3-24 所示。

3. 弹出 Board Options 对话框，将 Measurement Unit 区域中 Unit 单位改为 Metric（公制），其他参数参考如图 4-3-25 所示设置。

图 4-3-24　选择 Library Options 菜单命令项

4. 设置完成如图 4-3-25 所示对话框后，单击 OK 按钮，返回库编辑环境。

5. 单击 PCB Lib Placement（PCB 库安置）工具栏上的 ╱ 按钮或按 P｜L 快捷键。鼠标指针变成十字形状，进入画线（USB 边框）状态，按图 4-3-23 绘制完成。

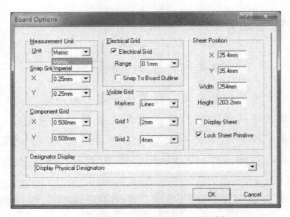

图 4-3-25　Board Options 对话框

 特别注释

> ➤ 参考本单元项目一任务一中利用坐标设置的方法，操作起来更方便。

6. 单击 PCB Lib Placement（PCB 库安置）工具栏上的 按钮，按图 4-3-23 所示数据依次绘制添加。操作方法同前，焊盘属性设置参考图 4-2-7 所示进行。

7. 完成绘制后，再利用 PCB Lib Placement（PCB 库安置）工具栏上的 标尺按钮进行各个引脚、焊盘孔、彼此间距等数据的复核。

8. 单击 Reports | Library Report 菜单命令项，如图 4-3-26 所示，准备进行 USB 库元件封装报表输出。

9. 设置弹出的 Library Report Settings（库报表设置）对话框，确定输出的文件名"D：\自己的电路设计\USB 接口.html"，单击选择 Browse style（浏览器类型）文件，如图 4-3-27 所示，最后单击 OK 按钮。

10. 系统自动生成"D：\自己的电路设计\USB 接口.html"文件的同时打开 IE 浏览器，输出 Protel PCB Library Report 报表内容如图 4-3-28 所示。

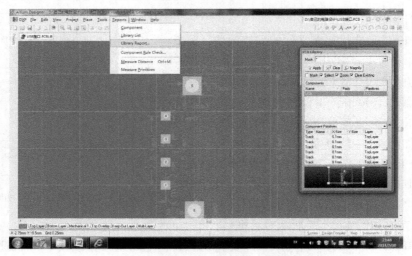

图 4-3-26　确定 Library Report 菜单命令项

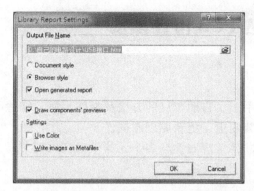

图 4-3-27　Libray Report Settings（库报表设置）对话框

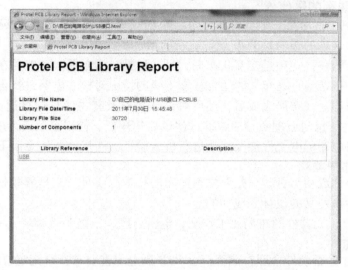

图 4-3-28　Protel PCB Library Report 报表

11. 此时单击图 4-3-28 窗口中的 USB，展示下一级 USB 图文报表。结果如图 4-3-29 所示。

12. 最后将"USB 接口 . PCBLib"库保存后退出。

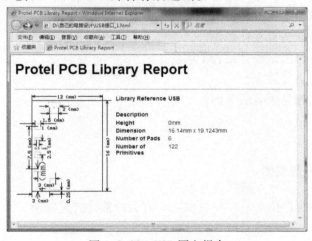

图 4-3-29　USB 图文报表

项目四　倒车雷达 PCB 设计操作

学习目标

（1）熟练掌握元器件手工、自动布局的方法及操作步骤，掌握印制电路板的布局原则。

（2）会进行元器件封装变更、更新原理图操作。

（3）掌握常用电子元器件常规属性与多个元器件对齐排列布局、集群编辑操作的方法。

问题导读

PCB 设计中重要的是什么？

在 PCB 设计中，布局是一个重要的环节。布局结果的好坏将直接影响布线的效果，因此可以这样认为，合理的布局是 PCB 设计成功的第一步。

布局的方式分两种，一种是交互式布局，另一种是自动布局。一般是在自动布局的基础上用交互式布局进行调整，在布局时还可根据走线的情况对核心电路进行再分配，使其成为便于布线的最佳布局。在布局完成后，还可对设计文件及有关信息进行返回标注于原理图，使得 PCB 中的有关信息与原理图相一致，方便以后的建档，使得更改设计能同步起来，将信息进行更新，能对电路的电气性能及功能进行板级验证。布局需要注意以下几点：

1. 考虑整体布局美观

一个产品的设计成功与否，一是要注重内在的技术与质量，二是兼顾整体的美观，两者都较完美才能认为该产品的设计是成功的。

在一个 PCB 上，元器件的布局要求均衡，疏密有序，不能头重脚轻或一头沉。

2. 布局的检查

◇ 印制板尺寸是否设计合理？能否符合 PCB 制造工艺要求？有无定位标记？

◇ 元器件在二维、三维空间上有无冲突？

◇ 元器件布局是否疏密有序，排列整齐？是否全部布齐？

◇ 将来可能需要经常更换的元器件能否方便的更换？插件板插入设备是否方便？

◇ 热敏元件与发热元件之间是否有适当的距离？在需要散热的地方，装了散热器没有？

◇ 可调元器件调整是否方便？

◇ 信号流程是否顺畅且互连最短？

◇ 插头、插座等与机械设计是否矛盾？

◇ 元器件焊盘是否足够大？

◇ 线路的干扰问题是否有所考虑？

知识拓展

布局操作

1. PCB 布局的一般规则

a. 保证信号流畅，信号方向保持一致。

b. 核心元器件一般定位中心，与机械尺寸有关的器件将其锁定。

c. 在高频电路中，要考虑元器件的分布参数。

d. 注意特殊元器件、外围元器件的摆放位置。

e. 批量生产时，要考虑波峰焊及回流焊的锡流方向及加工工艺传送边。

2. 布局前的准备

a. 明确布局范围边框。

b. 定位孔和对接孔进行位置确认。

c. 电路板内涉及元器件局部的整体高度控制。

d. PCB 上重要网络的标志说明。

3. PCB 布局的一般顺序

a. 固定元器件。

b. 有条件限制的元器件。

c. 关键元器件。

d. 面积比较大的元器件。

e. 零散元器件。

 知识链接

布局规划

在进行复杂一些的电路设计时，要注意模拟电路尽量靠近电路板边缘或一侧放置，数字电路尽量靠近电源连接端放置，这样做可以降低由数字开关引起的 di/dt 效应。电路布局规划如图 4-4-1 所示。

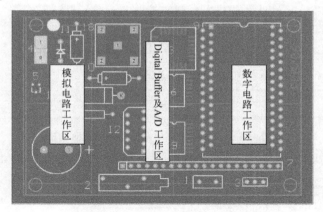

图 4-4-1　电路布局规划

任务一　元器件布局操作

在完成前述准备之后，元器件已经显示在工作窗口中了，此时可以开始元器件布局。元器件的布局是指将网络报表中的所有元器件放置在 PCB 上，是 PCB 设计的关键一步。布局合理通常是有电气连接的元器件引脚比较靠近，这样的布局可以让走线距离较短，占用空间较小，从而使整个 PCB 的导线更好地工作，这也是为布线工作做好准备。

 做中学

对汽车倒车数码雷达进行元器件布局操作，任务重点是完成自动布局相关参数设置、四个焊盘的固定、手工布局、交互式布局等内容，具体操作步骤如下：

1. 打开汽车倒车数码雷达 . PrjPCB 工程项目文件，单击打开 Projects 面板中汽车倒车数码雷达 . PCBDOC 文件。

2. 切换工作层操作，从 Keep – Out Layer（禁止布线层）切换到底层 Bottom Layer（底层），如图 4-4-2 所示。

图 4-4-2　切换到底层工作层

3. 单击 Design | Rules（规则），打开 PCB Rules and Constraints Editor（元器件布局设计规则设置）对话框，如图 4-4-3 所示。

4. 单击左侧目录树结构中 Routing（布线板层规则）下的 RoutingLayers，在 Constraints 选项区域中，对板层进行设置，由于汽车倒车数码雷达设计为单层板，所以必须取消顶层的默认设置，如图 4-4-4 所示。

图 4-4-3　元器件布局设计规则设置对话框

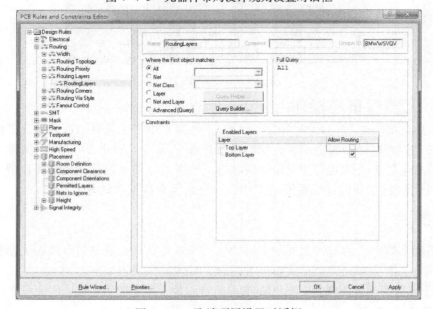

图 4-4-4　取消顶层设置对话框

5. 接下来进行元器件方位约束操作，依次单击打开图 4-4-3 对话框中左侧目录树结构中的 Placement 下的 Component Orientations（元器件方位约束）项目栏，在其上单击鼠标右键，在弹出的快捷菜单上选择 New Rule 菜单命令项，添加一个元器件方位约束的规则，然后再双击该新添加的设计规则，即可进入如图 4-4-5 所示对话框。

6. 在图 4-4-5 对话框的 Allowed Orientations 栏中选择 All Orientations（任意角度），设置完成，单击 Apply 按钮，使设置生效。

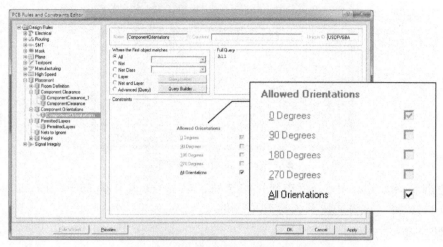

图 4-4-5　元器件方位约束设置对话框

7. 单击 OK 按钮，退出该设置对话框。其他设置均采用系统默认参数。

8. 自动布局前，还要将 4 个安装孔锁定。按住 Shift 键时用鼠标左键依次单击安装孔，将 4 个同时选中，再单击 PCB 编辑窗口右下角的 PCB 标签，在显示的快捷菜单中选择 Inspector 命令项，如图 4-4-6 所示，激活 Inspector 面板，如图 4-4-7 所示。

图 4-4-6　选择 Inspector 命令　　　　　图 4-4-7　Inspector 面板

9. 找到 Graphical 区域，在其中选中 Locked 选项，显示 Locked ☑ True ，即可将 4 个安装孔锁定。

特别注释

> ➤ 上述操作步骤 8 和 9，已经属于交互布局的应用范畴。

10. 单击 Tools | Component placement | Auto Placer…或按快捷键 T | L | A，即可进入如图 4-4-8 所示 Auto Place（自动布局方式）对话框。

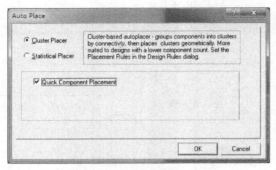

图 4-4-8　自动布局对话框

11. 单击 Cluster Placer（分组布局）单选钮，单击 Quick Component Placement（快速元器件布局）复选框，这将加快系统的布局速度。

 特别注释

> ➤ 如图 4-4-8 所示对话框中，Statistical Placer（统计式布局）是以飞线长度最短为标准。选择此方法，自动布局参数设置包括 6 项：Group Components（分组元件）、Rotate Components（旋转元件）、Atuomatic PCB Update（自动 PCB 更新）、Power Nets（电源网络）、Ground Net（接地网络）、Grid Size（网格尺寸），如图 4-4-9 所示。

图 4-4-9　统计式布局参数设置对话框

12. 单击 OK 按钮，系统进入自动布局状态。自动布局结果如图 4-4-10 所示。此时在 PCB 上将显示大量的飞线。

 特别注释

> ➤ 每执行一次自动布局，结果大体上相同，设计者进行自动布局时，结果很有可能与书上的图不同，这属正常情况。

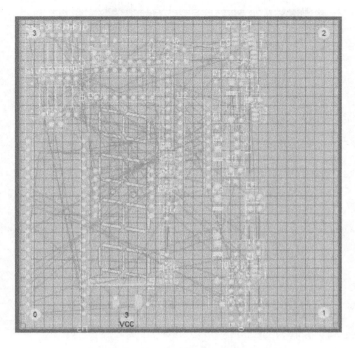

图 4-4-10　自动布局结果

13. 汽车倒车数码雷达电路自动布局后，很显然，不能完全满足电路板设计人员要求，只能算是初步的摆放，考虑诸如数码管的位置、超声波探头摆放、下载器接口、按键的位置等，这时就需要采用手工布局的方式，对元器件再进行整体布局。

特别注释

> ➤ 所谓手工布局就是将元器件从元器件盒（ROOMS）人为地布局在 PCB 上。
> ➤ 手工布局的原则与前面介绍的电路布局一般原则基本相同。
> ➤ 手工布局主要操作是选择具体元器件对象，经鼠标拖动到目标位置，然后放置即可。在这个过程中主要是移动、旋转元器件、元器件的标号和元器件型号参数等。
> ➤ 操作方法与原理图中电子元器件常规编辑方法类似，元器件对象激活后按键盘上的 Space（空格）、X 键或 Y 键，即可调整对象方向，完全等同于原理图中对象调整操作。
> ➤ 元器件移动、调整位置，飞线一起随动。

14. 按照汽车倒车数码雷达 PCB 设计，布局到如图 4-4-11 所示，这样的布局也就可以了。

15. 为了使电路板设计更加整齐美观，同时为了电路信号更好地工作，在元器件布局中常常需要对元器件进行对齐操作。下面以 R5 ~ R12 电阻为例，说明对齐的操作。

现将 R5 ~ R12 电阻区域范围放大，效果如图 4-4-12 所示。用肉眼特别仔细观察，可以看出彼此间距还是有些差别的。

图 4-4-11　汽车倒车数码雷达 PCB 布局图

 特别注释

> ➢ 为了突出设置过程与操作效果，将汽车倒车数码雷达 PCB 背景颜色变深。操作方法同前，此处不再重述。

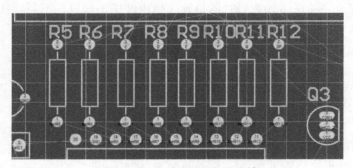

图 4-4-12　R5 ~ R12 电阻区域

16. 此时，通过 Shift 键与鼠标左键单击组合，依次将 R5 ~ R12 电阻全部选取，如图 4-4-13 所示。

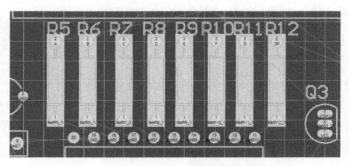

图 4-4-13　R5 ~ R12 电阻全部选取效果

17. 单击 Utilities（公用项目）工具栏中的 ▣ ⋅ Alignment Tools 工具栏下的元器件水平间距均等工具按钮，快捷键是 Shift + Ctrl + H。操作过程如图 4-4-14 所示。

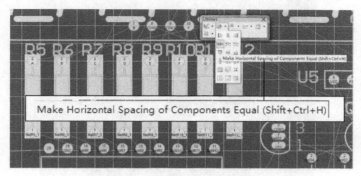

图 4-4-14　元器件对齐的操作过程

18. 结果如图 4-4-15 所示，对比观察图 4-4-12，这样更显规范整齐。

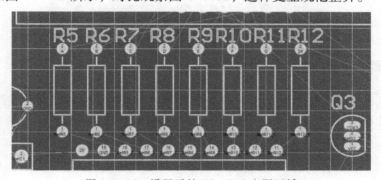

图 4-4-15　设置后的 R5 ~ R12 电阻区域

19. 最终汽车倒车数码雷达 PCB 布局设计如图 4-4-16 所示。

20. 单击 View | Board in 3D 菜单命令项，结果生成 3D 的效果如图 4-4-17 所示。

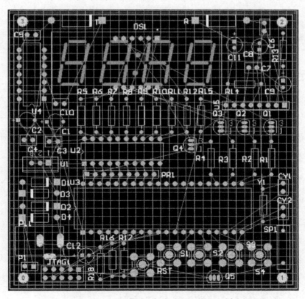

图 4-4-16　最终完成布局的 PCB 效果图

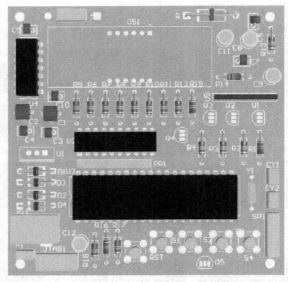

图 4-4-17　最后完成布局的 PCB 3D 效果图

 特别注释

> 在生成图 4-4-17 所示的 PCB 3D 仿真板图时，系统会弹出没有 3D 模型的器件说明对话框，如图 4-4-18 所示，这些并不影响实际制作。我们单击 OK 按钮即可。

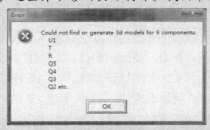

图 4-4-18　没有 3D 模型的器件说明对话框

 课外阅读（专业术语）

PCB 的工艺知识

❖ 除了按设计规则设置外，还要从生产实际出发，在设计中必须要考虑工艺问题。

❖ 大功率管要考虑散热片的安装位置和通风散热的需要。

❖ 变压器封装的摆放要考虑可能出现的电磁干扰及电源线的进入位置。

❖ 在电路的大电流接点处要自定义焊盘。

❖ 在普通焊点上，从焊接工艺上考虑，应该对焊点加泪滴。

❖ 从抗干扰能力上考虑，要对地线网络进行覆铜。

❖ 安装孔要配合标准件来设置孔径的大小。

❖ 开关、熔丝、电源线、指示灯、发光二极管、数码管、电工仪表及接插件等元器件的布局要考虑元器件所在的机械位置和拆装方便。

任务二　元器件封装变更操作及常规编辑

一般电路设计中，均离不开元器件的常规编辑操作。在任务一的手工布局操作中，对元器件及序号旋转和位置摆放，就是常规编辑的一种。接下来进一步掌握元器件的其他常规编辑操作方法。

 做中学

在其 PCB 布局操作过程中，尤其对于初学者，操作中不会一帆风顺，如发现电容 C1 的封装不合适，即原理图中的元器件选择有问题，具体修改操作步骤如下：

1. 现退回到汽车倒车数码雷达 PCB 布局窗口，发现如图 4-4-19 所示窗口中电容 C1 封装类型对应的实物电容很大，而此板上所用的电容 C1 为体积较小的 25V/470μF，故将其修改。

2. 双击 C1 元件，打开其属性编辑对话框，如图 4-4-20 所示。

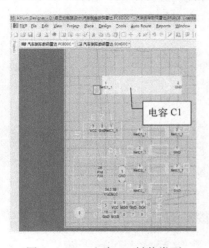
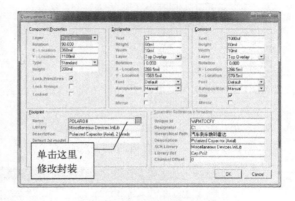

图 4-4-19　电容 C1 封装类型　　　　　　图 4-4-20　C1 属性对话框

 特别注释

> ➢ 在图 4-4-20 元器件属性对话框中，可以设置元器件属性、标识符、元器件注释和其他相关参数。其中包括元器件封装、所处的工作层面、旋转角度、锁定、坐标位置、文本及文本的高度和宽度等具体内容。

3. 将鼠标移动到图 4-4-20 对话框中的 Footprint 区域下，单击 Name 命名位置后的 ...浏览库元器件封装名按钮。打开如图 4-4-21 所示 Browse Libraries 窗口。

4. 在当前默认的基本元器件库中，选择合适的 C1 封装，如图 4-4-22 所示。

5. 单击 OK 按钮，返回 C1 属性编辑对话框，再单击 OK 按钮，返回 PCB 布局编辑窗口。

6. 接下来，再利用 Protel DXP 2004 系统下的设计同步器反过来更新"汽车倒车数码雷达.SCHDOC"原理图文件。单击 Design | Update Schematics in 汽车倒车数码雷达.PRJ PCB 菜单命令项，如图 4-4-23 所示。

7. 此时，弹出 Engineering Change Order（设计工程项目变更）对话框，如图 4-4-24 所示。

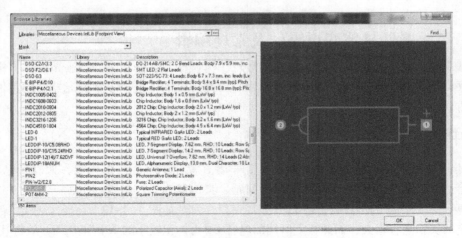

图 4-4-21　Browse Libraries 窗口

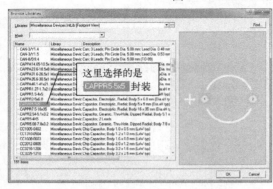

图 4-4-22　选择合适的 C1 封装

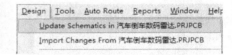

图 4-4-23　菜单选择

图 4-4-24　设计工程项目变更对话框

8. 单击 [Validate Changes] 按钮执行验证变更命令，如图 4-4-25 所示。可以看到 Status（状态栏）的 Check（检验）项中有一个对钩，该标志表示加载的元器件封装和网络是正确的。

图 4-4-25　验证变更有效对话框

9. 单击 按钮执行变更，即可将网络表和元器件封装载入"汽车倒车数码雷达.SchDoc"文件中，执行变更对话框如图 4-4-26 所示。

10. 单击 Close 按钮，完成由 PCB 到原理图的更新。

图 4-4-26　执行变更窗口

特别注释

> 在图 4-4-26 窗口中，同样可以单击 Report Changes 按钮，生成 C1 封装变更明细报表，内容与操作可参考项目二生成变更明细报表。结果如图 4-4-27 所示。

图 4-4-27　C1 封装变更明细报表

11. 字符串的应用。按快捷键 P|S，可以放置一个字符串，例如，输入"radar truck"。此时鼠标变为十字状态，按 Tab 键或放置默认 String 字符串后，双击它，将弹出 String 属性编辑对话框，在 Properties 区域的 Text 后面编辑框内输入"radar truck"，如图 4-4-28 所示。

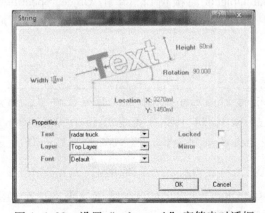

图 4-4-28　设置"radar truck"字符串对话框

特别注释

> 字符串和前面介绍过的尺寸标注都是没有电气特性的图件，对电路的连接没有任何影响，与原理图中的文本框的作用类似，只起提示作用。
> 在 String 对话框中还可以设置：字符的 Height（高度）、Width（宽度）、Rotation（旋转角度）、Location X、Y（坐标位置）。
> 在 Properties 属性区域还可以设置：Locked（锁定）、Mirror（镜像）、Layer（层）、Font（字体）。

12. 单击将"radar truck"字符串放置在合适的位置即可。PCB 及 3D 仿真视图如图 4-4-29 所示。

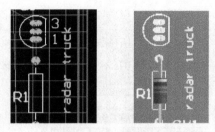

图 4-4-29　radar truck PCB 及 3D 仿真视图

任务三　元器件 PCB 集群编辑操作

在第二单元的原理图设计中，对多个元器件进行过集群编辑操作。在 PCB 设计中，方法完全相同。

 做中学

1. 打开汽车倒车数码雷达 . PrjPCB 工程项目文件，单击打开 Projects 面板中汽车倒车数码雷达 . PCBDOC 文件。

2. 右键单击汽车倒车数码雷达布局图中的任意一个元器件的序号，在显示快捷菜单中选择 Find Similar Objects 菜单项，如图 4-4-30 所示。

3. 将弹出 Find Similar Objects 面板窗口，单击 Object Specific（对象特性）范围下的

| String Type | Designator | Any |

最后 Any 项，通过下拉选项将 Any 改为 Same（相同），结果如图 4-4-31 所示。

 特别注释

> 在图 4-4-31 所示的 Find Similar Objects 面板窗口中，注意到 Text Width（字符宽度）值为 0.254mm，Text Hight（字符高度）值为 1.524mm，说明当前 PCB 使用的是公制单位，若需要变换成英制单位，可以参考项目一任务一图 4-1-5 中的设置即可。

4. 单击该面板窗口中的 OK 按钮，此时汽车倒车数码雷达布局图显示效果如图 4-4-32 所示，结果所有元器件的序号都被选中。

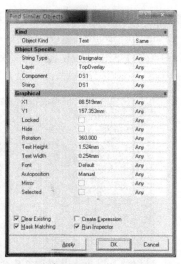

图 4-4-30 选择 Find Similar Objects 菜单项　　图 4-4-31 设置 Find Similar Objects 面板窗口

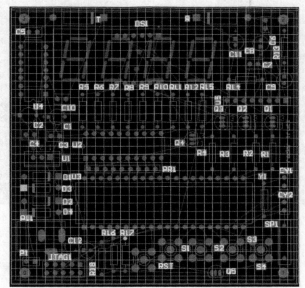

图 4-4-32 元器件序号都被选中效果图

5. 编辑窗口同时显示 Inspector 面板窗口，此时修改 Graphical（对象图形属性），将 Text Hight（字符高度）值改为 1.3mm，将 Text Width（字符宽度）值改为 0.2mm，结果如图 4-4-33 所示。

6. 在该面板窗口，修改完字符高度值和字符宽度值后，按 Enter 键（回车键），结果汽车倒车数码雷达布局图显示效果如图 4-4-34 所示，所有元器件的序号都已经变小。

7. 单击 PCB 编辑窗口右下角的 Clear 按钮，取消掩膜功能。

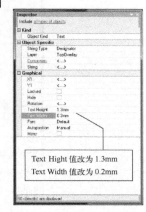

图 4-4-33 设置 Inspector 面板窗口

8. 此时的 PCB 编辑图元器件序号显示效果不明显（默认序号的颜色问题），为突出效果，单击 Design ｜ Board Layers and Color 命令项，在弹出 Board Layers and Colors（板层和颜色）对话框中修改 Silkscreen Layers（丝印层）区域框中的 Top Overlay（顶层丝印层）颜色（颜色定为 219），操作方法同前，结果如图 4-4-35 所示。

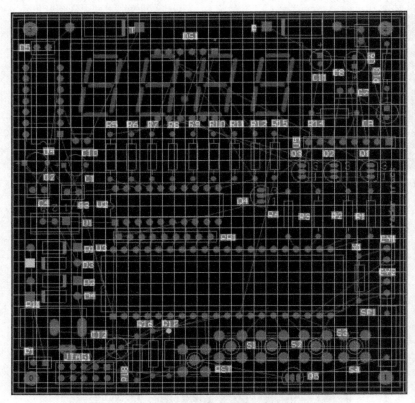

图 4-4-34　元器件序号都已经变小效果图

9. 单击 OK 按钮，最后 PCB 编辑图元器件序号显示效果如图 4-4-36 所示 。

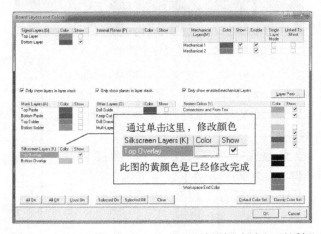

图 4-4-35　Board Layers and Colors（板层和颜色）对话框

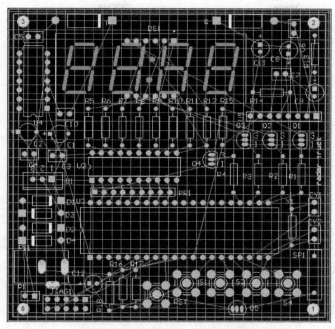

图 4-4-36　元器件序号最终显示效果

课外阅读（专业术语）

Protel 中的导线

在不同应用领域（实际使用范围）下，有着各种各样的导线及应用，这里仅涉及 Protel PCB 设计中的导线及应用（原理图中的导线及应用，前面单元已介绍过，这里不再重述）。Protel PCB 设计中的导线可以定义为：起电气连接作用，有实际物理意义且应用于 PCB 上连接各个电子元器件的铜线。

1. 直导线

通过 Wiring（接线）工具上的导线绘制按钮，在 PCB 编辑环境下，在目标处单击即表示导线的一端确定，然后拖动鼠标，再次单击，确定导线的另一端，一条直导线便绘制完成。结果如图 4-4-37 所示。

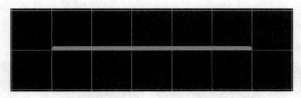

图 4-4-37　绘制一条直导线

双击这根绘制的导线，可以进入 Interactive Routing（交互布线）对话框。在 Trace Width（导线宽度）选项后的编辑框内输入相应数值，即可完成指定宽度的导线修改，如图 4-4-38 所示。

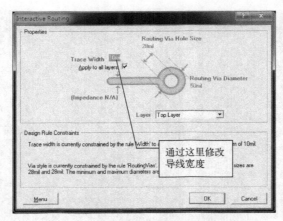

图 4-4-38   导线宽度设置对话框

2. 转角导线

转角导线还可以分成直角转角导线和非直角转角导线。

（1）进入绘制导线状态后，确定目标 X 点，单击左键 ，然后按 Shift + Space 键确定切换到直角转角导线模式，然后移动鼠标到 Z 点，单击鼠标左键即可以确定 Y 点，继续移动鼠标到时 Q 点，单击鼠标左键即可确定 Z 点，在 Q 点单击鼠标左键即可确定 Q 点，然后单击鼠标右键即可退出绘制导线，如图 4-4-39 所示。

（2）进入绘制导线状态后，确定目标 X 点，单击左键，然后按 Shift + Space 键确定切换到圆弧转角导线模式，然后移动鼠标到 Z 点，单击鼠标左键即可确定 Y 点，继续移动鼠标到时 Q 点，单击鼠标左键即可确定 Z 点，在 Q 点单击鼠标左键即可确定 Q 点，然后单击鼠标右键即可退出绘制导线，如图 4-4-40 所示。

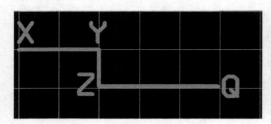

图 4-4-39   直角转角导线

图 4-4-40   圆弧转角导线

3. 宽度不一的光滑导线

（1）绘制宽度不一的两条导线，如图 4-4-41 所示。

（2）在导线过渡处放置一个焊盘。方法同前，双击焊盘，进入 Pad 对话框，设置 Hole Size 为 15mil，X – Size 和 Y – Size 都为 25mil，单击 OK 按钮完成设置，然后将焊盘放置在导线过渡处，结果如图 4-4-42 所示。

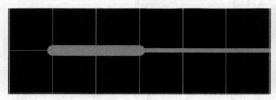

图 4-4-41   宽度不一的两条导线

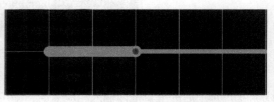

图 4-4-42   添加焊盘后的导线

（3）选中粗导线、焊盘、细导线，单击 Tools | Teardrops（泪滴）菜单命令，即可弹出如图 4-4-43 所示的 Teardrop Options（泪滴属性）对话框，在 Teardrop Style 栏中选中 Track 项，然后单击 OK 按钮即可为导线上的焊盘添加泪滴，结果如图 4-4-44 所示。

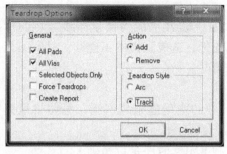

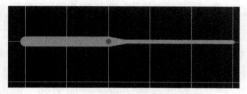

图 4-4-43　Teardrop Options 对话框　　　　图 4-4-44　添加泪滴后的结果

（4）单击焊盘（区域），展示可选范围提示菜单，如图 4-4-45 所示。选择 Pad 菜单项，直接按 Del 键，删除焊盘。结果如图 4-4-46 所示。

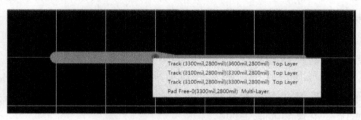

图 4-4-45　可选范围提示菜单

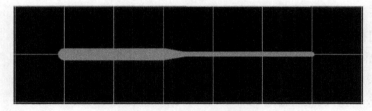

图 4-4-46　过渡光滑的导线

项目五　倒车雷达 PCB 布线操作

 学习目标

（1）熟悉 PCB 走线的规律与操作。

（2）熟练掌握自动布线的一般常用规则设置，掌握自动布线操作步骤与方法，熟悉印制电路板的布线原则。

问题导读

PCB 如何走线？

走线的好坏将直接影响到整个系统的性能，大多数高质量、高速运行的设计理论也要最终经过 Layout（布线）得以实现并验证。由此可见，布线在高速运行的 PCB 设计中是相当的重要。下面针对实际布线中可能遇到的一些情况，主要从直角走线、差分走线、蛇形线三个方面来简述。

（1）直角走线

直角走线一般是 PCB 布线中要求尽量避免的情况，也几乎成为衡量布线好坏的标准之一。从原理上说，直角走线会使传输线的线宽发生变化，造成阻抗的不连续。其实不光是直角走线，顿角、锐角走线都可能会造成阻抗变化的情况。

（2）差分走线

差分信号（Differential Signal）在高速电路设计中的应用越来越广泛，电路中最关键的信号往往都要采用差分结构设计，为什么呢？

答案：良好的性能、抗干扰能力强、能有效抑制 EMI、时序定位精确。

何为差分信号？

通俗地说，就是驱动端发送两个等值、反相的信号，接收端通过比较这两个电压的差值来判断逻辑状态是"0"还是"1"。而承载差分信号的那一对走线就称为差分走线。这点类似于差分放大电路工作原理。

（3）蛇形线

蛇形线是 Layout 中经常使用的一类走线方式。其主要目的就是为了调节延时，满足系统时序设计要求。高速 PCB 设计中，蛇形线没有所谓滤波或抗干扰的能力，只可能降低信号质量，所以只作时序匹配之用而无其他目的。有时可以考虑螺旋走线的方式进行绕线，仿真表明，其效果要优于正常的蛇形走线。

知识拓展

走线规律和布线细说

（1）走线规律

◆ 走线方式：尽量走短线，特别是对小信号而言，10mil 左右。

◆ 走线形状：同一层走线改变方向时，应走斜线。

◆ 电源线与地线的设计：40～100mil，高频线用地线屏蔽。

◆ 多层板走线方向：相互垂直，层间耦合面积最小；禁止平行走线。

◆ 焊盘设计要合理控制。

（2）布线细说

在 PCB 产品设计中，布线（Layout）是 PCB 设计工作者最基本的工作技能之一，更是完成产品设计的核心步骤之一。可以说前面的电路板规划、PCB 环境参数设置、PCB 布局等工作，都是为布线而做的。在整个 PCB 设计中，以布线的设计过程限定最高，技巧最细，工作量最大。

◆ PCB 布线的分类：单面布线、双面布线和多层布线。

◆ PCB 布线的方式：自动布线及交互式布线。这一点很类似于自动布局与手工布局。

在自动布线之前，可以用交互式预先对要求比较严格的线进行布线，输入端与输出端的边线应避免相邻平行，以免产生反射干扰。必要时应加地线隔离，两相邻层的布线要互相垂直，平行容易产生寄生耦合。

PCB 自动布线的布通率，依赖于良好的元器件布局，布线规则可以预先设定，包括走线的弯曲次数、导通孔的数目、步进的数目等。一般先进行探索式布线，快速地把线连通，然后进行迷宫式布线，先把要布的连线进行全局的布线路径优化，它可以根据需要断开已布的线。并试着重新再布线，以改进总体效果。

对目前像手机、平板电脑等高密度的 PCB 设计已感觉到贯通孔不太适应了，它浪费了许多宝贵的布线通道，为解决这一矛盾，出现了盲孔和埋孔技术，它不仅完成了导通孔的作用，还省出许多布线通道使布线过程完成得更加方便，更加流畅，更为完善。PCB 的设计过程是一个复杂而又简单的过程，要想很好地掌握它，还需广大电子爱好者或工程设计人员去自己体会和感悟，通过大量的实践与积累，才能得到设计操作的真谛。

知识链接

高频数字电路 PCB 布线原则

高频电路往往集成度较高，布线密度大，采用多层板既是布线所必需的，也是降低干扰的有效手段，比如计算机主板。合理选择层数能大幅度降低印板尺寸，能充分利用中间层来设置屏蔽，能更好地实现就近接地，能有效地降低寄生电感，能有效缩短信号的传输长度，能大幅度地降低信号间的交叉干扰等，所有这些都对高频电路的可靠工作有利。有资料显示，同种材料时，四层板要比双面板的噪声低 20dB。但是，板层数越高，制造工艺越复杂，成本越高。高频数字电路 PCB 布线一般规则如下：

（1）高频数字信号线要用短线。

（2）电源线应远离高频数字信号线，或用地线隔开，电路布局必须减少电流回路，电源的分布必须是低感应的（多路设计），各类信号走线不能形成环路，地线也不能形成电流环路。

（3）主要信号线集中在 PCB 中心。

（4）时钟发生电路应设计在 PCB 的中心附近，其工作电路应采用菊链式和并联布线方式。

（5）电路输入与输出之间的导线避免平行。

（6）高速电路器件引脚间的引线弯折越少越好、引线越短越好、引线层间交替越少越好。

（7）高频电路布线要注意信号线近距离平行走线所引入的"交叉干扰"，若无法避免平行分布，可在平行信号线的反面布置大面积"地"来大幅度减少干扰。

（8）对特别重要的信号线或局部单元实施地线包围的措施。

（9）每个集成电路块的附近应设置一个高频退耦电容。

（10）模拟地线、数字地线等接往公共地线时要用高频扼流环节。

布线的注意事项

（1）专用地线、电源线宽度应大于 1mm。

（2）其走线应成"井"字形排列，方便分布电流平衡。

（3）尽可能缩短高频器件之间的连线，设法减少它们之间地分布参数和相互间的信号干扰。

（4）某些元器件或导线可能有较高的电位差，应加大它们的间距，避免放电引起意外短路。

（5）尽量加大电源线宽度，减少环路电阻，电源线、地线的走向和数据传递方向一致，有助于增强抗干扰能力。

（6）当频率高于 100kHz 时，趋附效应就十分严重了，高频电阻增大。

（7）高频电路布线的引线最好采用全直线，需要转折时，可用 45°折线或圆弧转折。

任务一　PCB 布线设置

任何电路设计到这时，其实可以进行默认的 PCB 布线了，为了进行更佳的 PCB 布线与电路运行，必须进行一般性的布线设置。这里进行设置的内容主要包括：

1. 元器件之间布线安全间距设置为 8mil，而电源和接地网络布线安全间距为 12mil；
2. 设置布线转角为圆弧方式，布线拓扑结构为"Daisy – MidDriven"方式；
3. 设置普通导线的典型宽度为 12mil，最小和最大宽度分别设置为 9mil 和 15mil；
4. 将电源和接地导线宽度设置为 25mil；
5. 设置优先级："Power"网络导线布线优先级为 1，一般导线布线优先级为 2。

 做中学

汽车倒车数码雷达 PCB 布线设置的具体操作步骤如下：

1. 打开汽车倒车数码雷达. PrjPCB 工程项目文件，单击打开 Projects 面板中汽车倒车数码雷达. PCBDOC 文件。

2. 单击 Design | Rules（规则），打开 PCB Rules and Comstraints Editor（元器件布局设计规则设置）对话框，如图 4-4-3 所示。

3. 单击左侧目录树结构中 Electrical（电气规则）选项，对话框右侧如图 4-5-1 所示。

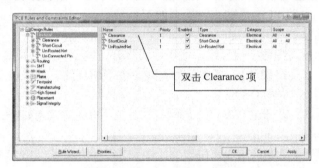

图 4-5-1　电气规则设置对话框

4. 双击右侧列表中的 Clearance 项，在 Minimum Clearance 栏中输入 8mil，对话框设置结果如图 4-5-2 所示。

 特别注释

> ➤ 在图 4-5-2 所示对话框中，可以单击 Apply 按钮，立即执行，使设置生效。

5. 在 Clearance 选项上单击鼠标右键，在弹出的子菜单中选择 New Rule（新建规则），如图 4-5-3 所示，结果如图 4-5-4 所示，新建的规则名称为 Clearance_1。

6. 单击左侧目录树结构中 Clearance_1 选项，在 Name 栏中输入新建规则的名称"Power"，在 Where the First object matches 栏选中 Net 选项，然后在其后的下拉列表中选择"VCC"；在 Where the Second object matches 栏选中 Net 选项，然后在其后的下拉列表中选择"GND"；在 Minimum Clearance 栏中输入 12mil，单击 Apply 按钮立即使设置生效。结果如图 4-5-5 所示。

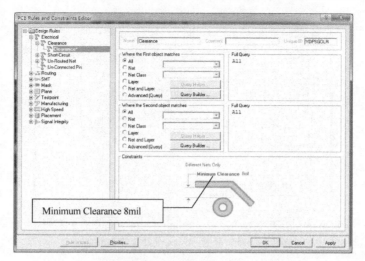

图 4-5-2　设置布线安全间距对话框

图 4-5-3　单击新建规则命令对话框

图 4-5-4　新建的规则 Clearance_1

7. 依次单击打开左侧目录树结构中 Routing（布线）| Routing Corners | RoutingCorners 选项，在 Style 栏选择 "Rounded"（导线转角为圆弧模式），结果如图 4-5-6 所示。

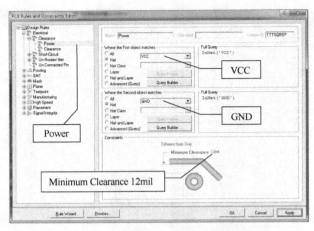

图 4-5-5　新建 Power 设计规则对话框

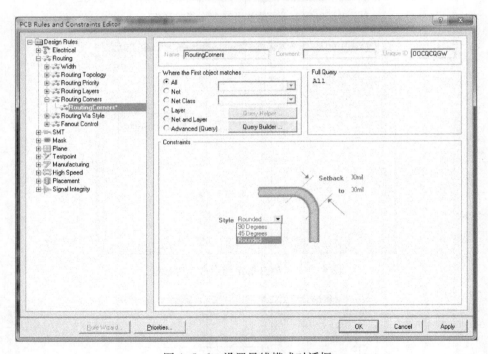

图 4-5-6　设置导线模式对话框

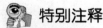 特别注释

> 在图 4-5-6 设置导线为圆弧转角模式对话框中，另外两种导线转角模式分别为：90 Degrees（90°直角）和 45 Degrees（45°角）。

8. 依次单击打开左侧目录树结构中 Routing（布线）| Routing Topology | Routing Topology 选项，在 Topology 栏选择 "Daisy - MidDriven"，即可将布线拓扑结构设置为 "Daisy - MidDriven"，结果如图 4-5-7 所示。同样可以单击 Apply 按钮立即使设置生效。

9. 依次单击打开左侧目录树结构中的 Routing（布线）| Width | Width 选项，在 Preferred Width（典型宽度）栏填入 "12mil"（导线典型宽度设置为 12mil），在 Min Width（最

小的宽度）栏和 Max Width（最大的宽度）栏分别填入 9mil 和 15mil，结果如图 4-5-8 所示。同样可以单击 Apply 按钮立即使设置生效。

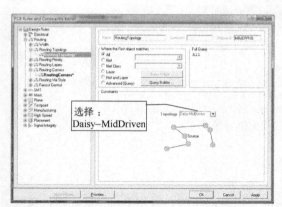

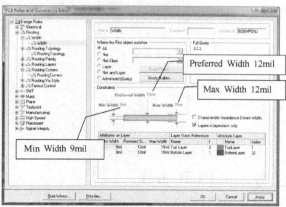

图 4-5-7　设置布线拓扑结构对话框　　　　　图 4-5-8　设置导线宽度对话框

10. 添加新导线规则电源网络导线并命名为"VCC"，设置电源网络宽度为"25mil"；同理，添加新导线规则接地网络导线并命名为"GND"，设置电源网络宽度为"25mil"，结果如图 4-5-9 所示。

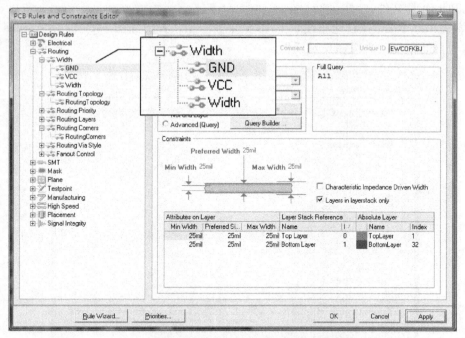

图 4-5-9　设置完电源、接地导线宽度对话框

11. 单击图 4-5-9 对话框中最下边一行的靠左边第二个 Priorities（优先级）按钮，在弹出的 Edit Rule Priorities 对话框中，显示了 Rule Type（规则类型）、Priority（优先级）、Enabled（有效）、Name（规则名称）、Scope（范围）、Attributes（属性）等，优先级的顺序通过单击下面的 Decrease Priority（降序）、Increase Priority（升序）来改变 VCC、GND、Width 三种规则的前后顺序，如图 4-5-10 所示。

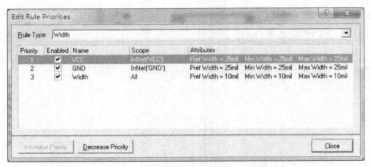

图 4-5-10　规则设置优先级对话框

12. 单击 OK 按钮，所有设置完成。

任务二　PCB 布线

下面结合汽车倒车数码雷达 PCB 设计，第一次使用自动布线，采用 Protel 系统默认布线规则设置与单面 PCB 环境设置。

 做中学

1. 打开汽车倒车数码雷达. PrjPCB 工程项目文件，单击打开 Projects 面板中汽车倒车数码雷达. PCBDOC 文件。

2. 单击 Auto Route（自动布线）| All 菜单命令项，弹出如图 4-5-11 所示 Situs Routing Strategies（自动布线策略选择）对话框。

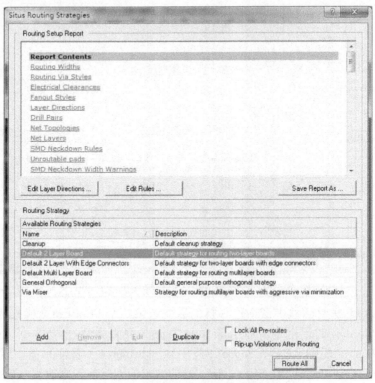

图 4-5-11　自动布线策略选择对话框

3. 在图 4-5-11 所示对话框中，单击 [Route All] 按钮，即可进入自动布线命令，此时系统会自动启动 Situs（自动布线器）对电路进行自动布线。同时，弹出 Message 布线过程的信息面板窗口，过一段时间（与计算机运行速度有关），最终反馈给设计者一个布线完成的综合性的 Message 信息面板窗口，如图 4-5-12 所示。

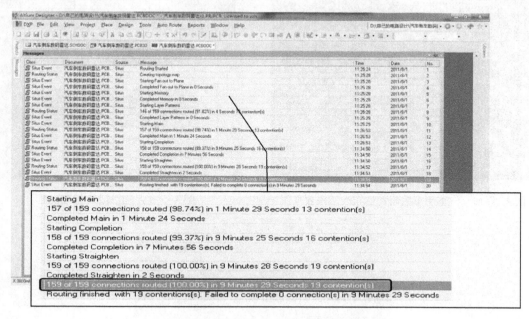

图 4-5-12　Messages 信息面板窗口

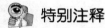 **特别注释**

➢ 注意图 4-5-12 有颜色的一行信息文字，意思是"共 159 条导线，布线 159 条，布线完成 100%，共用时 9 分 29 秒"。

➢ 其他信息，请读者自行阅读并分析。

➢ 如果对自动布线结果不满意，可以单击 Tools | Un-Route（撤销布线）| All 命令项，即可撤销所有已经完成的布线。

4. 自动布线结束后，汽车倒车数码雷达 PCB 窗口显示结果如图 4-5-13 所示。

5. 单击 View | Board in 3D 菜单命令项，结果生成 3D 效果，正面如图 4-5-14 所示，拖动面板，反面如图 4-5-15 所示。

至此，自动布线就完成了。

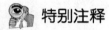 **特别注释**

➢ 因为考虑到布线规则的设置与纯单面板布线可能会遇到很多方面问题，而且在较复杂的 PCB 设计中，走线更多、更复杂，单面板明显满足不了设计要求，必须采用双面板，甚至多层板布线。在双面板中可以应用更多布线规则设置，大大减少了对电路 PCB 设置的限制。后面单元，将重点以双层板设计操作为主，但整体设计思路与布线原则是相通的。

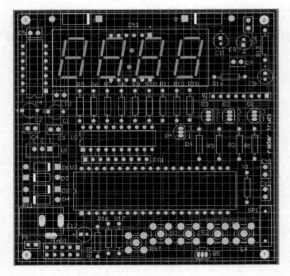

图 4-5-13　汽车倒车数码雷达布线结果效果图

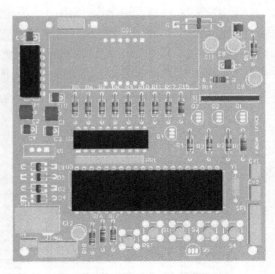

图 4-5-14　正面 3D 仿真视图

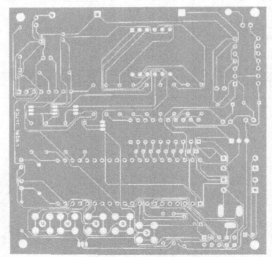

图 4-5-15　反面 3D 仿真视图

Class	Document	Source	Message	Time	Date	No.
Situs Event	汽车倒车数码雷达.P...	Situs	Routing Started	23:11:15	2011/8...	1
Routing Status	汽车倒车数码雷达.P...	Situs	Calculating Board Density	23:11:17	2011/8...	10
Routing Status	汽车倒车数码雷达.P...	Situs	Creating topology map	23:11:17	2011/8...	2
Situs Event	汽车倒车数码雷达.P...	Situs	Completed Fan out to Plane in 0 Seconds	23:11:17	2011/8...	4
Situs Event	汽车倒车数码雷达.P...	Situs	Completed Layer Patterns in 0 Seconds	23:11:17	2011/8...	8
Situs Event	汽车倒车数码雷达.P...	Situs	Completed Main in 0 Seconds	23:11:17	2011/8...	11
Situs Event	汽车倒车数码雷达.P...	Situs	Completed Memory in 0 Seconds	23:11:17	2011/8...	6
Situs Event	汽车倒车数码雷达.P...	Situs	Starting Completion	23:11:17	2011/8...	12
Situs Event	汽车倒车数码雷达.P...	Situs	Starting Fan out to Plane	23:11:17	2011/8...	3
Situs Event	汽车倒车数码雷达.P...	Situs	Starting Layer Patterns	23:11:17	2011/8...	7
Situs Event	汽车倒车数码雷达.P...	Situs	Starting Main	23:11:17	2011/8...	9
Situs Event	汽车倒车数码雷达.P...	Situs	Starting Memory	23:11:17	2011/8...	5
Routing Status	汽车倒车数码雷达.P...	Situs	160 of 161 connections routed (99.38%) in 5 Minutes 16 Seconds 48 contention(s)	23:16:31	2011/8...	13
Situs Event	汽车倒车数码雷达.P...	Situs	Completed Completion in 5 Minutes 15 Seconds	23:16:32	2011/8...	14
Situs Event	汽车倒车数码雷达.P...	Situs	Starting Straighten	23:16:32	2011/8...	15
Routing Status	汽车倒车数码雷达.P...	Situs	161 of 161 connections routed (100.00%) in 5 Minutes 17 Seconds 46 contention(s)	23:16:33	2011/8...	16
Routing Status	汽车倒车数码雷达.P...	Situs	161 of 161 connections routed (100.00%) in 5 Minutes 17 Seconds 46 contention(s)	23:16:33	2011/8...	18
Situs Event	汽车倒车数码雷达.P...	Situs	Completed Straighten in 0 Seconds	23:16:33	2011/8...	17
Situs Event	汽车倒车数码雷达.P...	Situs	Routing finished with 46 contention(s). Failed to complete 0 connection(s) in 5 Minutes 17 Seconds	23:16:33	2011/8...	19

图 4-5-16　Messages 布线反馈信息

6. 接下来，我们继续按照任务一中的第四点规则，重新设置当前默认布线规则，将电源和接地导线宽度设置为 25mil，按照任务一中的设置方法（这里不再重复），再重新自动布线，Messages 布线反馈信息结果如图 4-5-16 所示，布线 PCB 效果图如图 4-5-17 所示。

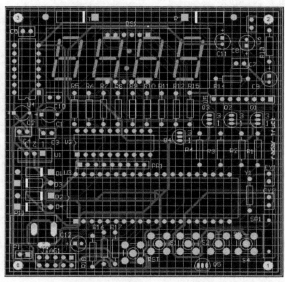

图 4-5-17　电源和接地导线宽度设置为 25mil 布线效果图

 特别注释

➢ 为突出效果，Board Color 作了调整（设置方法同前），电源和接地导线宽度设置为 25mil。

➢ 设计者要充分考虑到单面板和导线占用空间以及安全间距等诸多问题。

➢ 右键单击图 4-5-16 信息任意处，在快捷菜单中选择 Save 命令项，可以保存为 *.txt 的文体文件。

➢ 如图 4-5-16 所示的 Messages 布线反馈信息文体内容如下：（注意加底纹的文字）

Class	Document	Source	Message	Time	Date	No.
Situs Event	汽车倒车数码雷达 . PCBDOC	Situs	**Routing Started**	23：11：15	2011/8/3	1
Routing Status	汽车倒车数码雷达 . PCBDOC	Situs	Calculating Board Density	23：11：17	2011/8/3	10
Routing Status	汽车倒车数码雷达 . PCBDOC	Situs	**Creating topology map**	23：11：17	2011/8/3	2
Situs Event	汽车倒车数码雷达 . PCBDOC	Situs	Completed Fan out to Plane in 0 Seconds	23：11：17	2011/8/3	4
Situs Event	汽车倒车数码雷达 . PCBDOC	Situs	Completed Layer Patterns in 0 Seconds	23：11：17	2011/8/3	8
Situs Event	汽车倒车数码雷达 . PCBDOC	Situs	Completed Main in 0 Seconds	23：11：17	2011/8/3	11
Situs Event	汽车倒车数码雷达 . PCBDOC	Situs	Completed Memory in 0 Seconds	23：11：17	2011/8/3	6
Situs Event	汽车倒车数码雷达 . PCBDOC	Situs	Starting Completion	23：11：17	2011/8/3	12
Situs Event	汽车倒车数码雷达 . PCBDOC	Situs	Starting Fan out to Plane	23：11：17	2011/8/3	3
Situs Event	汽车倒车数码雷达 . PCBDOC	Situs	Starting Layer Patterns	23：11：17	2011/8/3	7
Situs Event	汽车倒车数码雷达 . PCBDOC	Situs	Starting Main	23：11：17	2011/8/3	9
Situs Event	汽车倒车数码雷达 . PCBDOC	Situs	Starting Memory	23：11：17	2011/8/3	5
Routing Status	汽车倒车数码雷达 . PCBDOC	Situs	**160 of 161 connections routed (99.38%)** in 5 Minutes 16 Seconds 48 contention(s)	23：16：31	2011/8/3	13

续表

Class	Document	Source	Message	Time	Date	No.
Situs Event	汽车倒车数码雷达 . PCBDOC	Situs	Completed Completion in 5 Minutes 15 Seconds	23：16：32	2011/8/3	14
Situs Event	汽车倒车数码雷达 . PCBDOC	Situs	Starting Straighten	23：16：32	2011/8/3	15
Routing Status	汽车倒车数码雷达 . PCBDOC	Situs	**161 of 161 connections routed（100.00%）** in 5 Minutes 17 Seconds 46 contention（s）	23：16：33	2011/8/3	16
Routing Status	汽车倒车数码雷达 . PCBDOC	Situs	**161 of 161 connections routed（100.00%）** in 5 Minutes 17 Seconds 46 contention（s）	23：16：33	2011/8/3	18
Situs Event	汽车倒车数码雷达 . PCBDOC	Situs	Completed Straighten in 0 Seconds	23：16：33	2011/8/3	17
Situs Event	汽车倒车数码雷达 . PCBDOC	Situs	**Routing finished with 46 contention（s）. Failed to complete 0 connection（s） in 5 Minutes 17 Seconds**	23：16：33	2011/8/3	19

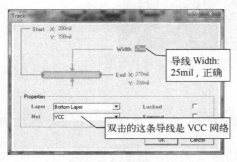

图 4-5-18　设置正确对话框

7. 验证任务一中第四点规则布线设置，此时双击任意一条粗导线，结果如图 4-5-18 所示。

查看 Messages 信息反馈，修改布线规则后，很可能由于设置具体参数不当，PCB 布线并没有 100% 完成，差若干条线。解决方法通常会有多个，手工布线则是必然，这方面操作细节将在下一单元的任务中重点介绍。

 特别注释

检查走线

（1）检查布线设计是否与原理图设计思想一致。

（2）间距是否合理，是否满足生产要求。

（3）电源线和地线的宽度是否合适，电源与地线之间是否紧耦合（低的波阻抗）。

（4）对于关键的信号线是否采取了最佳措施，输入线及输出线是否明显地分开。

（5）阻焊是否符合生产工艺的要求，阻焊尺寸是否合适，字符标志是否压在器件焊盘上（以免影响电装质量）。

（6）后加在 PCB 中的图形（如图标、注标）是否会造成信号短路。

（7）对一些不理想的线形进行修改。

（8）定位孔与 PCB 的大小，以及固定键安装位置是否与机构相吻合。

（9）PCB 封装是否与实物相对应。

（10）模拟电路部分和数字电路部分，是否有各自独立的地线。

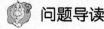

课外阅读

常见问题 1234

（1）如何将外加焊点加入到网络中？

可先将焊点加入到电路板中，然后双击焊点，打开焊点属性设置对话框，在 Advaced 中的 Net 项中选择合适的网络，即可完成焊点的放置。

（2）什么是内部网络表和外部网络表，两者有什么区别？

网络表有外部网络表和内部网络表之分。外部网络表指引入的网络表，即 Sch 或者其他原理图设计软件生成的原理图网络表；内部网络表是根据引入的外部网络表，经过修改后，被 PCB 系统内部用于布线的网络表。严格的说，这两种网络表是完全不同的概念，但读者可以不必严格区分。

（3）覆铜有什么作用，应该注意些什么？

覆铜的主要作用是提高电路板的抗干扰能力，如果要对线路进行包导线或补泪滴，那么覆铜应该放在最后进行。

（4）印制导线宽度与允许电流是多少？

实际使用参考数据如表 4-5-1 所示。

表 4-5-1　导线宽度与电流之间关系

导线宽度（mm）	0.3	0.4	0.5	0.8	1.0	1.5	2.0	2.5	3.0
允许误差（mm）	+0.13 −0.12	0 −0.5	±0.1	±0.1	±0.2	±0.2	±0.2	±0.2	±0.2
允许电流（A）	0.7	0.8	1.0	2.0	3.0	4.0	5.0	6.0	7.0

项目六　倒车雷达电路 PCB 检查

学习目标

（1）熟悉印制电路板的设计规则检查方法。

（2）学会查阅错误信息并能找出错误的原因，进行修改。

Protel DXP 2004 提供一系列的系统规则和内部工作环境来驱动 PCB 设计，同时允许设计者参与定义各种工作参数和设计规则来保证 PCB 设计的完整性。PCB 设计进程的最后阶段，同原理图设计类似，有必要用设计规则检查 DRC（Design Rule Checker）来验证设计者完成的 PCB 设计，整个过程的 DRC 操作同原理图的检查操作。

问题导读

你有，我能省吗？

一天早晨，原理图与 PCB 见面了。

原理图说："老弟，这要去哪儿？见上一面可真不容易呀！也不感谢我一声，没有我的把关（规则与检查），你肯定设计制作不出来。难得出来了，聊聊吧！"。

PCB 连忙说："真是感谢！有老兄你在把关，我就胜利一半！不行，我还要抓紧时间去检查，彻底过关。回头再聊！"

原理图说："一半?! 得了，别太认真，我的规则与检查，那可是全方面的、立体的，你尽可放心，你制出板不就完事啦! 走，陪我玩玩去，还检什么查!"

PCB 认真的说："你有是你的（规则与检查），我可还有杀手铜呢! 我的检查更严格、更规范，像食品安全一样，不合格，会害人的，我可马虎不得，走了，回头见"。

原理图说："等等，我也去见识见识……"。

 知识拓展

DRC（电路板设计规则校验）

在电路板设计布线完成之后，应当对电路板进行仔细的设计规则检验（Design Rules Check，简称 DRC），系统根据布线规则设置来检查整个 PCB，以确保电路板上所有的网络连接正确无误，并符合电路板设计规则和产品设计要求，同时在所有出现错误的地方将使用 DRC 出错标志标记出来，此外还将生成错误报表。

DRC 校验分两种形式：批处理式 DRC 校验（Batch）和在线式 DRC 校验（Online）。

 知识链接

DRC 校验形式细说

在线式 DRC 校验主要应用于 PCB 设计过程中，如果电路板上有违反设计规则的操作，Protel 系统将会使违反设计规则的图件变成绿色以提醒设计者，而且当前的操作也不能继续进行。

批处理式 DRC 校验主要应用于 PCB 设计完成以后，对整个电路板进行一次全方位地设计规则校验，凡是与 PCB 设计规则冲突的设计也将变成绿色以提醒设计者。

在执行 DRC 设计校验之前，同样需要对设计校验项目进行相应设置，一般的 PCB 设计都要求对以下几个方面进行 DRC 设计校验。

- ❖ Clearance：安全间距方面限制设计规则校验。
- ❖ Width：导线设计宽度限制设计规则校验。
- ❖ Un – Routed Net：未布线网络限制设计规则校验。
- ❖ Short – Circuit：电路短路设计规则校验。

这些校验项目与 PCB 设计规则都具有一一对应关系，所以在检查时与设计规则项目有冲突就会被检验出来。

任务一　DRC 设计校验

 做中学

1. 打开汽车倒车数码雷达 . PrjPCB 工程项目文件，单击打开 Projects 面板中汽车倒车数码雷达 . PCBDOC 文件。

2. 单击选择 Tools（工具）|Design Rule Check(设计规则检查) 菜单命令项，或使用快捷键 T | D,启动 Design Rule Checker 对话框，如图 4-6-1 所示。

3. 在图 4-6-1 对话框中，单击取消右侧面板上的 Internal Plane Warings 和 Verify Shorting Copper 两个复选框，保留前三个。

4. 单击图 4-6-1 对话框左下角的 Run Design Rule Check... 按钮，系统将进行 DRC 设计规则校验，同时系统将自动切换到生成设计规则校验报表文件窗口，如图 4-6-2 所示。

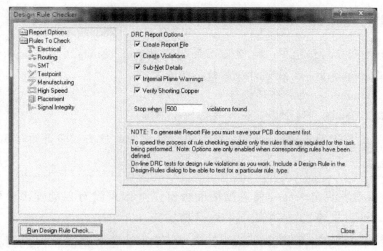

图 4-6-1　Design Rule Checker 对话框

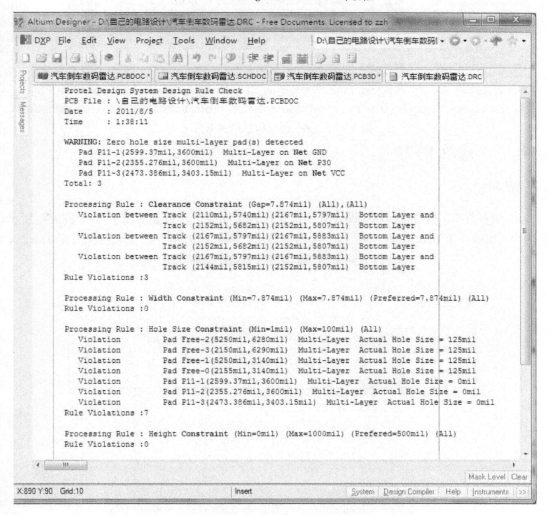

图 4-6-2　规则校验生成扩展名为 DRC 文件报表

特别注释

在图 4-6-1 所示对话框中，右侧面板上 DRC Report Options 中的各选项含义如下：

- ➢ Create Report File：生成设计规则校验报表文件。
- ➢ Create Violations：生成违反设计规则绿色标记。
- ➢ Sub - Net Details：列出违反设计规则的子网络。
- ➢ Stop when 500 violations found：设置当设计规则的冲突数目超过“500”时，系统将自动中止校验。

5. 系统还自动激活 Messages 信息反馈面板窗口（如果没有自动弹出，可以手工打开，操作方法同前，不再重述），结果如图 4-6-3 所示。

Messages

Class	Docum...	S...	Message	Time	Date	No.
[Clearance Constraint Violation]	汽车倒...	Adva...	Between Track (2110mil,5740mil)(2167mil,5797mil) Bottom Layer and Track (215...	1:38:11	2011/...	1
[Clearance Constraint Violation]	汽车倒...	Adva...	Between Track (2167mil,5797mil)(2167mil,5883mil) Bottom Layer and Track (215...	1:38:11	2011/...	2
[Clearance Constraint Violation]	汽车倒...	Adva...	Between Track (2167mil,5797mil)(2167mil,5883mil) Bottom Layer and Track (214...	1:38:11	2011/...	3
[Hole Size Constraint Violation]	汽车倒...	Adva...	Pad Free-2(5250mil,6280mil) Multi-Layer Actual Hole Size = 125mil	1:38:11	2011/...	4
[Hole Size Constraint Violation]	汽车倒...	Adva...	Pad Free-3(2150mil,6290mil) Multi-Layer Actual Hole Size = 125mil	1:38:11	2011/...	5
[Hole Size Constraint Violation]	汽车倒...	Adva...	Pad Free-1(5250mil,3140mil) Multi-Layer Actual Hole Size = 125mil	1:38:11	2011/...	6
[Hole Size Constraint Violation]	汽车倒...	Adva...	Pad Free-0(2155mil,3140mil) Multi-Layer Actual Hole Size = 125mil	1:38:11	2011/...	7
[Hole Size Constraint Violation]	汽车倒...	Adva...	Pad P11-1(2599.37mil,3600mil) Multi-Layer Actual Hole Size = 0mil	1:38:11	2011/...	8
[Hole Size Constraint Violation]	汽车倒...	Adva...	Pad P11-2(2355.276mil,3600mil) Multi-Layer Actual Hole Size = 0mil	1:38:11	2011/...	9
[Hole Size Constraint Violation]	汽车倒...	Adva...	Pad P11-3(2473.386mil,3403.15mil) Multi-Layer Actual Hole Size = 0mil	1:38:11	2011/...	10
[Short-Circuit Constraint Violation]	汽车倒...	Adva...	Between Track (2110mil,5740mil)(2167mil,5797mil) Bottom Layer and Track (215...	1:38:11	2011/...	11

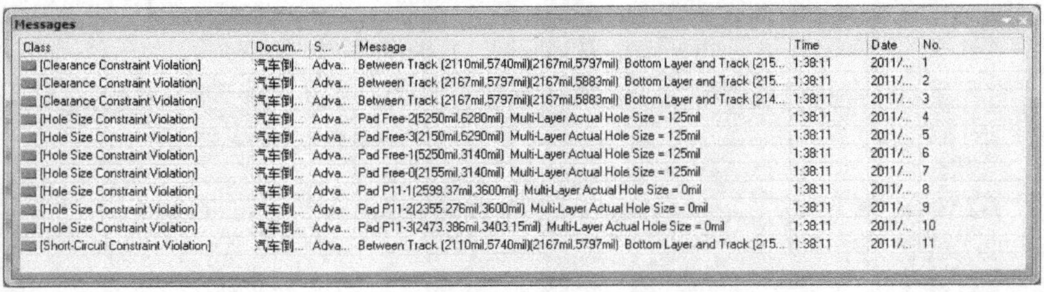

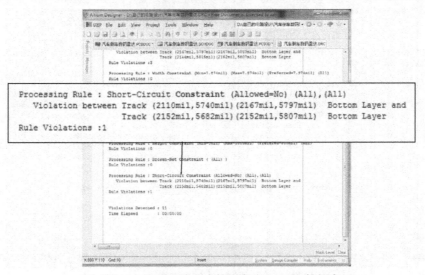

图 4-6-3 Messages 信息反馈面板窗口

任务二 修改 PCB

做中学

1. 浏览任务一生成的 DRC 设计规则校验报表文件窗口，观察如图 4-6-4 放大镜所示信息内容。Short - Circuit Constraint 这一项内容显示此时电路短路设计规则校验出有 Track（导

图 4-6-4 规则校验生成扩展名为 DRC 文件报表

线）存在电路短路设计问题。

 特别注释

> 通过浏览图 4-6-2 生成的 DRC 报表文件，也许 Broken – Net Constraint、Clearance Constraint 等也都存在一定的问题，都需要修改，尤其对于初学者。

> 解决问题主要是先看清相关内容，涉及布局、布线、设计的电气规则等哪个方面问题，再重新布局、布线、设置规则等一系列操作，将其一一耐心解决。

2. 再次激活 Messages 信息反馈面板窗口，双击图 4-6-5 第一行，接下来系统自动切换到 PCB 编辑窗口对应电路违反设计规则的地方，是芯片 U4 引脚布线短路，PCB 窗口如图 4-6-6 所示。

图 4-6-5　双击 Message 信息窗口第一行

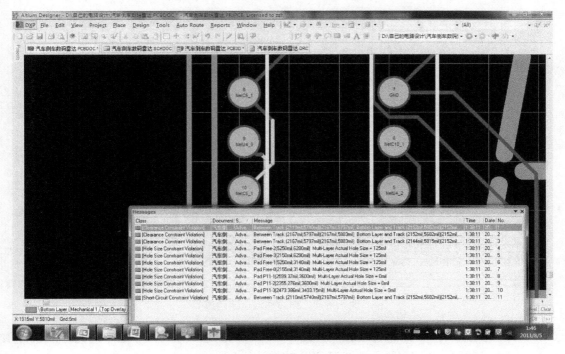

图 4-6-6　PCB 违反设计规则的芯片 U4

3. 选中 U4 芯片，如图 4-6-7 所示，向右移动适当距离，如图 4-6-8 所示。

4. 重新执行布线，结果如图 4-6-9 所示。

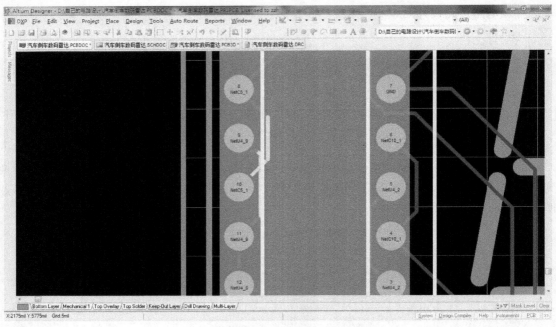

图 4-6-7　选中 U4 芯片

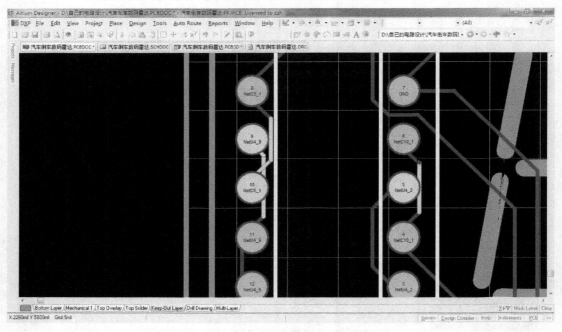

图 4-6-8　向右移动适当距离

5. 重新执行一遍 DRC 设计校验，再查看 Messages 消息反馈面板中这个短路违规设计项被消除，结果如图 4-6-10 所示。结束 PCB 的设计任务。

6. 单击更新生成的汽车倒车数码雷达设计规则校验报表文件，结果变成如图 4-6-11 所示窗口，通过放大镜对比图 4-6-4，可以很清楚地看到，这个 U4 引脚设计违规修改完成。

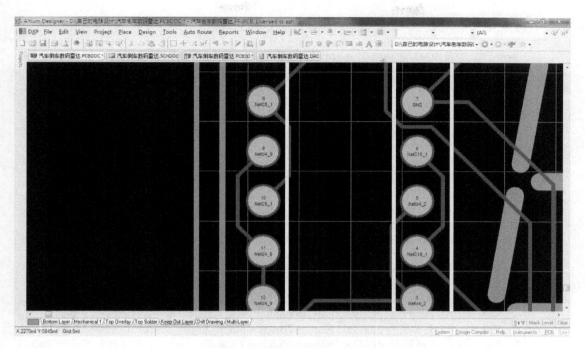

图 4-6-9　重新布线后的 U4 芯片

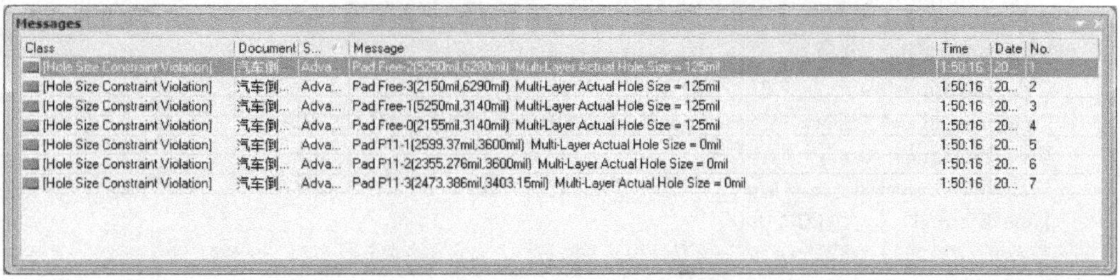

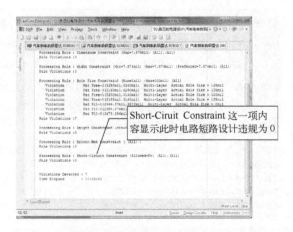

图 4-6-10　Messages 信息反馈窗口

图 4-6-11　汽车倒车数码雷达 . DRC 报表文件

完整的报表全部内容为：

```
Protel Design System Design Rule Check
PCB File : \汽车倒车数码雷达. PCBDOC
Date     : 2011/8/5
Time     : 1: 50: 16
WARNING: Zero hole size multi - layer pad(s) detected
    Pad P11 - 1(2599. 37mil, 3600mil)    Multi - Layer onNet GND
    Pad P11 - 2(2355. 276mil, 3600mil)   Multi - Layer onNet P30
    Pad P11 - 3(2473. 386mil, 3403. 15mil)   Multi - Layer onNet VCC
Total: 3
Processing Rule : Clearance Constraint (Gap = 7. 874mil) (All), (All)
Rule Violations :0
Processing Rule : Width Constraint (Min = 7. 874mil) (Max = 7. 874mil) (Preferred = 7. 874mil) (All)
Rule Violations :0
Processing Rule : Hole SizeConstraint (Min = 1mil) (Max = 100mil) (All)
    Violation    Pad Free - 2(5250mil, 6280mil)    Multi - Layer   Actual Hole Size = 125mil
    Violation    Pad Free - 3(2150mil, 6290mil)    Multi - Layer   Actual Hole Size = 125mil
    Violation    Pad Free - 1(5250mil, 3140mil)    Multi - Layer   Actual Hole Size = 125mil
    Violation    Pad Free - 0(2155mil, 3140mil)    Multi - Layer   Actual Hole Size = 125mil
    Violation    Pad P11 - 1(2599. 37mil, 3600mil)    Multi - Layer   Actual Hole Size = 0mil
    Violation    Pad P11 - 2(2355. 276mil, 3600mil)   Multi - Layer   Actual Hole Size = 0mil
    Violation    Pad P11 - 3(2473. 386mil, 3403. 15mil)   Multi - Layer   Actual Hole Size = 0mil
Rule Violations :7
Processing Rule : HeightConstraint (Min = 0mil) (Max = 1000mil) (Prefered = 500mil) (All)
Rule Violations :0
Processing Rule : Broken - Net Constraint ((All))
Rule Violations :0
Processing Rule : Short - CircuitConstraint (Allowed = No) (All), (All)
Rule Violations :0
Violations Detected : 7
Time Elapsed      : 00: 00: 00
```

 特别注释

> 通过修改布局，重新布线，上面生成的\汽车倒车数码雷达. DRC 报表内容，涉及 Violations Detected: 7，这七项内容，关于强制放置的自由安装孔 Pad Free（用 4 个相同的焊盘放置）、电源接口 P11（GND、VCC、P30）等信息，我们是忽略不计的。

> 关于强制放置的自由安装孔 Pad Free（用 4 个相同的焊盘放置）如图 4-6-12 所示。

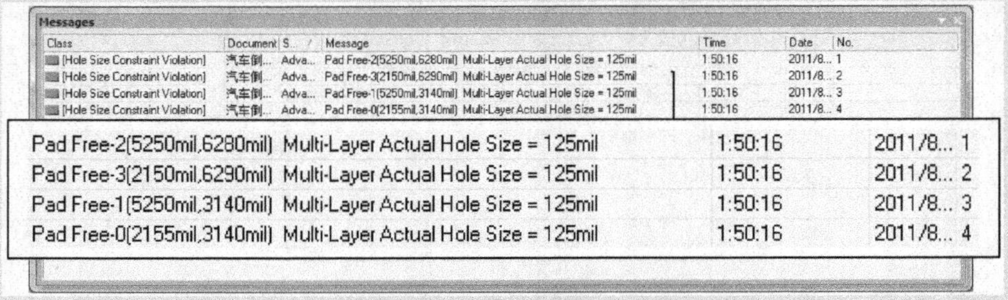

Messages						
Class	Document	S	Message	Time	Date	No.
[Hole Size Constraint Violation]	汽车倒...	Adva...	Pad Free-2(5250mil,6280mil) Multi-Layer Actual Hole Size = 125mil	1:50:16	2011/8...	1
[Hole Size Constraint Violation]	汽车倒...	Adva...	Pad Free-3(2150mil,6290mil) Multi-Layer Actual Hole Size = 125mil	1:50:16	2011/8...	2
[Hole Size Constraint Violation]	汽车倒...	Adva...	Pad Free-1(5250mil,3140mil) Multi-Layer Actual Hole Size = 125mil	1:50:16	2011/8...	3
[Hole Size Constraint Violation]	汽车倒...	Adva...	Pad Free-0(2155mil,3140mil) Multi-Layer Actual Hole Size = 125mil	1:50:16	2011/8...	4

Pad Free-2(5250mil,6280mil) Multi-Layer Actual Hole Size = 125mil　　1:50:16　　2011/8... 1
Pad Free-3(2150mil,6290mil) Multi-Layer Actual Hole Size = 125mil　　1:50:16　　2011/8... 2
Pad Free-1(5250mil,3140mil) Multi-Layer Actual Hole Size = 125mil　　1:50:16　　2011/8... 3
Pad Free-0(2155mil,3140mil) Multi-Layer Actual Hole Size = 125mil　　1:50:16　　2011/8... 4

图 4-6-12　4 个相同的焊盘

项目七　PCB 文档及报表打印输出

 学习目标

（1）掌握单、双层 PCB 文档打印时图层的恰当选择和操作方法，能对要输出的板层设置有清晰的概念，并能在有条件的情况下输出 PCB 图。

（2）熟悉并理解输出的各种报表文件及内容。

问题导读

电路板的报表在哪里？

当一个工程项目设计到 PCB 基本完成后，同原理图一样，它也有相应的报表可以输出，Reports 菜单如图 4-7-1 所示。

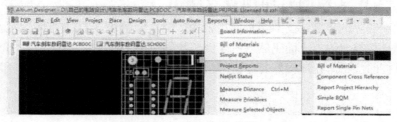

图 4-7-1　Reports 菜单

这个菜单看上去应该很熟悉，在第二单元原理图中有元器件采购明细报表的输出，在 PCB 编辑器中除了 "Bill of Materials"、"Component Cross Reference"、"Project Hierarchy" 之外，还提供了 PCB 特有的报表——Netlist Status（每个网络走线长度）报表。

 知识拓展

PCB 输出要有意义

在 PCB 电路设计过程中，出于存档、交流、与原理图对照、检查校对及交付生产等目的，在工程项目设计完成后，能够输出整个设计工程的 PCB 板图（打印输出）有关信息，但是由于 PCB 的板图文件基于各个层的设计及管理模式，因此，PCB 板图的打印有其自身的特点，这一点和常用的 Office 办公软件的文档输出有着明显的不同。

在 Protel 系统默认方式下，将当前 PCB 文件中所有激活的工作层：

`Top Layer / Bottom Layer / Mechanical 1 / Mechanical 2 / Mechanical 3 / Top Overlay / Keep-Out Layer / Multi-Layer`（这些工作层项目一课外园地介绍过），不管你用不用，也不管在 PCB 编辑区显示与否统统打印。除非简单的单层板，否则，在绝大多数情况下，PCB 板图上印制导线直接交叉混搭，这样的图肯定不符合设计者的打印意图，结果也就毫无意义。

另一方面，一些 PCB 层所包含的信息为 PCB 生产加工所必需，但对于普通的设计者而言，一般不参与制板及生产过程，如将阻焊层、助焊层、多维层及多层板的内部信号层等单独打印出来也几乎毫无意义。

知识链接

重新自动编号与报表输出

在为元器件重新自动编号时，Protel DXP 2004 也会生成自动编号报表，该报表的生成是在元器件的自动编号时完成的。

单击 Tools | Re‑Annotate ，弹出 Positional Re‑Annotate 对话框，如图 4‑7‑2 所示。对话框中有 5 种元器件自动编号的排列方式供选择，单击其中一种，最后单击 OK 按钮即可。

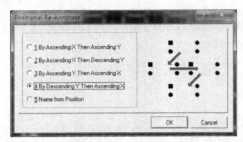

图 4‑7‑2　Positional Re‑Annotate 对话框

任务一　PCB 文档的打印预览及输出

从面向生产实际的角度讲，双层板应用最为广泛。但 PCB 文档的打印预览及输出的操作，不管几层板都是相类似的。下面仍然以汽车倒车数码雷达工程项目文件为例，介绍打印层板时的图层配置及打印步骤。在连接好打印机的情况下，可以进一步将电路板图打印输出。

 做中学

1. 单击执行菜单 File | Page Setup 命令，可弹出 Composite Properties 对话框，对需要打印的 PCB 板图进行页面设置，在对话框中分别设置为：A4 纸，横向，PCB 板图灰度打印。PCB 图纸设置对话框如图 4‑7‑3 所示。

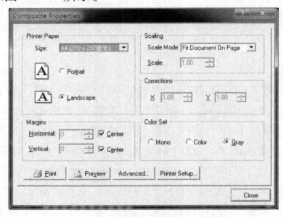

图 4‑7‑3　PCB 图纸设置对话框

 特别注释

> ➤ 在图 4‑7‑3 所示的对话框中其他基本项目的含义详见第二单元原理图图纸设计对话框的特别注释。这里不再重述。

2. 单击 Preview 按钮，效果图如图 4‑7‑4 所示（这是当前默认状态下的输出预览效果图）。也可以在 PCB 编辑窗口，执行菜单 File | Print Preview 命令。可通过单击对话框下面的四个按钮以不同显示方式预览电路原理图。

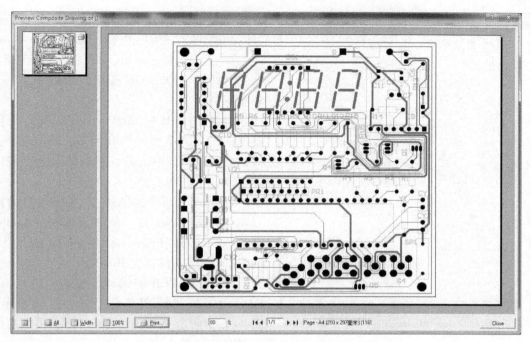

图 4-7-4　整体 PCB 效果

3. 单击 Close，回到 PCB 编辑环境窗口。

4. 再单击菜单 File ｜ Page Setup 命令，单击 Advanced 按钮，将弹出 PCB Printout Properties（打印内容列表）对话框，如图 4-7-5 所示。在该对话框中列出了当前所有能够打印的层，包括 Top Layer（顶层）、Bottom Layer（底层）、Top Overlay（顶层丝印层）、Mechanical1（机械层 1）、Mechanical2（机械层 2）、Keep - Out Layer（禁止布线层）、Multi - Layer（横跨所有的信号板层）。

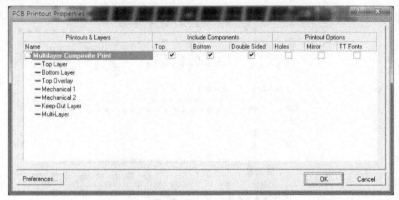

图 4-7-5　设置打印内容列表对话框

5. 在图 4-7-5 所示对话框的列表中选择 Bottom Layer，双击该层将弹出如图 4-7-6 所示的具体层设置对话框，在该对话框的 Free Primitives 栏、Component Primitives 栏和 Others 栏中单击 Hide 按钮，表示打印时不打印这些内容。

6. 单击 OK 按钮，关闭当前对话框。对下列层：Top Overlay（顶层丝印层）、Mechanical1（机械层 1）、Mechanical2（机械层 2）、Keep - Out Layer（禁止布线层）、Multi - Layer（横跨

图 4-7-6　具体层设置对话框

所有的信号板层）重复步骤 5，关闭所有相应层具体设置不需要打印的内容。仅保留 Top Layer。

7. 全部设置完成后，回到如图 4-7-5 所示的对话框，单击 OK 按钮，回到 PCB 编辑环境窗口。

8. 单击 File｜PrintPreview 菜单命令项，显示如图 4-7-7 所示 PCB 的 Top Layer 预览窗口，此时联机，单击窗口下边的 Print... 按钮，即可以打印输出了。

9. 同理，回到如图 4-7-5 所示对话框，双击 Bottom Layer 层，恢复其 Free Primitives 栏、Component Primitives 栏和 Others 栏为 Full。其他层均设置为 Hide。

10. 回到 PCB 编辑环境窗口，再次单击 File｜PrintPreview 菜单命令项，这次显示如图 4-7-8 所示 PCB 的 Bottom Layer 预览窗口，此时联机，单击窗口下边的 Print... 按钮，即可以打印输出了。

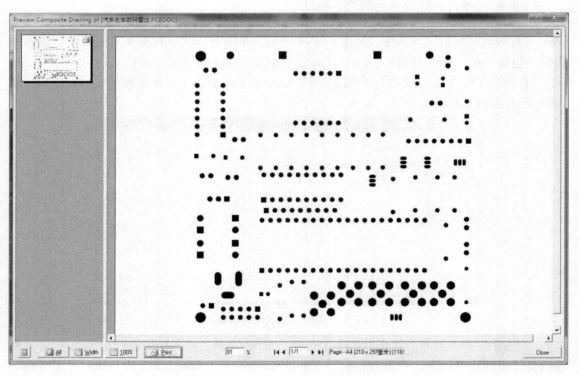

图 4-7-7　设置后 Top Layer 预览窗口

接下来，重复以上的步骤，方法相同，可以分层打印所有的 PCB 的信号层和丝印层等其他层的 PCB 图。

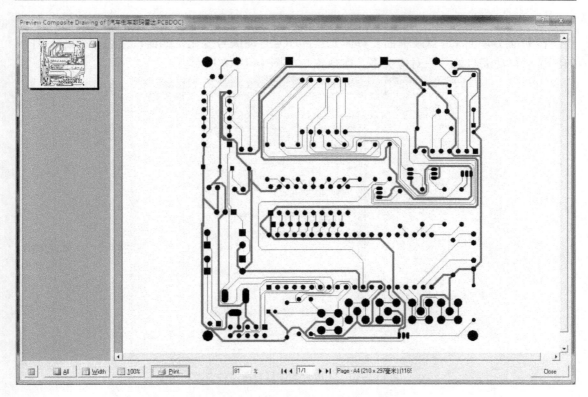

图 4-7-8 设置后 Bottom Layer 预览窗口

任务二 PCB 的报表输出

通过阅读知识链接内容，我们可以重新对 PCB 图中的电子元器件进行自动编号与报表输出。下面结合汽车倒车数码雷达工程项目文件，对 PCB 图的元器件重新自动编号，说明具体操作步骤。

 做中学

1. 打开汽车倒车数码雷达工程项目文件，单击打开汽车倒车数码雷达 . PCBDOC 文件。

2. 单击 Tools | Re - Annotate ，弹出 Positional Re - Annotate 对话框，在对话框中有 5 种元器件自动编号的排列方式供选择，单击其中第二种（整体以左上下右顺序自动编号），如图 4-7-9 所示。最后单击 OK 按钮即可。

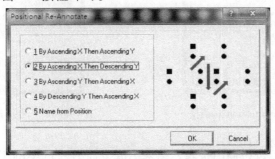

图 4-7-9 Positional Re - Annotate 对话框

3. 同时，系统生成"汽车倒车数码雷达 2011 年 8 月 5 日 22 – 06 – 41. WAS"的自由文件，在 Free Documents 目录下面。具体元器件序号自动编号变化，如窗口左边一列从上到下依次显示自动编号的一一对应关系。生成窗口如图 4-7-10 所示。

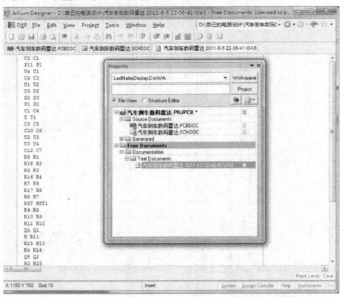

图 4-7-10　生成自动编号自由文件窗口

4. 单击打开汽车倒车数码雷达 . PCBDOC 文件，单击 Reports | Board Information（电路板信息报表）菜单命令项，弹出 PCB Information 对话框，如图 4-7-11 所示。对话框左侧列出了当前电路板的一般性信息，如 Arcs（圆弧的数量）：39 个，Fills（填充的数量）：6 个，Pads（焊盘的数量）：250 个，Tracks（导线的数量）：947 条，Strings（字符串个数）：20 个等。

5. 单击图 4-7-11 PCB Information 对话框中的 Report... 按钮，弹出 Board Report 对话框，为使报表全面，单击 All On 按钮，结果如图 4-7-12 所示。

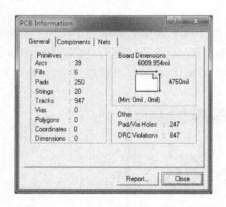

图 4-7-11　PCB Information 对话框

图 4-7-12　设置 Board Report 对话框

6. 最后单击 Report 按钮输出报表，结果生成全面的"汽车倒车数码雷达 . REP"报表文件，如图 4-7-13 所示。

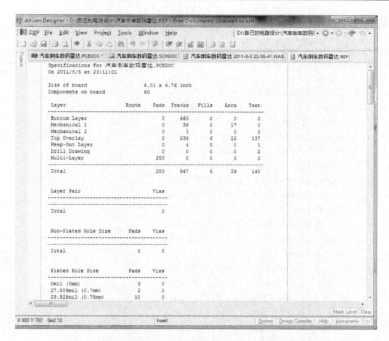

图 4-7-13　生成全面的汽车倒车数码雷达 . REP 报表文件窗口

　　7. 单击打开汽车倒车数码雷达 . PCBDOC 文件，单击 Reports | Netlist Status 菜单命令项，则系统将自动为该报表生成扩展名为 . REP 的报表文件，该文件同样是自由文件，在 Free Documents 目录下面。在报表中，每行信息表示一个相应网络的走线长度，如图 4-7-14 所示。

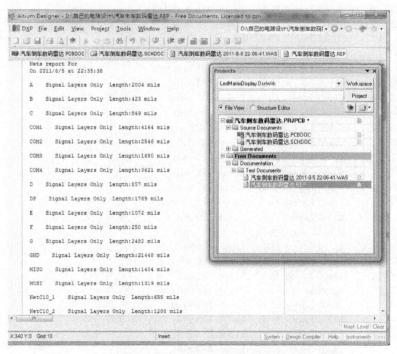

图 4-7-14　自由的汽车倒车数码雷达 . REP 报表文件窗口

汽车倒车数码雷达 . REP 具体内容如下：

```
Nets report For
On2011/8/5 at 22:35:38
A              Signal Layers Only    Lengt:2004 mils
B              Signal Layers Only    Lengt:423 mils
C              Signal Layers Only    Lengt:849 mils
COM1           Signal Layers Only    Lengt:4164 mils
COM2           Signal Layers Only    Lengt:2546 mils
COM3           Signal Layers Only    Lengt:1650 mils
COM4           Signal Layers Only    Lengt:3621 mils
D              Signal Layers Only    Lengt:857 mils
DP             Signal Layers Only    Lengt:1769 mils
E              Signal Layers Only    Lengt:1072 mils
F              Signal Layers Only    Lengt:250 mils
G              Signal Layers Only    Lengt:2482 mils
GND            Signal Layers Only    Lengt:21448 mils
MISO           Signal Layers Only    Lengt:1404 mils
MOSI           Signal Layers Only    Lengt:1319 mils
NetC10_1       Signal Layers Only    Lengt:655 mils
NetC10_2       Signal Layers Only    Lengt:1208 mils
NetC1_1        Signal Layers Only    Lengt:1477 mils
NetC5_1        Signal Layers Only    Lengt:456 mils
NetC5_2        Signal Layers Only    Lengt:325 mils
NetC6_2        Signal Layers Only    Lengt:1776 mils
NetC7_2        Signal Layers Only    Lengt:489 mils
NetC8_1        Signal Layers Only    Lengt:722 mils
NetC9_1        Signal Layers Only    Lengt:181 mils
NetCY1_1       Signal Layers Only    Lengt:269 mils
NetCY1_2       Signal Layers Only    Lengt:901 mils
NetCY2_2       Signal Layers Only    Lengt:718 mils
NetD1_1        Signal Layers Only    Lengt:1318 mils
NetD2_1        Signal Layers Only    Lengt:799 mils
NetQ1_2        Signal Layers Only    Lengt:205 mils
NetQ2_2        Signal Layers Only    Lengt:338 mils
NetQ3_2        Signal Layers Only    Lengt:301 mils
NetQ4_2        Signal Layers Only    Lengt:464 mils
NetQ5_2        Signal Layers Only    Lengt:1308 mils
NetQ5_3        Signal Layers Only    Lengt:845 mils
NetR10_1       Signal Layers Only    Lengt:195 mils
NetR11_1       Signal Layers Only    Lengt:275 mils
NetR12_1       Signal Layers Only    Lengt:355 mils
NetR13_2       Signal Layers Only    Lengt:913 mils
NetR14_2       Signal Layers Only    Lengt:310 mils
NetR5_1        Signal Layers Only    Lengt:275 mils
NetR6_1        Signal Layers Only    Lengt:195 mils
NetR7_1        Signal Layers Only    Lengt:118 mils
NetR8_1        Signal Layers Only    Lengt:85 mils
NetR9_1        Signal Layers Only    Lengt:118 mils
NetU4_2        Signal Layers Only    Lengt:1858 mils
NetU4_9        Signal Layers Only    Lengt:335 mils
P00            Signal Layers Only    Lengt:283 mils
P01            Signal Layers Only    Lengt:283 mils
```

P02	Signal Layers Only	Lengt:283 mils
P03	Signal Layers Only	Lengt:283 mils
P04	Signal Layers Only	Lengt:283 mils
P05	Signal Layers Only	Lengt:283 mils
P06	Signal Layers Only	Lengt:283 mils
P07	Signal Layers Only	Lengt:283 mils
P1.0	Signal Layers Only	Lengt:4074 mils
P1.1	Signal Layers Only	Lengt:0 mils
P1.2	Signal Layers Only	Lengt:0 mils
P1.3	Signal Layers Only	Lengt:0 mils
P1.4	Signal Layers Only	Lengt:0 mils
P2.0	Signal Layers Only	Lengt:400 mils
P2.1	Signal Layers Only	Lengt:300 mils
P2.2	Signal Layers Only	Lengt:157 mils
P2.3	Signal Layers Only	Lengt:129 mils
P2.4	Signal Layers Only	Lengt:0 mils
P2.5	Signal Layers Only	Lengt:0 mils
P2.6	Signal Layers Only	Lengt:0 mils
P2.7	Signal Layers Only	Lengt:0 mils
P30	Signal Layers Only	Lengt:2880 mils
P31	Signal Layers Only	Lengt:801 mils
P32	Signal Layers Only	Lengt:6468 mils
P33	Signal Layers Only	Lengt:0 mils
P34	Signal Layers Only	Lengt:847 mils
P35	Signal Layers Only	Lengt:809 mils
P36	Signal Layers Only	Lengt:843 mils
P37	Signal Layers Only	Lengt:1570 mils
RST	Signal Layers Only	Lengt:1942 mils
SCK	Signal Layers Only	Lengt:1167 mils
VCC	Signal Layers Only	Length:23395 mils

 特别注释

> 第6和第7步都生成汽车倒车数码雷达.REP 报表文件，以最后一次生成的.REP 文件及内容有效（保留最后生成内容）。

> 其他报表，请读者参考原理图各种报表输出的操作方法，此处不再重述。

本单元技能重点考核内容小结

1. 能用两种不同的方法准确规划电路板和相关工作参数定义。
2. 熟悉电路板基本工作环境的设置。
3. 能对电路元器件封装进行常规操作及属性编辑。
4. 能利用网络表更新 PCB，掌握创建新的元器件封装库及元器件库的载入操作方法。
5. 能绘制转角导线，会放置焊盘、过孔、初始原点、字符，能进行补泪滴。
6. 会进行 PCB 的 DRC 设计校验，会修改 PCB。
7. 掌握元器件的自动布局与手工编辑调整。
8. 熟悉布线规则设置的方法，掌握自动布线的操作方法。
9. 能进行 PCB 电路板图及各种报表的输出。

本单元习题与实训

一、填空题

1. 在 Measurement Unit 选项卡下可以设置 Unit 下测量单位_____或_____设置。

2. _____可以设置电气格点范围，使系统在给定范围内自动搜索电气节点。

3. PCB 上的线路被称做_____或_____，并用来提供 PCB 上零件的电路连接。

4. 通常在 PCB 上面会印上文字与符号（大多是白色的），以标示出各零件在板子上的位置，该层称为_____。

5. 可以采用_____、_____和_____的方法来设计 PCB 图。

6. 在 PCB 中过孔有_____、_____和_____三种形式。

7. _____只是一种形式上的连线，它只是形式上表示出各个焊点间的连接关系，没有电气的连接意义。_____则是根据飞线指示的焊点间连接关系布置的，具有电气连接意义的连接线路。

8. _____包含了元器件的外形轮廓及尺寸大小、引脚数量和布局（相对位置信息）以及引脚尺寸（长短、粗细或形状）等基本信息。

9. 把元器件封装放置在 PCB 上的过程称为_____。

10. PCB 布线分类：_____、_____、_____。

二、选择题

1. 在 PCB 图纸设置中，_____选项决定是否显示图纸。
    A. Electrical Grid   B. Component Grid   C. Visible Grid   D. Display Sheet

2. 在 PCB 中元器件的封装是放在_____。
    A. 机械层   B. 丝印层   C. 信号层   D. 禁止布线层

3. 焊盘（Pad）不可以设置为_____形状。
    A. 方形   B. 圆形   C. 六角形   D. 八角形

4. PCB 板图在打印时颜色设置不支持的选项是_____。
    A. 自定义   B. 灰度   C. 单色   D. 彩色

5. PCB 页面设置面板中可以设置的项目有_____。
    A. 纸张大小及打印方向   B. 比例模式及比例系数
    C. 颜色   D. 矫正系数

6. 用于定义电路板的电气边界工作层是_____。
    A. 机械层   B. 丝印层   C. 禁止布线层   D. 信号层

三、判断题

1. 主要用于放置元件和布线的是机械层（Mechanical Layer）。（　　　）

2. 用于制造和安装标注和说明的是丝印层（Silkscreen Layer）。（　　　）

3. 电源线和地线的宽度要合适，专用地线、电源线宽度应大于 1mm。（　　　）

4. 尽可能地缩短高频器件之间的连线，设法减少它们之间的分布参数和相互间的信号干扰。（　　　）

5. 完全可以进行自制库元器件封装报表以 .html 扩展名文件输出，以方便浏览。（　　　）

6. 不同的元器件可以有相同的封装形式。（　　　）

7. 电子元器件（俗称零件）焊盘是指实际电子元器件焊接到电路板时引脚的外观和焊盘焊点的位置。（　　）

8. Short – CircuitConstraint 这一项内容显示此时电路导线设计太短，设计规则校验出来有 Track（导线）存在这类设计问题。（　　）

四、简答题

1. PCB 印制电路板设计的一般步骤是什么？

2. PCB 结构及基本元素有哪些？

3. Files 面板中利用向导快速生成规范的 PCB 面板主要分哪几步？

4. PCB 布局的一般顺序和规则有哪些？

5. 一般的 PCB 设计都要求对哪几个方面进行 DRC 设计校验？

6. Protel DXP 2004 最为实用的打印功能体现在什么地方？

7. PCB 设计可以输出哪些报表？

五、实训操作

实训一　OTL 分立元件功率放大器 PCB 设计

1. 实训任务

（1）PCB 板尺寸规格：60.6mm×50.5mm（X×Y），边框距离 1.3mm。

（2）要求双层布线，导线线宽 0.5mm。四个角安装孔（也可根据实际安装框架设计），Radius（半径）1.5mm，Width（线宽）0.5mm。

（3）进一步熟悉元器件封装及参数的设置。

（4）电子元器件布局参照原理图。

2. 任务目标

（1）理解并掌握电路板导线属性的设置。

（2）掌握 OTL 分立元件功率放大器由原理图到 PCB 设计的全过程。

（3）培养学生独立发现问题、分析问题、解决问题的能力。

3. 原理图准备（参考第二单元习题与实训）

4. 实训操作

最终按要求设计的 OTL 分立元件功率放大器 PCB 参考效果图如图 4-1 所示，PCB 实物图如图 4-2 所示。

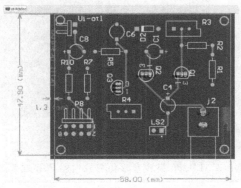

图 4-1　OTL 分立元件功率放大器 PCB 效果图

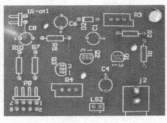

（a）PCB　　　　　　　　　（b）安装实物图

图 4-2　OTL 分立元件功率放大器 PCB 及安装实物图

实训二　绘制 LM386 集成音频功率放大器 PCB 图

1．实训任务

（1）学生自行设计填写：PCB 尺寸规格_____，边框距离_____。双层布线，导线线宽_____。

（2）设计 Via（过孔）（也可根据实际安装位置而定），设置 Hole Size 的值为 2mm（注意等于 X、Y 值）。

（3）进一步熟悉集成元器件封装库添加与搜索操作。

（4）电子元器件布局参照原理图。

2．任务目标

（1）进一步理解并掌握电路板导线、过孔、焊盘属性的设置。

（2）掌握 LM386 集成音频功率放大器由原理图到 PCB 设计的全过程。

（3）培养学生独立对比思考问题，实际处理问题的能力。

3．原理图准备（参考第二单元习题与实训）

4．实训操作

最终按要求设计的 LM386 集成音频功率放大器 PCB 参考效果图如图 4-3 所示，PCB 实物图如图 4-4 所示。

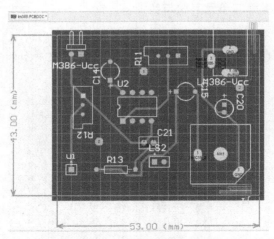

图 4-3　LM386 集成音频功率放大器 PCB 效果图

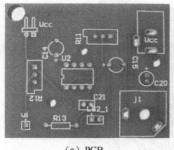

（a）PCB　　　　　　　　　　　（b）安装实物图

图 4-4　LM386 集成音频功率放大器 PCB 及安装实物图

实训三　绘制各种 PCB 布局图

（一）任务与要求

1. 新建一个 PCB 文件

通过元器件库快速添加元器件，如图 4-5 所示。

2. 调整元器件位置

按如图 4-6 所示布局图放置元器件。

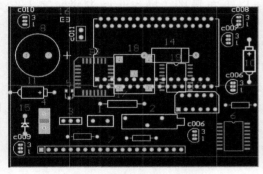
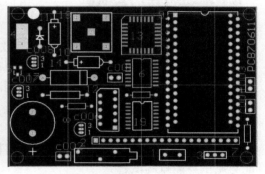

图 4-5　元器件散件布局　　　　　　　　图 4-6　元器件布局后

3. 编辑元器件

（1）对比图 4-6，删除图 4-5 中多余的元器件。

（2）对比图 4-5，添加元器件到图 4-6 中。

（3）按照图 4-6，编辑所示元器件序号，所有元器件序号高度为 95mil，宽度为 5mil。（建议用集群编辑的方法，参考集群编辑过程见图 4-7）

（4）编辑 C1 中 2 号焊盘为八角形，如图 4-8 所示。焊盘各层插入字符串"PCB70611"，字体为默认，高度为 95mil，宽度为 10mil。

4. 放置安装孔

按照如图 4-6 所示，在机构层 1 放置安装孔（Arc），半径为 83mil，线宽为 2mil。

操作提示：（a）通过 Place 菜单下的 Arc 和 Full Circle（整圆法）放置圆弧。（b）Arc 放置又可分为中心法 Center，边缘法 Edge，任意角度边缘法 Any Angle。

5. 保存上述操作结果，文件名为 X7-0611. PCBDOC。

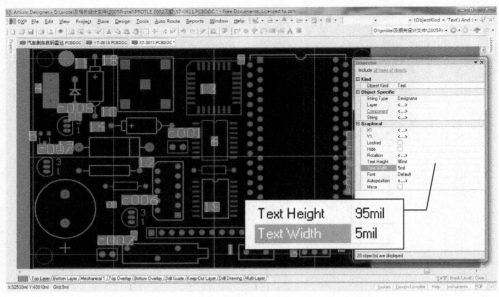

图 4-7　集群编辑过程

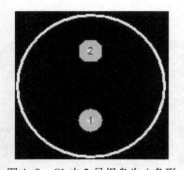

图 4-8　C1 中 2 号焊盘为八角形

（本件为 2011 年全国职业院校"亚龙杯"电子产品装配与调试技能竞赛试题）

（二）附加题

模拟完成以下布局图，操作步骤参考任务与要求 1 ~ 5。

1. 数字网线测试仪，如图 4-9 所示。

（本件为 2011 年全国职业院校"亚龙杯"电子产品装配与调试技能竞赛试题）

2. 定额感应计数器 + 步进电动机控制，如图 4-10 所示。

（本件为 2010 年全国职业院校"亚龙杯"电子产品

图 4-9　数字网线测试仪布局实物图

图 4-10 定额感应计数器 + 步进电动机控制布局实物图

3. 汽车测速测距及倒车提示，如图 4-11 所示。

（本件为 2009 年全国职业院校"亚龙杯"电子产品装配与调试技能竞赛试题）

图 4-11 汽车测速测距及倒车提示布局实物图

4. 迎宾记录器，如图 4-12 所示。

（本件为 2009 年"天华杯"全国电子专业人才设计与技能大赛专用试题）

图 4-12　迎宾记录器布局实物图

实训四　自制 PCB 元件封装库

任务与要求

将某集成电路芯片封装为双列直插（DIP - 12），封装的引脚间距、焊盘大小、双列间距、芯片长度等精确尺寸如图 4-13 所示。

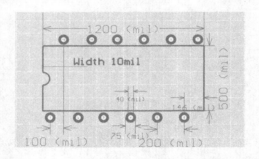

图 4-13　整个 DIP - 12 芯片各项参数的精确尺寸

实训五　PCB 布线规则设置

任务与要求

1. 设置元器件安全间距为 12mil，检查模式为快速检查。

操作提示：

（1）在元器件布局设计规则设置对话框左侧列表中，单击 Placement | Component Clearance | ComponentClearance （元器件安全间距），该对话框变成如图 4-14 所示。

（2）在 Gap 栏中输入 12mil，然后单击 Check Mode （检查模式）栏选择 "Quick Check" （快速检查）模式，设置完毕后单击 Apply 按钮即可使设置生效。

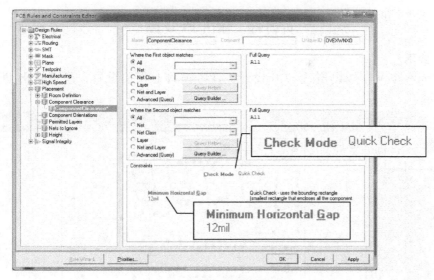

图 4-14　设置元器件安全间距

2. 设置电源网络与接地网络之间的安全间距约束为 30mil，其余保持步骤 1 不变。

操作提示：

（1）右键单击 Component Clearance 栏，在弹出的快捷菜单中选择 New Rule 菜单命令项，添加一个新的元器件安全间距规则，如图 4-15 所示。

（2）在新添加安全规则的右侧窗口中，设置如图 4-16 所示。注意：Net 分别选择 VCC、GND。

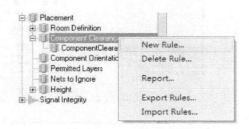

图 4-15　新添加一个安全规则快捷菜单

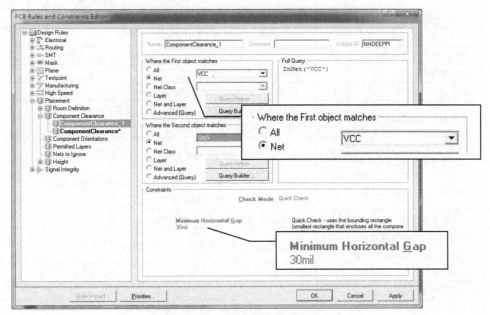

图 4-16　新添加的安全间距规则窗口

实训六　输出 PCB 图

任务与要求

　　按本单元汽车倒车数码雷达 PCB 设计，参考项目七相关设置，预览输出 PCB 图，如图 4–17 所示。

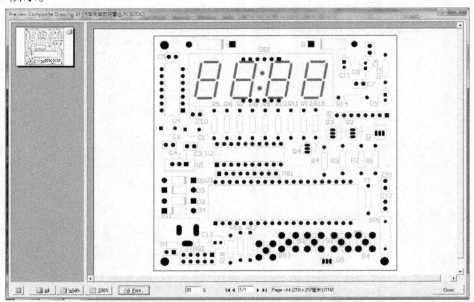

图 4–17　预览输出 PCB 图

实训综合评价表

班级		姓名		PC 号		学生自评成绩	
操作	考核内容		配分	重点评分内容			扣分
1.	手工规划电路板		15	根据印制板结构尺寸画出边框			
2.	PCB 规则参数设置		5	进行线宽、线距、层定义、过孔、全局参数的设置等			
3.	设置电路板工作层面		5	层面的管理、类型、设置			
4.	创建新的元器件封装		15	使用向导创建元件封装，会设置规定元器件的具体参数			
5.	PCB 绘图工具的使用		15	绘制导线、圆弧或圆；放置焊盘、过孔、字符串，设置补泪滴、初始原点			
6.	元器件的自动布局与手工编辑调整		20	参照原理图，结合机构进行布局，检查布局			
7.	自动布线与手工调整布线		15	参照原理图进行预布线，检查布线是否符合电路模块要求，修改布线，并符合相应要求			
8.	PCB 的检查		5	能处理一般性的错误，及时更新			
9.	生成元器件的各种报表电路板的打印输出		5	会用 Excel 电子表格输出 PCB 电路板及封装库报表			
反馈	设计完成较好的是什么？						
	操作存在的问题在哪里？						
教师综合评定成绩				教师签字			

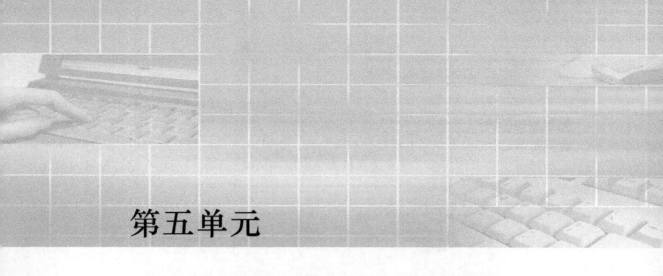

第五单元

工程项目 PCB 高级设计

◎ **本单元综合教学目标**

   了解印制电路板 PCB 层次概念，熟悉层次设计参数及规则，熟悉印制电路板 PCB 层次编辑环境，掌握 PCB 工作层参数设计和系统管理。进一步掌握 PCB 手工布局、手工布线的操作方法，理解 PCB 上各元器件间正确交互布线的意义。掌握电路板覆铜设计的目的和作用，能进行电路板覆铜的设置和设计操作。了解 PCB 菲林纸的打印和 PCB 制板后期处理的一般操作步骤。

◎ **岗位技能综合职业素质要求**

   1. 进一步掌握印刷线路板板层设置。
   2. 熟练进行 PCB 手工布局操作。
   3. 掌握 PCB 手工布线的一般操作方法。
   4. 会进行 PCB 覆铜操作。
   5. 可以进行 PCB 菲林纸的打印环境设计（具备条件的）。
   6. 可以进行 PCB 的制作及后期处理（具备条件的）。

项目一　电路板层的设计管理

 学习目标

   （1）进一步熟悉 PCB 工作层的定义及参数设置，掌握 PCB 编辑器工作环境参数的具体设置。
   （2）掌握 PCB 尺寸设计。

问题导读

能温故知新吗?

在第四单元中已经介绍了电路板的基础知识，如 PCB 有单面板、双面板，如图 5-1-1 (a) (b) 所示，以及多层板，所有这些板都是由层面构成的，这些层面介绍详见第四单元项目一。

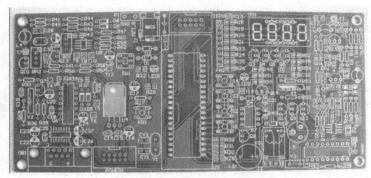

(a) 汽车多功能报警器主板 PCB Top Layer（正面图）

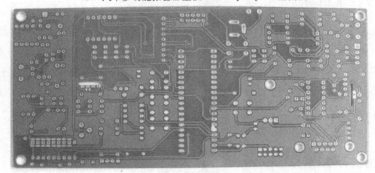

(b) 汽车多功能报警器主板 PCB Bottom Layer（反面图）

图 5-1-1 汽车多功能报警器主板

如何管理电路板层面？如何合理地设置板层？如何设计更复杂的电路板？这些都将是深入学习 Protel 需要面对的问题。

PCB 的工作层面在 Layer Stack Manager（图层堆栈管理器）中设置，有 3 种方法启动：

执行菜单命令：Design | Layer Stack Manager

右键单击菜单中选择：Options | Layer Stack Manager

使用快捷键（以下均采用快捷键操作）：按快捷键 D | K 进入图层堆栈管理器对话框。

 知识拓展

PCB 的尺寸与层

PCB 大小要适中，PCB 板子过大，则印制导线长，阻抗增加，不仅抗噪声能力下降，成本也高；PCB 板子过小，则散热不好，同时易受临近线条干扰。

在元器件布局方面，应把相互有关的局部电路元器件尽量放得靠近些，这样可以获得较好的抗噪声效果。例如时钟发生器、晶振和 CPU 的时钟输入端都易产生噪声，要相互靠近些。易产生噪声的电子元器件、小电流电路、大电流电路等应尽量远离数字逻辑电路。

PCB 中"层（Layer）"的概念，与 Office、Photoshop 等软件中为实现图、文、色彩等的嵌套与合成而应用的"层"的概念有着根本的不同，PCB 涉及的各种"层"不是虚拟的，而是在印制板材料本身实实在在存在的各负其责的各个铜箔层。

现在，手机、平板电脑、液晶产品等高科技数码产品中，由于电子线路的元器件高密集安装，设计防干扰和布线等特殊要求，PCB 不仅有上下两面供布线，在 PCB 的中间还设有能被特殊加工的夹层铜箔，例如，PC 主板所用的印板材料多在 4 层以上。上下位置的表面层与中间各层需要连通的地方用"过孔（Via）"来沟通解决。要说明的是，一旦选定了所用 PCB 的层数，务必关闭那些未被使用的层，免得走弯路。

知识链接

再续——层！

（1）丝印层（Overlay）

为方便电子元器件的安装和电路的维修，在 PCB 上下两表面印刷上所需要的标志图案和文字代号等，还记得"radar track"吗！一般是用在元器件标号和标称值、元器件外廓形状和生产制作厂家标志、生产日期，等等。不少初学者设计丝印层的有关标注内容时，只注意其放置得整齐美观，忽略了实际安装后的 PCB 效果。字符不是被元器件挡住就是侵入了助焊区域被抹除，还有的把元器件标号打在相邻元器件上，如此种种的设计都将会给装配和维修带来很大不便。正确的丝印层标注设计布置的原则是"见缝插针，不出歧义，美观大方"。

（2）SMD 的使用

即便是在 Protel 基本库中也有大量 SMD 封装，即表面焊接电子元器件（贴片元件），这类器件除体积小巧、使用方便灵活之外的最大特点是单面分布元器件引脚孔。因此，选用这类器件要定义好器件所在的面，以免"丢失引脚（Missing　Pins）"。另外，这类元器件的有关文字标注也只能随元器件所在面放置。

（3）各类膜（Mask）

这些膜不仅是 PCB 制作工艺过程中必不可少的，而且更是元器件焊装的必要条件。按"膜"所处的位置及其作用，"膜"可分为元件面（或焊接面）助焊膜（Top or Bottom Solder Mask）和元件面（或焊接面）阻焊膜（Top or Bottom Paste Mask）两类。顾名思义，助焊膜是涂于焊盘上，提高可焊性能的一层膜，也就是在绿色板子上比焊盘略大的各浅色圆斑。阻焊膜的情况正好相反，为了使制成的板子适应波峰焊等焊接形式，要求板子上非焊盘处的铜箔不能粘锡，因此在焊盘以外的各部位都要涂覆一层涂料，用于阻止这些部位上锡。可见，这两种膜是一种互补关系。

（4）内层和中间层

中间层和内层是两个容易混淆的概念。中间层是指用于布线的中间板层，该层中布的是导线；内层是指电源层或地线层，该层一般情况下不布线，它是由整片铜膜构成。内层分割出来的可以用来连接一些重要的线路，即可以提高抗干扰能力，也可以对重要的电路起保护作用。

任务一　PCB 工作层与管理

在前面几个单元项目任务设计中，重点介绍了单面板整体设计。本项目的任务重点涉及双面板及多层板的规划和相关设置。

 做中学

以"交通彩灯电路"为例，说明工作层及管理。

1. 首先，新建一个"交通彩灯电路"的工程项目文件，再新建一个 PCB 文件，命名为"交通彩灯电路 . PCBDOC"。

2. 单击菜单命令 Design | Layer Stack Manager，即可进入如图 5-1-2 所示的 Layer Stack Manager 对话框。

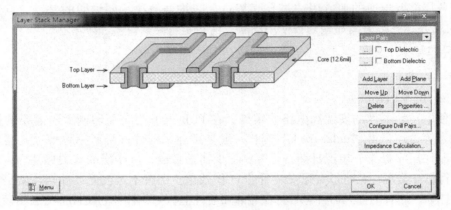

图 5-1-2　Layer Stack Manager 对话框

 特别注释

> 图 5-1-2 中给出两个工作层，即 Top Layer（顶层工作层）和 Bottom Layer（底层工作层），作为一个简单的设计，使用单面板或双面板就可以了。

> 对于复杂的设计，使用图中右侧的指令按钮来 Add Layer（添加中间信号层）或 Delete（减少工作层）或 Add Plane（添加电源层）和 Move UP（向上移动层）、Move Down（向下移动层）等。

> 选中 Top Dielectric 选框可以在顶层添加绝缘层；选中 Bottom Dielectric 选框可以在底层添加绝缘层。

> 新的层面的增加或减少在当前所选层面的下面。

3. 完成设置后，单击 OK 按钮关闭对话框。这就是系统默认的双层 PCB 电路板。

4. 如果设置电路板为四层，在图 5-1-2 所示的 Layer Stack Manager 对话框中，单击左下角的 Menu（菜单）按钮，即可弹出如图 5-1-3 所示的菜单。

5. 将鼠标移到 Example Layer Stacks ▶ （系统提供一些实例电路样板供用户选择）选项上即可展开下一级子菜单，如图 5-1-4 所示。此时单击 Four Layer (2 x Signal, 2 x Plane) 选项，即可执行建立 4 层电路板的命令，此时，Layer Stack Manager 对话框中 PCB 示意图就变成如图 5-1-5 所示的模式。

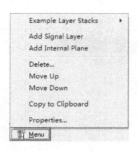

图 5-1-3 Menu 菜单   图 5-1-4 PCB 类型

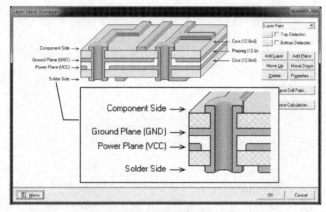

图 5-1-5 设置为 4 层电路板工作模式

特别注释

➤ 先单击选择左侧中任意一个工作层，如 Power Plane（VCC），再单击窗口右侧的 Properties 按钮，在弹出的对话框中可以设置铜箔厚度等参数，当前系统默认为 1.4mil，如图 5-1-6 所示。

图 5-1-6 编辑当前层对话框

➤ 钻孔层的管理。单击图 5-1-5 对话框中右侧 Configure Drill Pairs 按钮，弹出如图 5-1-7 所示 Drill-Pair Manager（钻孔层的管理）对话框，其中列出了已定义的钻孔层的起始层和终止层。分别单击 Add、Delete 按钮，可完成添加、删除任务。

图 5-1-7　Drill – Pair Manager（钻孔层的管理）对话框

课外园地

学习 Board Layers and Colors 对话框

单击 Design | Board Layers & Colors 菜单命令项，弹出 Board Layers and Colors（板层和颜色）设置对话框，如图 5-1-8 所示。其各项含义如下：

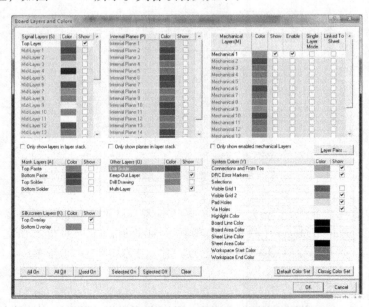

图 5-1-8　Board Layers and Colors 设置对话框

（1）Signal Layers（信号层）

Protel DXP 2004 提供有 32 个信号层，包括（顶层）、（底层）、（中间层 1）～（中间层 30）。信号层的顶层和底层主要用来放置元件和走线，中间层用来走线。信号层都是正片性质，即在这些工作层面上放置的线路或其他图元都是覆铜的区域。

（2）Internal Planes（内部电源/接地层，也叫内电层）

Protel DXP 2004 提供有 16 个内电层，是专门用来布置电源线和地线的。放置在这些层面上的线路或其他图元都被认为是无铜区域，即这些工作层是负片性质的。每个内电层都可以赋予一个网络名称，PCB 编辑器会自动将这个层面和其他具有相同网络名称的焊盘以飞线形式连接起来，提醒设计者不要忘记对它们做电气连接。内电层也允许分割，也就是说一个内电层允许有多个电源或接地。

（3）Silkscreen Layers（丝印层）

丝印层也分顶层丝印（Top Overlay）和底层丝印（Bottom Overlay）。丝印层主要用于绘制元器件的外形轮廓、放置元器件标号或其他文本信息。在 PCB 板上，放置元器件封装时，该元器件的编号和轮廓线等都会自动放置到丝印层上。

（4）Mechanical Layers（机械层）

Protel 提供有 16 个机械层。机械层一般用于放置有关制板和装配方面的指示性信息，如电路板的物理尺寸线、尺寸标记、数据资料、装配说明等。

（5）Solder Mask（阻焊层）

在 Protel DXP 2004 的 PCB 中，分 Top Solder（顶部阻焊层）和 Bottom Solder（底部阻焊层），是 PCB 设计软件对应电路板文件中的焊盘和过孔数据自动生成的板层，主要用于铺置阻焊漆。本板层采用负片输出，即在板层上显示的焊盘和过孔部分代表电路板上不铺阻焊漆的区域，也就是可以焊接的部分。

（6）Paste Mask（锡膏防护层）

锡膏防护层也有 Top Paste（顶层）和 Bottom Paste（底层）之分，采用负片输出形式。它主要是针对表贴元件的自动焊接用。表贴元件除焊盘外，其他部位都要涂防锡膏，保证它被机械手放置在电路板上后不会移位。设计规则中该项默认值为零。

（7）Keep-Out Layer（禁止布线层）

禁止布线用来定义元件放置的区域和允许走线的范围。通常，在禁步层上放置线段（Track）或弧（Arc）构成一个封闭区域来限制元件放置和布线范围。

（8）Multi-Layer（复合层）

这是一个抽象的层，主要放置焊盘和过孔等，在这个层上放置的焊盘和过孔线路会自动放置到所有的信号层上。

（9）Drill Guide（导空层）

这一层主要为手工钻孔使用的钻孔说明，现在使用数控钻床加工，这一层就成了摆设。

（10）Drill Drawing（孔位图层）——这一层是为数控钻床预备的钻空信息

（11）Connections（连接板层）

主要用来显示飞线。飞线是指示电路板上电路连接关系的一种指示性的无电气特性的直线，通过飞线的引导，使设计者能准确、快速地完成电路连接。

（12）DRC Error Markers（电气错误信息提示层）——显示 DRC 检查后的错误信息和出

错标记等

（13）Pad Holes（焊盘孔层）——显示焊盘孔颜色

（14）Via Holes（过孔层）——显示过孔颜色

（15）Visible Grid1（第一可视栅格层）——显示第一组格点颜色

（16）Visible Grid2（第二可视栅格层）——显示第二组格点颜色

（17）Board Line Color（板线颜色）——显示在 PCB 编辑环境下的线条颜色

（18）Board Area Color（板面颜色）——显示在 PCB 编辑区的颜色

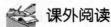 **课外阅读**

散热的布局设计

从有利于电子元器件散热的角度出发，印制板最好是直立安装，板与板之间的距离一般不小于2cm，而且元器件在印制板上的排列方式应遵循一定的规则：

❖ 对于采用自由对流空气冷却的设备，最好是将集成电路（或其他器件）按纵长方式排列；对于采用强制空气冷却的设备，最好是将集成电路（或其他器件）按横长方式排列。

❖ 同一块印制板上的器件应尽可能按其发热量大小及散热程度分区排列，发热量小或耐热性差的器件（如小信号晶体管、小规模集成电路、电解电容等）放在冷却气流的最上游（入口处），发热量大或耐热性好的器件（如功率晶体管、大规模集成电路等）放在冷却气流最下游。

❖ 在水平方向上，大功率元器件尽量靠近印制板边沿布置，以便缩短传热路径；在垂直方向上，大功率器件尽量靠近印制板上方布置，以便减少这些器件工作时对其他器件温度的影响。

❖ 对温度比较敏感的元器件最好安置在温度最低的区域（如设备的底部），千万不要将它放在发热器件的正上方，多个器件最好是在水平面上交错布局。

❖ 设备内印制板的散热主要依靠空气流动，所以在设计时要研究空气流动路径，合理配置元器件或印制电路板。空气流动时总是趋向于阻力小的地方流动，所以在印制电路板上配置器件时，要避免在某个区域留有较大的空域。整机中多块印制电路板的配置也应注意同样的问题。

大量实践经验表明，采用合理的元器件排列方式，可以有效地降低印制电路的温升，从而使器件及设备的故障率明显下降，电路板使用年限会明显增加。

以上所述只是 PCB 可靠性设计中散热的一些通用原则，PCB 可靠性与具体电路还有着密切的关系，在设计中还需根据具体电路进行相应处理，才能最大程度地保证 PCB 的高可靠性和运行的稳定性。

项目二　交通彩灯电路板的交互布局

学习目标

（1）学会对指定电子元器件的交互布局的操作方法，使 PCB 的布局更合理更完美。

（2）掌握交互布局的关键操作步骤。

 问题导读

实物布局考虑了吗？

Protel 虽然具有自动布局的功能，但并不能完全满足一些电路的工作需要，如高频电路、混合电路、特殊要求电路等，往往要凭借设计者的经验，根据具体情况，先采用手工布局的方法优化调整部分元器件的位置，再结合自动布局完成 PCB 的整体设计。布局的合理与否直接影响到产品的寿命、稳定性、EMC（电磁兼容）等，必须从电路板的整体布局、布线的可通性和 PCB 的可制造性、机械结构、散热、EMI（电磁干扰）、可靠性、信号的完整性等方面综合考虑。几个实物布局如图 5-2-1（a）、（b）、（c）所示。

一般，先放置与机械尺寸有关的固定位置的元器件，再放置特殊的和较大的元器件，最后放置小元器件。同时，要兼顾布线方面的要求，高频元器件的放置要尽量紧凑，信号线的布线才能尽可能短，从而降低信号线的交叉干扰等。

（a）汽车多功能报警器实物图（运行中）

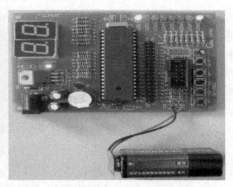

（b）AT89S52 单片机小开发板布局实物图（LED 运行中）

（c）两路 LED 交通彩灯布局实物图

图 5-2-1 实物布局

 知识拓展

布局应遵循的原则（续）

首先，要确定 PCB 尺寸，适中最好。其次，确定特殊元器件的位置。最后，根据电路的功能单元，对电路的全部元器件进行布局。

通常，布局还应考虑以下原则：

（1）尽可能缩短高频元器件之间的连线，设法减少它们的分布参数和相互间的电磁干扰。

（2）某些元器件或导线之间可能有较高的电位差，应加大它们之间的距离，以免放电引出意外短路。带强电的元器件应尽量布置在调试时手不易触及的地方。

（3）重量超过 15g 的元器件，应当用支架加以固定，然后焊接。热敏元件应远离发热元器件。

（4）对于电位器、可调电感线圈、可变电容器、微动开关等可调元器件的布局应考虑整机的结构要求。若是机内调节，应放在印制电路板上方便于调节的地方；若是机外调节，其位置要与调节旋钮在机箱面板上的位置相适应。

（5）尽可能留出印制电路板的定位孔和固定支架所占用的位置。

（6）尽可能按照电路的流程来安排各个功能电路单元的位置，使布局便于信号流通，并使信号尽可能保持一致的方向。

（7）尽可能以每个功能电路的核心元器件为中心，围绕它来进行布局。

（8）位于电路板边缘的元器件，离电路板边缘一般不小于 2mm。电路板的最佳形状为矩形，长宽比为 3∶2 或 4∶3。电路板面尺寸大于 200mm × 150mm 时，应考虑电路板所受的机械强度。

📖 知识链接

混合信号 PCB 设计

混合信号 PCB 设计是一个复杂的过程，设计时要注意以下几点：

（1）将 PCB 尽最大限度分区为独立的模拟电路部分和数字电路部分。

（2）合理的单元功能电路及元器件布局，实现模拟和数字电源分割布局。

（3）注意 A/D 转换器跨分区放置。

（4）不要对地进行分割。在 PCB 的模拟电路部分和数字电路部分下面敷设统一地。

（5）在电路板的所有层中，数字信号只能在电路板的数字部分布线。

（6）在电路板的所有层中，模拟信号只能在电路板的模拟部分布线。

（7）布线不能跨越分割电源面之间的间隙。

（8）采用正确的布线规则。

任务一 交互布局操作

 做中学

1. 打开项目一中新建的"交通彩灯电路"工程项目文件，在其下新建一个原理图文件，绘制第三单元习题与实训中的交通信号灯电路原理图，并命名为"交通彩灯电路 .SchDoc"，并最终完成原理图的检查与修改。

2. 在"交通彩灯电路"工程项目下，再新建一个 PCB 文件，命名为"交通彩灯电路 .PCBDOC"。

3. 单击 PCB 编辑窗口下方的 Mechanical 1 工作层选项标签，根据坐标绘制一个 3650mil × 2150mil 大小的矩形框作为电路板的物理边界，然后切换到禁止布线层，在物理边界中绘制一个 3550mil×2050mil 大小的矩形框作为电路板的电气边界，结果如图 5-2-2 所示。

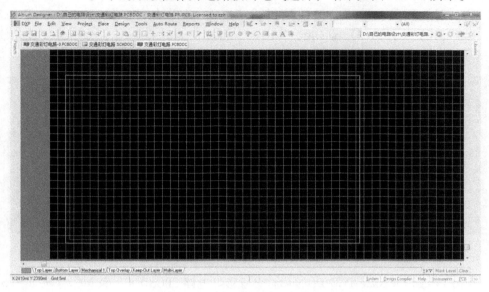

图 5-2-2　电路板规划图

 特别注释

➤ 参考上一单元，汽车倒车数码雷达电路板的规划具体操作。

➤也可以在定义完禁止布线层之后，单击 Design | Board Shape | Redefine Board Shape，此时光标变成十字形状，工作窗口变成绿色，系统进入定义 PCB 外形的命令状态。依据步骤3 具体数值，绘制一个矩形即重新定义的电路板边界。结果如图 5-2-3 所示。

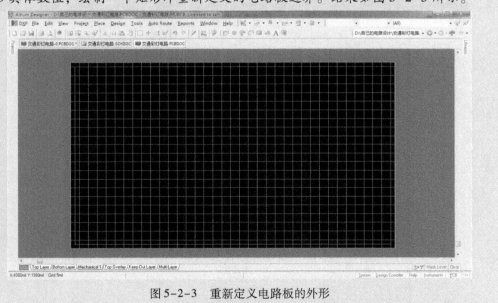

图 5-2-3　重新定义电路板的外形

4. 选择 Place | Full Circle（整圆法）菜单命令，进行放置圆弧即安装孔状态，此时，先移动鼠标指针，指向（圆弧中心）坐标位置为 X/Y 均等于 140mil 位置处，再拖动鼠标指针水平向右移动到 200mil 坐标处单击确定半径位置，即设置安装孔（Arc）半径为 60mil。

结果如图 5-2-4 所示。

5. 选中刚放置的安装孔，按快捷键 Ctrl + C，并单击目标位置（参照 X/Y 坐标：(2510，140)、(2510，2010)、(140，2010)），再按快捷键 Ctrl + V，分别将安装孔放置到另外三个角处。放置结果如图 5-2-5 所示。

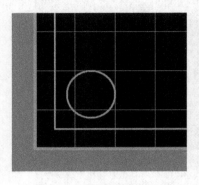
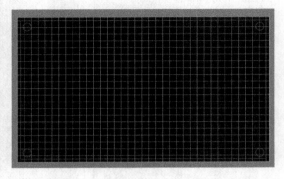

图 5-2-4   Arc 设置效果图   图 5-2-5   放置四个安装孔效果图

6. 单击 Design | Update PCB Document 交通彩灯电路 . PCBDOC，菜单命令项如图 5-2-6 所示。

图 5-2-6   选择菜单

7. 系统将弹出如图 5-2-7 所示的 Engineering Change Order（设计工程项目变更）对话框。

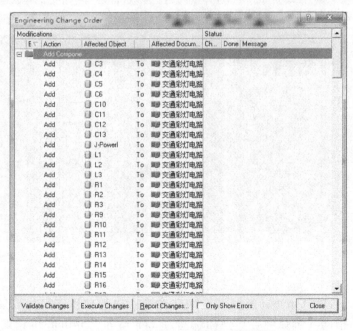

图 5-2-7   设计工程项目变更对话框

8. 单击 Validate Changes 按钮执行验证变更命令，如果系统没有报错，则单击 Execute Changes 执行原理图变更按钮，可将网络表和元器件载入交通彩灯电路 PCB 编辑文件中，执行变更过程对话框如图 5-2-8 所示。如果系统报错，则需要关闭该对话框，回到原理图编辑器对原理图进行修改，然后再次执行更新 PCB 命令。

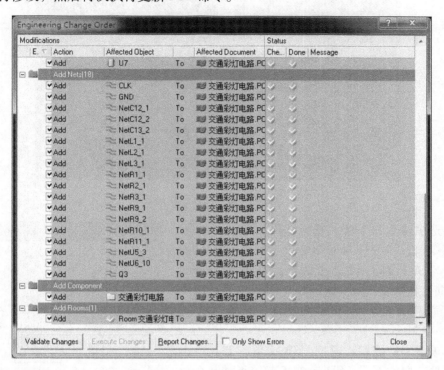

图 5-2-8 执行变更过程对话框

9. 元器件封装和网络表载入到交通彩灯电路 PCB 编辑器中的结果，如图 5-2-9 所示。

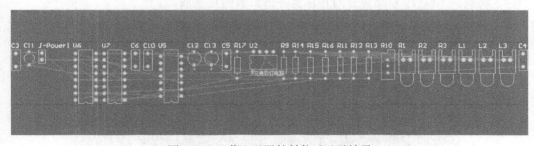

图 5-2-9 载入元器件封装后显示效果

10. 单击左下角的交通彩灯电路 Room，并直接按 Del 键将其删除。接下来进行手工交互布局。

 特别注释

> 考虑到（模拟）交通灯的布局位置，首先对两路交通 LED 进行预布局。
> 设置 LED 的对齐和均匀排列，重点进行交互布局。

11. 将 6 只 LED 彩灯依据顺序移至电路板边缘，如图 5-2-10 所示。

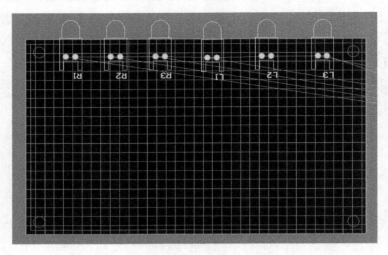

图 5-2-10　LED 预布局

12. 选中这 6 只 LED，选择 Edit | Align | Align …菜单命令项，即可打开如图 5-2-11 所示的 Align Objects（对齐目标）设置对话框。选中 Horizontal（水平方向）区域的 Space equally（间距相等）以及 Vertical（垂直方向）区域的 Bottom（底端对齐），如图 5-2-11 所示。

13. 单击 OK 按钮，返回 PCB 编辑状态，单击任意空白处，取消 6 只 LED 选中状态，此时这 6 只 LED 对齐效果如图 5-2-12 所示。

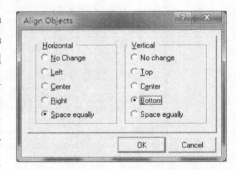

图 5-2-11　Align Objects 设置对话框

14. 将每只 LED 序号旋转方向并移至各自封装附近摆放好。

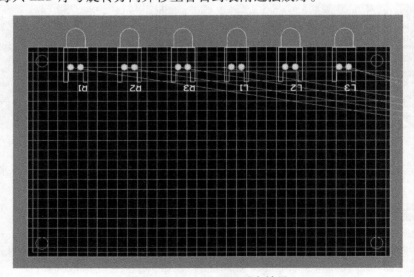

图 5-2-12　6 只 LED 对齐效果

15. 利用集群编辑功能，将这 6 只 LED Locked（锁定）设置为 True，Comment（标注）设置为 True，设置过程如图 5-2-13 所示。前面单元类似的操作介绍了很多，此处不再一一细述。

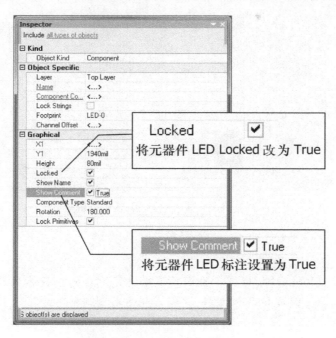

图 5-2-13　集群编辑 6 只 LED

16. 按照元器件布局顺序与一般就近原则，将其他元器件也对照步骤 11 ～ 15 全部手工布局完成。

17. 单击 File | Save All，最终保存的交通彩灯电路 PCB 布局结果如图 5-2-14 所示。

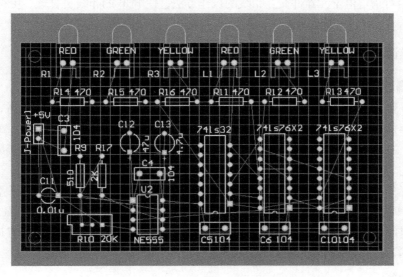

图 5-2-14　最终 PCB 的布局完成效果图

18. 单击 View | Board in 3D 菜单命令项，电路 3D 仿真如图 5-2-15 所示。

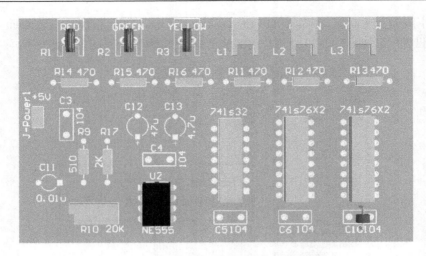

图 5-2-15　最终 PCB 的 3D 仿真效果图

 特别注释

> ➢ 通过图 5-2-15 所示的 3D 图，我们可以很清楚地看到，虽然 6 只 LED、瓷片小电容 104 的封装都相同，但仿真出来的 3D 效果图却不完全相同。

项目三　交通彩灯电路板的交互布线

 学习目标

（1）学会对指定电子元器件交互布线的操作方法，使 PCB 的布线更合理、更符合特定要求。

（2）掌握交互布线的关键操作步骤。

 问题导读

今天你高速了吗？——高速 PCB 设计

随着半导体技术的不断升级，电子系统设计复杂性和集成度的大规模提高，应用越来越广泛。三四年前，电子设计工程师们约 50% 的设计时钟频率大约还在几十 MHz 到三四百 MHz，现如今的设计主频主流已迈进 GHz 时代。我们也不可能每个都掌握、都会设计，但至少要了解它，熟知发展的前端技术及电子系统设计所面临的挑战与机遇。

当系统工作在 50MHz 时，将产生传输线效应和信号的完整性问题；而当系统时钟频率达到 120MHz 时，除非使用高速电路设计知识，否则基于传统方法设计的 PCB 将无法工作。因此，高速电路设计技术已经成为电子系统设计师必须采取的设计手段。只有通过使用高速电路设计技术，才能实现设计过程的可控性。

知识拓展

什么是高速电路？

通常认为如果数字逻辑电路的频率达到或者超过 45～50MHz，而且工作在这个频率之上的电路已经占到了整个电子系统一定的份量（比如说 1/3），就称为高速电路。两种高速电路板如图 5-3-1（a）、（b）所示。

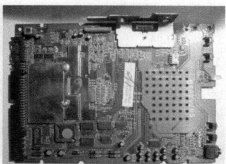

　　　　（a）某计算机主板局部 PCB 图　　　　　　　　　　（b）某款光驱 PCB 图

图 5-3-1　两种高速电路板

高速信号的确定

　　一般地，信号的传播时间在 PCB 设计中由实际布线长度决定。PCB 上每单位英寸的延时为 0.167ns。但是，如果过孔多，元器件引脚多，网线上设置的约束多，延时将增大。通常高速逻辑器件的信号上升时间大约为 0.2ns。尤其对于落在不确定区域及问题区域的信号，应该使用高速布线方法。

 知识链接

什么是传输线？

　　PCB 上的走线可等效为串联和并联的电容、电阻和电感结构。串联电阻的典型值 0.25～0.55Ω/V，因为绝缘层的缘故，并联电阻阻值通常很高。将寄生电阻、电容和电感加到实际的 PCB 连线中之后，连线上的最终阻抗称为特征阻抗 Zo。线径越宽，距电源/地越近，或隔离层的介电常数越高，特征阻抗就越小。如果传输线和接收端的阻抗不匹配，那么输出的电流信号和信号最终的稳定状态将不同，这就引起信号在接收端产生反射，这个反射信号将传回信号发射端并再次反射回来。随着能量的减弱反射信号的幅度将减小，直到信号的电压和电流达到稳定。这种效应被称为振荡，信号的振荡在信号的上升沿和下降沿经常可以看到。

　　基于上述定义的传输线模型，归纳起来，传输线会对整个电路设计带来以下效应：

❖ 反射信号：Reflected signals

❖ 延时和时序错误：Delay & Timing errors

❖ 多次跨越逻辑电平门限错误：False Switching

❖ 过冲与下冲：Overshoot/Undershoot

❖ 串扰：Induced Noise（or crosstalk）

❖ 电磁辐射：EMI radiation

任务一　交互布线操作

 做中学

1. 打开交通彩灯电路.PRJPCB 工程项目文件，单击打开 Projects 面板下的"交通彩灯电路.PCBDOC"文件。下面以手工完成 J – Power1 到 C3 的接地导线设计，且宽度为 40mil，其余采用自动布线。

2．单击 Wiring 工具栏中的 按钮或单击 Place | Interactive Routing 菜单命令对话框，即可进入放置导线命令状态，此时光标变为十字形状。

3．移动光标到 J – Power1 的 2 脚并显示有 GND 字符的焊盘上，待光标变为图 5-3-2 所示时，单击鼠标左键即可确定导线的起点在该脚上。

4．移动光标至 C3 的 2 脚焊盘处，单击鼠标左键即可确定导线的终点，然后单击鼠标右键退出绘制导线命令，结果如图 5-3-3 所示。

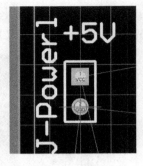

图 5-3-2　捕获到 J – Power1 的 2 脚焊盘

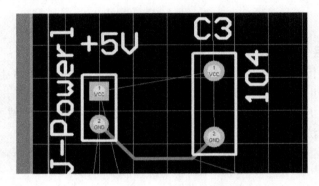

图 5-3-3　完成 J – Power1 到 C3 的接地导线连接

特别注释

> ➤ 绘制导线过程中，在适当位置处通过单击鼠标左键即可实现导线的转角，按 Space（空格）键可以改变导线的转角位置，更多详细内容参见第四单元项目四的"课外园地"关于转角导线的介绍。

5．单击 Design | Rules（规则），打开 PCB Rules and Constraints Editor（元器件布局设计规则设置）对话框。

6．依次单击打开左侧目录树结构中 Routing（布线）| Width | Width 选项，在 Preferred Width（典型宽度）栏输入"20mil"（即导线典型宽度设置为 20mil），在 Max Width（最大宽度）栏填入 50mil，结果如图 5-3-4 所示。可以单击 Apply 按钮立即使设置生效。

7．单击 OK 按钮，返回 PCB 编辑状态，此时双击 J – Power1 到 C3 的接地导线连接中的任意一段（由 3 段组成），弹出 Track 对话框。将 Width 设置为 40mil，并勾选 Locked，将其锁定，结果如图 5-3-5 所示。

8．同步骤 7，将另两段设置完成。J – Power1 到 C3 的接地导线设计结果如图 5-3-6 所示。

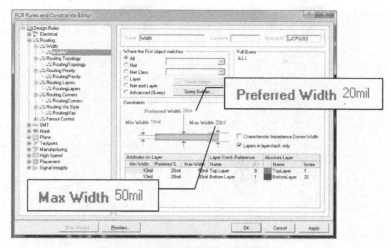

图 5-3-4 Width 设置对话框

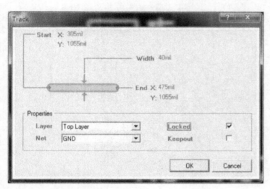

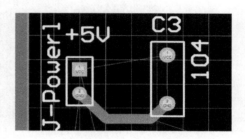

图 5-3-5 导线 Width 及 Locked 设置对话框　图 5-3-6 设置后的 J-Power1 到 C3 的接地导线

9. 接下来，其余导线全部自动布线，单击 Auto Route | All 菜单命令项，单击 Route All 按钮，进行自动布线，结果如图 5-3-7 所示。

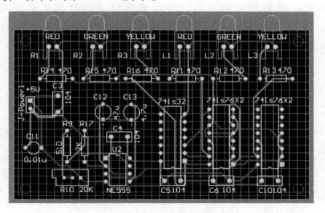

图 5-3-7 自动布线结果

10. 单击 View | Board in 3D 菜单命令项，交通彩灯电路 PCB 仿真 3D 如图 5-3-8（a）、(b) 所示。

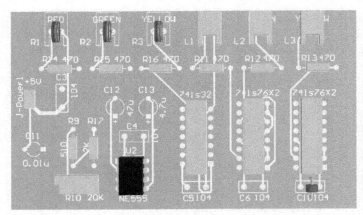

(a) 正面图

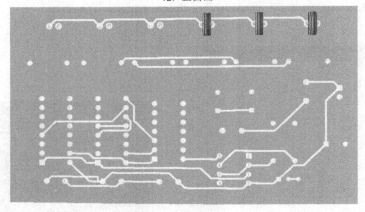

(b) 背面图

图 5-3-8　交通彩灯电路 PCB 仿真 3D 效果图

 特别注释

> 每次自动布线的结果都可能不同，设计者可以多进行几次自动布线，然后做一对比选择最满意的一次。

> 自动布线过程中，千万别忘记通过 Messages 信息反馈面板窗口了解自动布线的进度及相关信息。交通彩灯电路 PCB 自动布线 Messages 面板窗口如图 5-3-9 所示。

> Auto Route（自动布线）菜单中的几个常用菜单命令项含义如下：

· All 菜单项：对整个印制电路板所有的网络进行自动布线。

· Net 菜单项：对指定的网络进行自动布线。选中后，鼠标将变成十字光标形状，可以选中需要布线的网络，再单击鼠标，系统会进行自动布线。

· Connection 菜单项：对指定的焊盘进行自动布线。选中后，鼠标将变成十字光标形状，单击鼠标，系统即进行自动布线。

· Area 菜单项：对指定的区域自动布线。选中后，鼠标将变成十字光标形状，拖动鼠标选择一个需要布线的焊盘的矩形区域。

· Room 菜单项：对给定的原件组合进行自动布线。

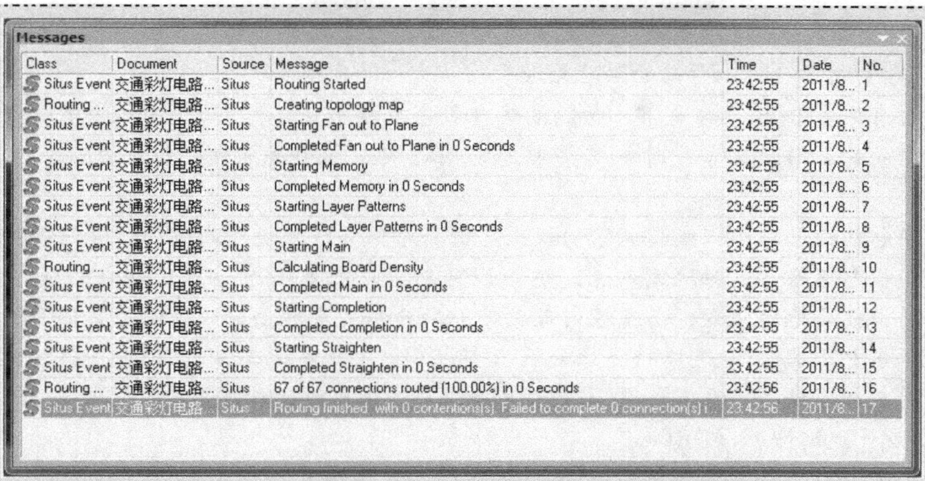

图 5-3-9　Messages 信息反馈面板

· Component 菜单项：对指定的元件进行自动布线。选中后，鼠标将变成十字光标形状，移动鼠标选择需要布线的特定元件，单击鼠标系统会对该元件进行自动布线。
· Setup 菜单项：用于打开自动布线设置对话框。
· Stop 菜单项：终止自动布线。
· Reset 菜单项：对布过线的印制板进行重新布线。
· Pause 菜单项：对正在进行的布线操作进行中断。
· Restart 菜单项：继续中断了的布线操作。

11. 最后，还可能调整自动布线的结果。例如，调整绕远的导线、转直角的导线。由于地线网络在最后阶段要进行敷铜，所以在调整自动布线结果时，不需要调整地线。

课外阅读

没完没了——PCB 布线

1. 电源、地线的处理

既使在整个 PCB 中的布线完成得都很好，但由于电源、地线的考虑不周而引起的干扰，会使产品的性能下降，有时甚至影响到产品的成功率。所以对电源、地线的布线要认真对待，把电源、地线所产生的噪音干扰降到最低限度，以保证产品的质量。设计时要注意：

（1）在电源、地线之间加上去耦电容。

（2）尽量加宽电源、地线宽度，最好是地线比电源线宽，它们的关系是：地线 > 电源线 > 信号线，通常信号线宽为：0.2～0.3mm，最细可达 0.05～0.07mm，电源线为 1.2～2.5mm。

（3）对数字电路的 PCB 可用宽的地导线组成一个回路，即构成一个地网来使用（模拟电路的地不能这样使用）。

（4）用大面积铜箔层作地线用，在印制板上把没被用上的地方都与地相连接作为地线用。或是做成多层板，电源、地线各占用一层，但这样会增加不少成本。

2. 数字电路与模拟电路的共地处理

现在有许多 PCB 不再是单一功能电路（数字或模拟电路），而是由数字电路和模拟电路混合构成的。因此在布线时就需要考虑它们之间互相干扰问题，特别是地线上的噪音干扰。

数字电路的频率高，模拟电路的敏感度强。对信号线来说，高频的信号线尽可能远离敏感的模拟电路器件；对地线来说，整个 PCB 对外界只有一个结点，所以必须在 PCB 内部处理数、模共地的问题，而在板内部数字地和模拟地实际上是分开的，它们之间互不相连，只是在 PCB 与外界连接的接口处（如插头等）。数字地与模拟地有一点短接，请注意，只有一个连接点。也有在 PCB 上不共地的，这由系统设计来决定。

3. 设计规则检查（DRC）

（1）线与线，线与元件焊盘，线与贯通孔，元件焊盘与贯通孔，贯通孔与贯通孔之间的距离是否合理，是否满足生产要求。

（2）电源线和地线的宽度是否合适，在 PCB 中是否还有能让地线加宽的空间。

（3）对于关键的信号线是否采取了最佳措施，如长度最短，加保护线，输入线及输出线被明显地分开。

（4）后加在 PCB 中的图形（如图标、注标）是否会造成信号短路。

（5）对一些不理想的线形进行手工修改。

（6）在 PCB 上阻焊是否符合生产工艺的要求，阻焊尺寸是否合适，字符标志是否压在器件焊盘上，以免影响产品安装质量。

项目四　交通彩灯电路板的敷铜设计

学习目标

（1）熟悉设置敷铜参数。

（2）掌握 PCB 敷铜具体操作步骤，能进行合理的包地操作。

问题导读

可以省略这一步吗？——PCB 敷铜设计

就电路设计本身及布局、布线来说是非常简单的，电路板敷铜设计这个过程完全可以省略。但是，随着 PCB 设计整体的"水涨船高"，尤其是在 PCB 的设计过程中，为了提高系统的抗干扰能力和考虑通过大电流等因素，通常需要放置大面积的电源和接地区域，电路板敷铜设计就显得非常必要了。

知识拓展

填充没商量

如图 5-4-1 所示是汽车多功能报警器 PCB 底层敷铜面板效果图。主板电路有无线摇控接收部分电路，需要很好的无线信号传输保证，提高系统的抗干扰能力，电路左边整个区域很明显要加上敷铜设计。

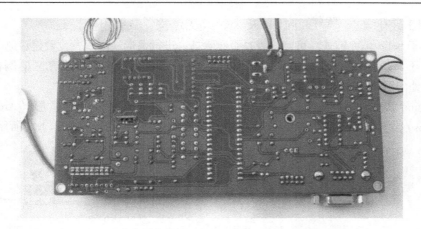

图 5-4-1　汽车多功能报警器 PCB 底层敷铜面板效果图

Protel DXP 2004 提供了绘制填充区来实现这一功能。通常的填充方式有两种：矩形填充（Fill）和多边形填充。

多边形填充是把大面积的铜箔处理成网线状，而矩形填充仅是完整保留铜箔。初学者设计过程中，在计算机上往往看不到二者的区别，实质上，只要你把 PCB 图面放大后就一目了然了。正是由于平常不容易看出二者的区别，所以使用时自然就不注意对两者的区分了。

这里要强调的是，前者在电路特性上有较强的抑制高频干扰的作用，适用于需做大面积填充的地方，特别是把某些区域当做屏蔽区、分割区或大电流的电源线时尤为合适。后者多用于一般的线端部或转折区等需要小面积填充的地方。

知识链接

换个角度更美

在 PCB 编辑状态下，按快捷键 P | G，弹出 Polygon Pour（敷铜）对话框，可以进行敷铜的放置与属性编辑，如图 5-4-2 所示。

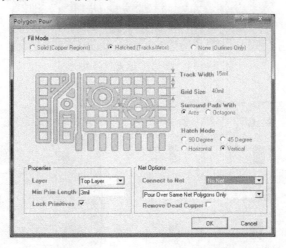

图 5-4-2　Polygon Pour（敷铜）对话框

在该对话框中，可以选择的 Fill Mode（填充模式）有三种：Solid（实心填充［铜区］）、

Hatched（阴影线化填充［导线/弧］）及 None（无填充［只有边框］）。

（1）对于 Solid 填充模式，可以设置是否删除岛，进行弧形逼近以及设置是否删除凹槽。

（2）对于 Hatched 填充模式，可以设置围绕焊盘的形式、多边形填充区的网格尺寸、导线宽度及所处的层等参数。例如：

①Surround Pads With（围绕焊盘）有两种形式可供单选，分别为弧形（Arcs）和八角形（Octagons），实际敷铜后焊盘的两种环绕方式效果如图 5-4-3（a）、（b）所示。

（a）Arcs　　　　　　　　　　（b）Octagons

图 5-4-3　焊盘的两种环绕方式效果图

② Hatch Mode（阴影线化填充模式）有 4 种形式可供单选，分别为 90 Degree（90°填充）、45 Degree（45°填充）、Horizervtal（水平填充）和 Vertical（垂直填充），实际敷铜后多边形填充的 4 种形式效果如图 5-4-4 所示。PCB 3D 仿真效果图如图 5-4-5 所示。

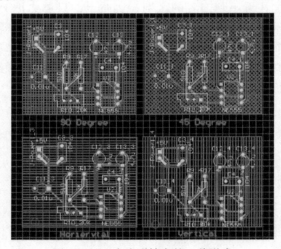

图 5-4-4　多边形填充的 4 种形式

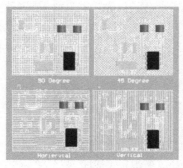 

（a）直视角度效果图　　　　　　（b）换个角度效果图

图 5-4-5　PCB 3D 仿真效果图

（3）对于 None（无填充）模式，可以设置导线宽度，以及围绕焊盘的形状。

任务一 敷铜参数设置

下面结合交通彩灯电路工程项目设计，进行对电路地线的敷铜操作。

 做中学

1. 打开交通彩灯电路.PRJPCB 工程项目文件，双击打开 Projects 面板下的"交通彩灯电路.PCBDOC"文件。

2. 单击 Tools | Un – Route | Net 菜单命令项，此时光标变成十字状态，将光标移至任意一段地线（连接 GND 导线）上，单击左键即可完成删除所有地线网络的布线，此时弹出允许删除锁定导线提示对话框，如图 5-4-6 所示。这里我们单击 NO 按钮。

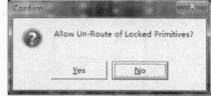

图 5-4-6 允许删除锁定导线提示对话框

 特别注释

> ➤ 这是因为我们前面手工完成 J – Power1 到 C3 的接地导线设计且进行了锁定设置。

3. 此时交通彩灯电路 PCB 图变成如图 5-4-7 所示效果，自动布线的地线没了，变回飞线状态。

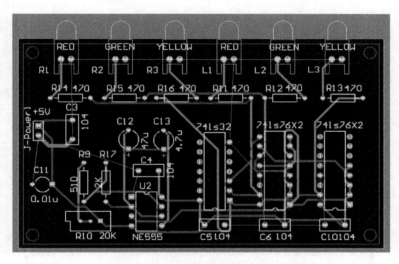

图 5-4-7 删除地线后的 PCB 效果图

 特别注释

> ➤ 为了让图 5-4-7 飞线效果显示更清楚，单击 Design | Board Options 菜单命令项，进行 Visible Grid 参数设置，将 Markers 设置为 Dots（点型）效果。Board Options 对话框如图 5-4-8 所示。

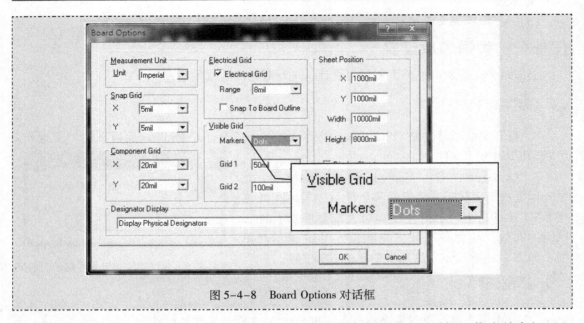

图 5-4-8　Board Options 对话框

4．单击 Design｜Rules 菜单命令项，进入电路板设计规则设置对话框，依次单击打开左侧目录树结构中 Plane｜Polygon Connect Style｜PolygonConnect 设置规则选项，设置敷铜与其在相同网络标号元器件的 Connect Style（连接方式）为 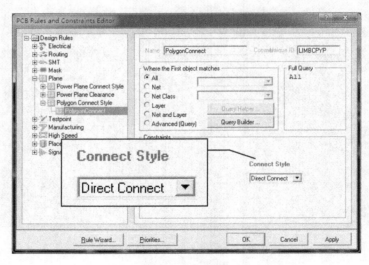 。设置敷铜连接方式对话框如图 5-4-9 所示。

图 5-4-9　设置敷铜连接方式对话框

5．单击打开左侧目录树结构中 Power Plane Clearance｜PlaneClearance 设置规则选项，将安全间距设置为 40mil，如图 5-4-10 所示。

6．单击 OK 按钮。

7．单击 File｜Save 菜单命令项，将文件保存。

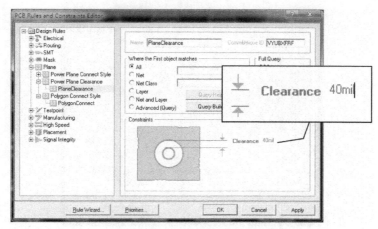

图 5-4-10　设置敷铜安全间距对话框

 课外阅读

尽善尽美

从主菜单执行命令 Place | Polygon Plane，也可以单击 Wiring 工具栏中的 Place Polygon Plane 按钮 Direct Connect ▼，进入敷铜的状态后，系统将会弹出 Polygon Plane（敷铜属性）设置对话框，如图 5-4-2 所示。继续解读各参数含义：（在本项目知识链接中已经有几项详细的介绍）

◆ Grid Size：用于设置敷铜使用的网格的宽度。

◆ Track Width：用于设置敷铜使用的导线的宽度。

◆ Layer 下拉列表：用于设置敷铜所在的布线层。

◆ Min Prim Length 文本框：用于设置最小敷铜线的距离。

◆ Lock Primitives 复选项：用于设置是否将敷铜线锁定，系统默认为锁定。

◆ Connect to Net 下拉列表：用于设置敷铜线所连接到的网络，一般设计都将敷铜连接到信号地上。

◆ 下拉 Pour Over All Same Net Objects 选项：用于设置当敷铜所连接的网络和相同网络的导线相遇时，是否敷铜导线覆盖铜膜导线、过孔和焊盘。一般在对整个电路板做敷铜时需要选择该选项。

◆ Remove Dead Copper 复选项：选择该选项表示多边形填充过程中将删除所有没有和焊盘连接起来的导线。一般在对整个电路板做敷铜时需要选择该选项。

任务二　敷铜操作

完成了前面几项准备工作，交通彩灯电路 PCB 就可以进行敷铜的操作了。

 做中学

1. 单击 Place | Polygon Pour 菜单命令项或按快捷键 P | G，弹出 Polygon Pour（敷铜）对话框，设置敷铜相关参数如图 5-4-11 所示。

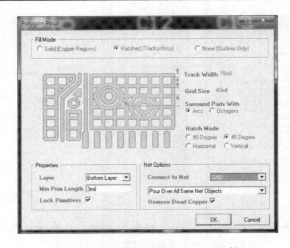

图 5-4-11　设置 Polygon Pour 对话框

 特别注释

> ➤ 在该对话框中，Fill Mode（填充模式）选择 Hatched（阴影线化填充［导线/弧］）。
> ➤ Surround Pads With（围绕焊盘）设置为弧形（Arcs）。
> ➤ Hatch　Mode（阴影线化填充模式）选择 45 Degree（45°填充）。
> ➤ Grid Size 为 40mil，Track Width 为 15mil，Min Prim Length 为 3mil，Connect to Net 接到地线。
> ➤ Layer 选择 Bottom Layer。
> ➤ 下拉选择 Pour Over All Same Net Objects 选项。
> ➤ 选中 Remove Dead Copper 复选项。

2．设置好敷铜的属性后，鼠标变成十字光标状，将鼠标移动到 Keep‑out Layer（禁止布线层）其中任意一个角的内侧位置，单击鼠标确定放置敷铜的起始位置。再移动鼠标依次到另外三个角的内侧位置单击，确定敷铜范围（矩形封闭区域），即选中整个电路板。

3．敷铜区域选择好后，右键单击鼠标退出放置敷铜状态，系统自动运行敷铜并显示敷铜结果，如图 5-4-12 所示。

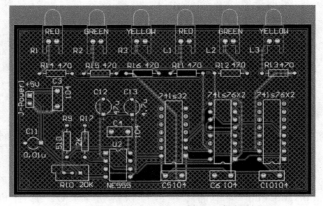

图 5-4-12　交通彩灯电路 PCB 敷铜结果

4. 单击 View | Board in 3D 菜单命令项，交通彩灯电路 PCB 3D 仿真如图 5-4-13（a）、（b）所示。

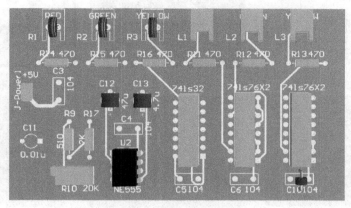

（a）3D 仿真顶层效果图

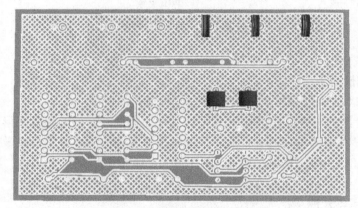

（b）3D 仿真底层敷铜效果图

图 5-4-13　交通彩灯电路 PCB 3D 仿真效果图（续）

项目五　印制电路板的制作及后期处理

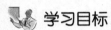 学习目标

（1）学会 PCB 菲林纸打印输出。

（2）熟悉 PCB 制板的后期主要处理工作。

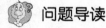 问题导读

两分钟能做什么？

看图 5-5-1（a）~（f）所示的 PCB 制作流程，仔细想一想？（参考第一单元 555 门铃电路）是不是我们真的可以做很多了？

当然学习、实践一点也马虎不得，否则最终制板完成这一步差一点，也是功亏一篑。

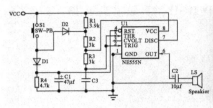
（a）绘制原理图

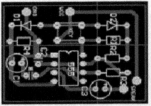
（b）制作生成 PCB

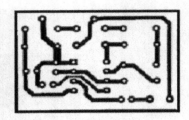
（c）打印输出（菲林纸）

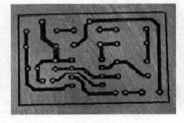
（d）印制完成

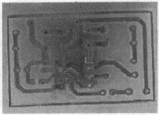
（e）PCB 腐蚀

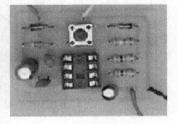
（f）电子装配

图 5-5-1　PCB 制作流程

 知识拓展

20 分钟能做什么？

1. 图形设计输出≤3 分钟

打开 Protel 设计的电路原理图和 PCB 设计文件，将设计好的电路板图形通过打印机打印出来，设置过程参考第四单元的项目七。最好选用高质量的喷墨打印机或激光打印机，要注意保持线路的完好性。使用材料：普通 A4 打印纸打印测试，测试正确后，使用硫酸纸或光绘菲林纸打印。

2. 选板裁定≤2 分钟

选择与线路板设计大小相符的光印板，将光印板取出，如图 5-5-2 所示，利用（STR-CBJ 型）线路板裁板机，可根据裁板机上的精确刻度进行裁切，余下的放置于常温暗处进行保存。

图 5-5-2　取出的光印板

3. 快速制板≤15 分钟（这里以 STR-FII 环保型快速制板系统做说明）

（1）STR-FII 制板机机系统如图 5-5-3 所示，主要包括两大部分，主机及透明塑料操作区。主机部分主要有：真空曝光区、制板工作区。

（2）透明塑料操作区主要由显影、过孔、蚀刻（A、B）4 个糟组成，其中蚀刻分为 A、B 两个糟，每个糟边上都有标示指向说明，如图 5-5-4 所示。

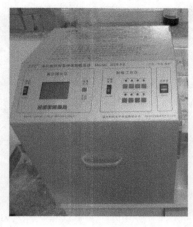　　

图 5-5-3　STR－FII 环保型快速制板系统　　　　图 5-5-4　透明塑料操作区

 知识链接

200 分钟能做什么？

做 = 学习 + 实践 + 反思 + 总结 ≤ 再学习 + 再实践 + 再反思 + 再总结

= 操作技能水平 ≤ 综合能力

= 200 分钟 ≤ 2 分钟 + 20 分钟

任务一　PCB 菲林纸的打印

打印菲林纸是整个电路板制作过程中至关重要的一步，建议用激光打印机打印，以确保打印高质量。制作单面板中需打印一层，而双面板就需要打印两层。打印 PCB 这部分基本操作详见第四单元项目七。下面就菲林纸打印过程，说明其操作步骤。

 做中学

1. 修改准备好 PCB 图。在 PCB 图的顶层和底层分别画上边框，边框尺寸、位置要求即上下层边框重合起来，以替代原来禁止布线层的边框，确保曝光时上下层能对准。

 特别注释

为确保 PCB 焊盘和引线孔尺寸适中，确保钻孔较精确，不影响将来电气连接，建议如下设置：

➢ 直插器件引线孔外径 ≥70mil，内径 ≤20mil。

➢ 过孔外径为 50mil，内径 ≤20mil。

2. 打印设置。注意参考第四单元项目七中的对顶层、底层 PCB 输出设置，但在这里是输出双层面板，一方面注意打印尺寸设置默认为 1：1，另一方面要将顶层设置为 Holes 及 Mirror（镜像），底层直接打印即可。顶层设置窗口如图 5-5-5 所示。

3. 将 PCB 图顶层、底层分别打印输出。

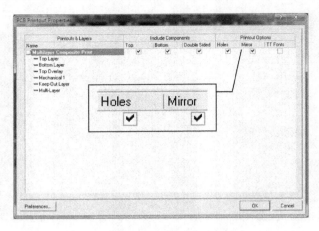

图 5-5-5　顶层设置窗口

特别注释

> 为防止浪费菲林纸，可以先用精通打印纸进行打印测试，待 PCB 各层打印正确无误后，再用菲林纸打印输出。

> 打印的时候要注意，Top 层要选择镜像打印，Bottom 层直接打印就可以了，这样做的目的是为了让菲林的打印面（碳粉面/墨水面）紧贴着感光板的感光膜。例如，如图 5-5-6 所示是一张打印好的菲林纸。

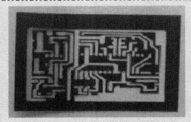

图 5-5-6　打印好的一张菲林纸

任务二　PCB 制板后期处理操作

菲林纸打印好以后，接下来准备进行曝光操作。可以用 STR – FII 环保型快速制板系统进行曝光工艺，操作简便，而且曝光时间极短，可在 60～90s 之内完成全部曝光工作。

做中学

1．曝光操作

（1）打开抽屉式曝光系统，将真空扣扳手以大拇指推向外侧扳，如图 5-5-7 所示。往上翻以打开真空夹，将光印板置于真空夹之玻璃上并与吸气口保持 10cm 以上的距离，然后在光印板上放置图稿，图稿正面贴于光印板之上，将双面板的两张原稿对正后将左右两边用胶带贴住，再将光印板插入原稿中，然后压紧真空夹板手，以确保真空，如图 5-5-8 所示。

（2）打开电源开关，显示屏出现功能字幕，如图 5-5-9 所示。

① 按"　"键，选择您所要的功能，如：上曝光灯、下曝光灯等；

② 按"↑"、"↓"、"←"来选择功能的设置，上曝光灯：开；下曝光灯：开；抽真空泵：开；曝光时间：90s。

③ 设置好所要的功能后，按"　"键，回到主屏幕。

④ 按"　"键，开始曝光，警报声响起后，说明已曝光完成，按任意键返回。

⑤ 如果线路不够黑，请勿延长时间以免线路部分渗光，建议用两张图稿对正贴合以增

加黑度。曝光时间为 170~200s。

（3）曝光好后，将真空扣往外扳并轻轻往上推，当真空解除后，即可轻松取出已曝光好的光印板，如图 5-5-10 所示。

图 5-5-7　曝光操作 1　　　　　图 5-5-8　曝光操作 2

图 5-5-9　显示屏出现功能字幕　　　图 5-5-10　曝光结束

 特别注释

> 避免于 30cm 以内直视灯光，如有需要请戴太阳眼镜保护。
> 更换保险丝时请先将旁边的电源线插头拔掉，以免触电。保险丝为 5A（100~120V），3A（200~240V）。
> 请勿使用溶剂擦拭曝光机的透明胶面以及面板文字。
> 本机光源长时间使用后会逐渐减弱（与日光灯同），请酌增秒数。
> 计算机绘图、COPY，或照相底片以反向（绘图面与光印膜面接触）为佳。
> 断线、透光或遮光不良的原稿请先以签字笔修正。

2. 显影、蚀刻前的准备

（1）将显影剂按 1:20 配比加入清水，溶解后为显影液。

（2）加入蚀刻剂到蚀刻机再加清水至 30cm，用玻璃、木棒、筷子或塑料棒予以搅拌，待完全溶解后即可使用。

（3）在过孔机中倒入 2000cc 的过孔药剂。

（4）打开电源开关，对显影剂、蚀刻剂、过孔剂进行加热，如果只用一个蚀刻糟，只须打开一个糟的温度开关即可，对应按：⬛、⬛、⬛ 下面的红色开关键⬛。制作双面板时须开启过孔恒温。

（5）当液体温度达到设定的温度时，温度计上的红灯会熄灭，这时打开空气泵，按绿色开关键⬛，让液体保持流动状态。

3. 显影操作

（1）将上述曝光好的线路板，放入显影机的显影液内，如图 5-5-11 所示。

（2）约 1~3s 可见绿色光印墨微粒散开，直至线路全部清晰可见且不再有微粒冒起为止，如图 5-5-12 所示。

（3）总时间约为 5~20s，否则即为显影液过浓或过稀及曝光时间长短影响。

4. 蚀刻操作

把显像完成的光印板用塑料夹夹住，放入蚀刻槽内至完全蚀刻好，全程只需 6~8 分钟（全程清晰可见）。取出并用清水洗净，光印板蚀刻完成结果如图 5-5-13 所示。

  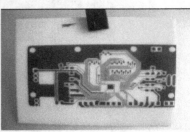

图 5-5-11　线路板放入显影机　　图 5-5-12　线路板显影　　图 5-5-13　光印板蚀刻完成结果

🧑‍🚀 特别注释

> 制作双面板，双面光印板的曝光、显影、蚀刻操作步骤与上面的展示过程（制作单面板）完全一致，蚀刻好后再进行防镀、钻孔、及过孔前处理。
>
> 准备好制作双面板的辅助材料：
>
> A. 各种液剂：防镀液、表面处理剂、活化剂、剥膜剂、预镀剂，如图 5-5-14 所示。
>
> B. 毛刷 1 支。
>
> C. 塑胶平底浅盆。

图 5-5-14　各种液剂

5. 防镀操作

把防镀剂均匀地涂到双面板上，反复 3~4 次，放在通风处风干，如图 5-5-15（a）、（b）所示。

6. 钻孔操作

双面板风干后，根据要求选择不同孔径大小的钻头进行钻孔，如图 5-5-16 所示。请勿必使用钨钢钻针，一般碳钢针会造成孔内发黑，且镀铜品质极为不良。

（a）涂防镀剂　　　　　　（b）风干后

图 5-5-15　防镀操作　　　　　　　　图 5-5-16　进行钻孔

7. 过孔前处理
完全严格按照操作手册规程进行操作即可。

 特别注释

> ➢ 在这几个关键步骤的操作中，板子、刷子、盆子均需清水即时洗净。
> ➢ 每清洗完的板子后，需轻轻拍击，把孔内的水分拍击出来。
> ➢ 用手指压光印板时请勿压到孔洞。
> ➢ 除剥膜及镀前处理外，刷涂主要是让药水进到孔内与孔壁反应，板面上药水并无作用。
> ➢ 每道工序做完，请尽快水洗并移到下一步骤。
> ➢ 药水无毒性但含酸碱，请戴手套，勿穿棉质衣物，不慎碰到眼睛，请用清水冲洗 5 分钟左右。
> 最后注意严格按照操作手册进行废液处理。

 课外园地

中英名词对照表

表 1.1　中英文名词对照表

中文	英文	中文	英文
内层	Inner Layer	外层	Outer Layer
裁板 压膜	Cut Sheet Dry Film Lamination	化学清洗	Chemical Clean
显影	Image Develop	蚀铜	Copper Etch
蚀后冲孔	Post Etch Punch	钻孔	CNC Drilling
氧化	Oxide	压合	Vacuum Lamination Press
去膜	Strip Resist	电镀	Plating
去毛刺	Deburr	镀锡	Tin Pattern Electro Plating
前处理	Surface prep	剥锡	Strip Tin
电镀－通孔	Electroless Copper	曝光	Image Expose
印阻焊	Thermal CureSoldermask	成型	Profile
表面处理	Surface finish	目检	100% Visual Inspection
图例	Legend	包装及出货	Pack & Shipping
热风整平，沉银，有机保焊剂，化学镍金	HASL, Silver, OSP, ENIG		

 课外阅读（专业术语）

1. 孔金属化
金属化孔就是把铜沉积在贯通两面导线或焊盘的孔壁上，使原来非金属的孔壁金属化，也称沉铜。在双面和多层 PCB 中，这是一道必不可少的工序。

实际生产中要经过：钻孔—去油—粗化—浸清洗液—孔壁活化—化学沉铜—电镀—加厚等一系列工艺过程才能完成。

金属化孔的质量对双面 PCB 是至关重要的，因此必须对其进行检查，要求金属层均匀、完整，与铜箔连接可靠。在表面安装高密度板中这种金属化孔采用盲孔方法（沉铜充满整个孔）来减小过孔所占面积，提高密度。

2．制外层图形

（1）工艺说明：在板面上印上一层文字，作为各种元器件代码、客户标记、制造商标记、周期标记等。给元器件安装和今后维修印制板提供信息。

（2）流程：网版制作→开油→丝印→烘板。

3．镀耐腐蚀可焊金属

为了提高 PCB 印制电路的导电性、可焊性、耐磨性、装饰性及延长 PCB 的使用寿命，提高电气可靠性，往往在 PCB 的铜箔上进行金属涂覆。金属镀（涂）覆层用以保护金属（铜）表面，保证其可焊性，还可以在一些加工过程中作为蚀刻液的抗蚀层（如在孔的加工过程）。金属镀（涂）覆层还可以作为连接器与印制板的接触面，或表面安装元器件与印制板的结合层。常用的涂覆层材料有金、银和铅锡合金等。

4．去除感光胶腐蚀

目的：将抗电镀用途之干膜以药水剥除。重要原物料：剥膜液（KOH）。

5．插头镀金

（1）插头镀镍/金：俗称金手指，在印制板的插头上镀上一层合金镀层，用于高稳定、高可靠的电接触的连接，具有高度耐磨性。

（2）插头镀镍/金流程：除油→微蚀→活化→镀低应力镍→预镀金→镀耐磨金。

6．外形加工

外形加工可用剪刀把蚀刻好的印制板剪开，剪切时，铜箔面向上。也可采用一次冲膜落料的办法，并将板子重叠起来用钻模钻出引线孔。这种落料冲膜形式，需有原来的负性照相底版，直接采用印制和蚀刻技术，在工具钢板上生产出所需外形制成。

7．热熔

目的：洗去金面上残留的药水，避免金面氧化。主要用料：DI 水。

制做过程要注意：（1）水质；（2）线速；（3）烘干温度。

8．涂助焊剂

把已经配好的松香酒精溶液作为助焊剂涂在洗净晾干的印制电路板上，助焊剂可使板面受到保护，提高可焊性。

9．成品

经过涂助焊剂并烘干后，得到最终成品。

本单元技能重点考核内容小结

1．熟练掌握印制线路板板层选项设置。

2．熟练掌握 PCB 手工布局、布线操作。

3．能进行合理的 PCB 敷铜设置与操作。

4．能正确设置打印环境并输出 PCB 菲林纸（具备条件的）。

5．能独立进行 PCB 的制作及后期处理（具备条件的）。

本单元习题与实训

一、填空题

1．在印制板材料本身实实在在存在的各负其责的各个铜箔称之为_____。

2. 为方便电子元器件的安装和电路的维修，在 PCB 上下两表面印制上所需要的标志图案和文字代号称为_____层。

3. Protel DXP 有_____个信号层，有_____个内电层。

4. 单击_____菜单下的 Full Circle（整圆法）菜单命令，进入放置圆弧即安装孔状态。

5. 常认为如果数字逻辑电路的频率达到或者超过 45～50MHz，而且工作在这个频率之上的电路已经占到了整个电子系统一定的份量（比如说 1/3），就称为_____。

6. 单击 Place | Interactive Routing 菜单命令项，即可进入放置_____命令状态，此时光标变为十字形状。

二、选择题

1. 下面选项表示信号层的是_____。
A. Mechanical Layer   B. Silkscreen   C. Signal Layer   D. Internal Layer

2. 设计 PCB 尺寸的当前层为_____。
A. Mechanical 1   B. Silkscreen   C. Signal Layer   D. Internal Layer

3. 少于 100 个元器件自动布局设置选项为_____。
A. Statistical Placer   B. Cluster Placer   C. Signal Layer   D. Internal Layer

三、判断题

1. Auto Route（自动布线）菜单中 Net 命令项表示对指定的网络进行自动布线。（   ）

2. 布线设置时尽量加宽电源、地线宽度，最好是电源线比地线宽，它们的关系是：地线 < 电源线。（   ）

3. 通常的 PCB 电路设计中，为了提高电路板的抗干扰能力，在电路板上没有布线的空白区间铺满铜膜。（   ）

四、简答题

1. 有哪几种方法启动 PCB 的 Layer Stack Manager（图层堆栈管理器）？
2. PCB 上敷铜的作用是什么？
3. Protel 的 Polygon Pour（敷铜）对话框通常有哪几种模式？
4. PCB 后期制作主要包括哪些操作过程？

五、实训操作

实训一 设置五层电路板

1. 实训任务
按要求完成五层电路板设置。

2. 任务目标
（1）熟悉并掌握 PCB 相关菜单及工具栏的使用。
（2）掌握 PCB 的 Layer Stack Manager 设置管理操作。
（3）培养学生独立操作、解决问题的能力。

3. PCB 层设置参考，如图 5-1 所示。

4. 实训操作
（1）PCB 尺寸规格：80.0mm×80.0mm（$X \times Y$），边框距离 1.5mm。
（2）要求设置五层电路板，三层信号层，夹 VCC 和 GND 两个内电层。

要求最终设计的五层 PCB，如图 5-2 所示。

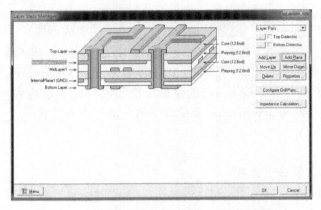

图 5-1　设置五层 Layer Stack Manage 对话框

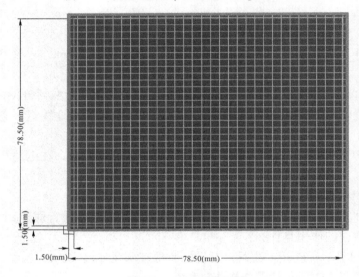

图 5-2　PCB 五层板

实训二　汽车倒车数码雷达 PCB 的敷铜设计

1．实训任务

按要求完成汽车倒车数码雷达 PCB 的敷铜设计。

2．任务目标

（1）掌握 PCB 敷铜参数的设置。

（2）熟悉并掌握 PCB 敷铜设计。

（3）培养学生善于思考发现问题、解决实际问题的能力。

3．PCB 准备

参考第四单元汽车倒车数码雷达图。

4．实训操作

（1）敷铜设置要求：90 Degree Hatched（90°阴影线化填充），围绕焊盘分别为弧形（Arcs），选择 Remove Dead Coper 复选项，选择 Pour Over All Same Net Objects 项，连接到的

网络为 GND，Grid Size 为 40mil，Track Width 为 10mil。

（2）进行敷铜后的 3D 仿真输出。

最终完成设计的汽车倒车数码雷达 PCB 敷铜参考如图 5-3 所示，3D 仿真参考如图 5-4 所示。

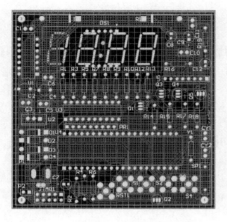 

图 5-3　PCB 敷铜效果图　　　　　　　　图 5-4　3D 仿真效果图

实训三　SMD 形式交通彩灯电路敷铜设计

1. 实训任务

参考如图 5-5 所示的 PCB 设置效果图，独立完成设计。

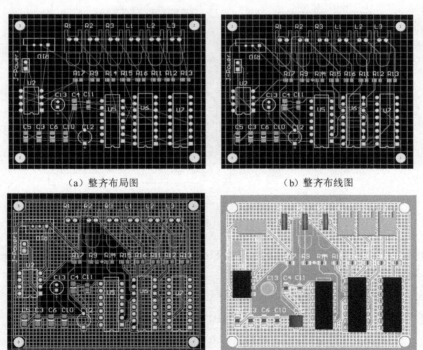

（a）整齐布局图　　　　　　　　　　（b）整齐布线图

（c）敷铜图　　　　　　　　　　　　（d）3D 仿真图

图 5-5　SMD 形式交通彩灯电路参考效果图

2．设置要求（重点参考）

（1）电阻、瓷片电容封装改为 SMD 形式。

（2）锁定焊盘（四个焊盘坐标精准）、LED、U5、U6、U7。

（3）元器件布局排列整齐。

（4）电气安全间距设置为 15mil。

（5）进行双层布线。

（6）敷铜设置：90 Degree Hatched（90°阴影线化填充），围绕焊盘分别为八角型，选择 Remove Dead Coper 复选项，选择 Pour Over All Same Net Objects 项，连接到的网络为 VCC，Grid Size 为 50mil，Track Width 为 15mil。

（7）3D 仿真输出。

实训四　绘图员职业资格认证（电路 PCB 设计部分）模拟考试

1．实训任务

按要求完成印制电路板设计（满分 25 分）。

2．设计要求

（1）打开第三单元工程项目文件命名为 2011. PRJPCB 文件，在其下新建一个 PCB 文件，命名为 2011B. PCBDOC。

（2）PCB 尺寸设置为 75mm×65mm，采用插针式元件，两层布线。

（3）根据图 5-6 所示的封装信息，给 LS7812 制作一个封装库，并添加在 LS7812 上。

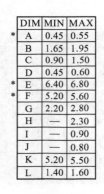 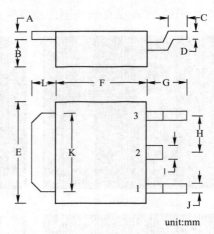

DIM	MIN	MAX
* A	0.45	0.55
B	1.65	1.95
C	0.90	1.50
D	0.45	0.60
* E	6.40	6.80
* F	5.20	5.60
G	2.20	2.80
H	—	2.30
I	—	0.90
J	—	0.80
K	5.20	5.50
L	1.40	1.60

unit:mm

图 5-6　封装信息

（4）电路板中焊盘与走线的安全距离为 8mil。GND 在底层走线且线宽为 40mil，GND 在顶层走线且线宽为 30mil，其余线宽为 15mil。

（5）要求 PCB 元件布局合理，符合 PCB 设计规则。

（6）要求设计、编辑、检查等操作过程正确、规范。

绘图员职业资格（电路 PCB 设计部分）模拟考试评价表

省市地区		考点校名		PC 号		考试时间	
考核内容			配分	重点评分内容			扣分
电路 PCB 设计			25	按照题目要求完成设计			
1	创建 PCB 文件：打开项目文件命名为 2011. PRJPCB，新建 PCB 文件命名为 2011B. PCBDOC		2	文件建立正确			
2	PCB 尺寸设置：75mm×65mm，采用插针式元件，两层布线		2	设置数据正确，两层设计正确			
3	创建 PCB 库元器件封装库：（根据所给封装信息）		5	创建库元件封装正确，具体参数符合要求			
4	布线的设置与操作		2	按要求正确完成走线设置			
5	电路板安装孔设计		1	正确设置 Arc，准确放置圆弧			
6	PCB 手工布局及集群编辑		7	ST Operational Amplifier. IntLib 库添加正确，设计符合要求			
7	创建网络表		1	正确创建网络表文件，内容正确			
8	PCB 手工调整布线		3	进行预布线，检查布线是否符合电路模块要求，修改布线，并符合设计要求			
9	PCB 综合检查		2	对元器件参数、布局、布线等能处理一般性的错误，及时更新			
综合评定成绩				教师签字			

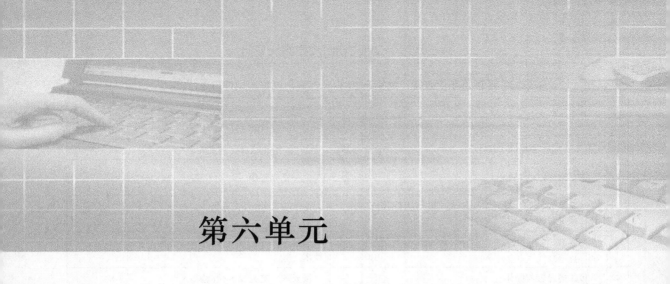

第六单元

电子线路仿真操作

◎ **本单元综合教学目标**

　　了解 Protel DXP 2004 的仿真功能，熟悉 Protel DXP 2004 常用仿真元器件及激励源的设置方法，掌握 Protel DXP 2004 电子线路仿真分析的选择与参数设置的方法，学会建立和调用仿真元器件封装库的基本操作方法，学会使用静态工作点分析、瞬态分析及交流小信号分析等仿真分析方法。基本掌握模拟电路和数字电路的仿真操作。

◎ **岗位技能综合职业素质要求**

　　1. 熟练掌握 Protel DXP 2004 建立仿真的操作步骤。
　　2. 会进行电子线路仿真参数设置的方法及运行仿真操作。
　　3. 能通过仿真结果验证并分析电路设计是否符合设计要求。
　　4. 基本掌握电子线路涉及一般模拟和数字电路的仿真操作。

项目一　电子线路仿真的基本操作

学习目标

　　（1）掌握绘制仿真电路原理图的方法。
　　（2）掌握仿真元器件库的建立与仿真库的装载操作。
　　（3）学会对仿真器的设置与运行。

问题导读

什么是仿真？

　　仿真（Simulation）就是通过建立实际系统模型并利用所见模型对实际系统进行实验研

究的过程。系统仿真是 20 世纪 50 年代以来伴随着计算机技术的发展而逐步形成的一门新兴学科。

最初，仿真技术主要用于航空、航天、原子反应堆等价格昂贵、周期长、危险性大、实际系统试验难以实现的少数领域，后来逐步发展到电力、石油、化工、冶金、机械等一些主要工业部门，并进一步扩大到社会系统、经济系统、交通运输系统、生态系统等一些非工程系统领域。可以说，现代系统仿真技术和综合性仿真系统已经成为任何复杂系统，特别是高新技术产业不可缺少的分析、研究、设计、评价、决策和训练的重要手段。其应用范围在不断扩大，应用效益也日益显著。

知识拓展

电子仿真技术

电子仿真技术是在电子 CAD 技术基础上发展起来的通用软件系统，是指以计算机为辅助设计工作平台，融合了应用电子技术、计算机技术、信息处理技术及智能化、网络化技术的最新成果，进行电子产品的自动设计及开发研究。

电子线路仿真就是利用计算机及电路仿真软件仿真虚构某些情境，供使用者观察、操纵、建构学习情景，使他们获得体验或有所发现。其优点是：完整、实用、直观、方便、安全。它把实验过程涉及的电路、电子仪器以及实验结果等一起展现在使用者面前，整个学习过程好像在实验室中进行，电路参数调整方便，绝不束缚使用者的想象力。自学、扩展很容易实现。

可以应用仿真软件进行仿真教学的课程很多，几乎包含了电类专业的所有课程。例如：电工基础电路、低频电路、高频电路、脉冲与数字电路、电视机电路、音响电路、电子测量电路、射频电路以及机电电路，等等。

知识链接

Protel DXP 2004 电路仿真

Protel DXP 2004 不仅在绘制原理图、PCB 布局布线等方面功能十分强大，而且还为用户提供功能全面、使用方便的仿真器，它可以对电子技术中经常涉及的稳压电路（含整流、滤波）、555 多谐振荡器、单稳态电路、施密特触发器、各种功率放大器等绘制的仿真电路原理图进行即时仿真操作，数据验证以及方便电路检验。如图 6-1-1 所示是半波整流滤波电路和桥式全波整流滤波电路仿真原理图，仿真运行结果如图 6-1-2 所示，波形对比十分清楚。

Protel DXP 2004 在仿真方面具有如下特点：

（1）强大的分析功能。用户可以根据电路仿真器所提供的功能，分析设计电路的各方面性能，如电路的直流工作点和瞬态分析、交流小信号分析、直流扫描分析、噪声分析、温度扫描分析等特性。

（2）丰富的信号源。其中包括基本信号源：直流电压源、直流电流源、正弦电压信号源、脉冲电压源、正弦电流源、脉冲电流信号源等。

（3）充分的仿真模型库。Protel DXP 2004 提供了大量的模拟和数字仿真元器件库，这些组件库包括了常用二极管、三极管、单结晶体管、变压器，晶闸管、双向晶闸管等分立组件，还有大量的数字器件和其他集成电路器件。同时，Protel DXP 2004 提供了一个开放的库维护环境，允许设计者改变原有器件模型，也可以创建新器件模型。

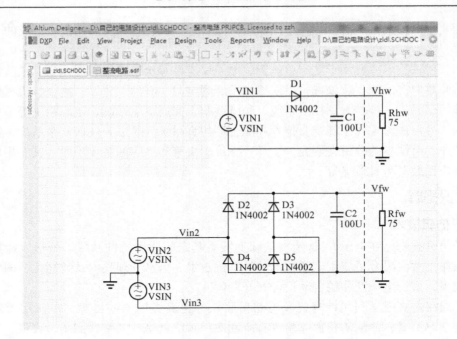

图 6-1-1　半波整流滤波电路和桥式全波整流滤波电路仿真原理图

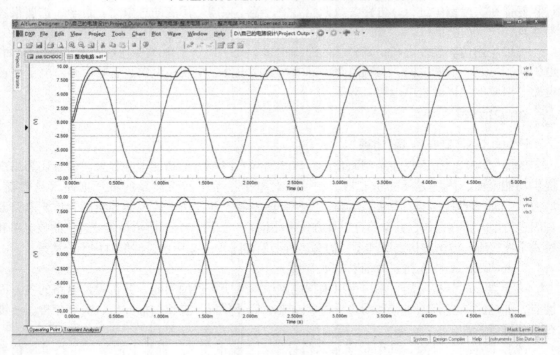

图 6-1-2　仿真运行结果

（4）友好的操作界面。无须手工编写电路网表文件，系统将根据所画电路原理图自动生成网表文件并进行仿真。通过对话框完成电路分析各参数设置。方便地观察波形信号，可同时显示多个波形，也可单独显示某个波形；可对波形进行多次局部放大，也可将两个波形放置于同一单元格内进行显示并分析比较两者的差别。强大的波形信号后处理，可利用各种数学函数对波形进行各种分析运算并创建一个新的波形，方便地测量输出波形。

任务一　建立仿真文件操作

 做中学

1. 首先，打开 Protel DXP 2004，单击 File | New | Design Workspace 新建一个工程项目组文件，如图6-1-3所示。

2. 单击 File | Save Design Workspace 菜单命令项，将其文件名命名为"电路仿真.DSNWRK"。

3. 然后，再新建一个工程项目：依次单击 File | New | Project | PCB Project 生成工程项目文件，将其保存，命名为"整流电路.PRJPCB"，结果如图6-1-4所示。

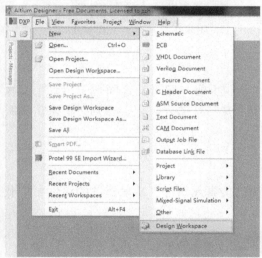

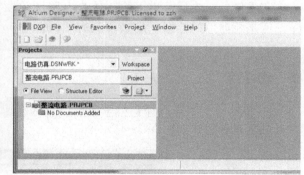

图6-1-3　新建工程项目组

图6-1-4　建立整流电路.PRJPCB后的窗口

 特别注释

➤ 快捷菜单操作：在新建一个工程项目文件后，可以右键单击工程图标，如图6-1-5所示，在弹出的快捷菜单中选择 Save Project。在出现的保存对话框中，填写工程文件的名字后单击保存，就完成了对当前工程文件的保存。（要注意保存路径）

图6-1-5　单击右键弹出的快捷菜单

4. 接下来，我们新建仿真原理图，依次单击 File | New | Schematic，如图6-1-6所示。

5. 单击 File | Save，保存文件名为"zldl.SCHDOC"，结果 Projects 面板窗口如图6-1-7所示。

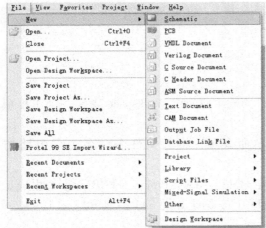
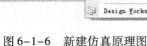

图 6-1-6　新建仿真原理图　　　　　　　　　图 6-1-7　Projects 面板窗口

任务二　仿真元器件库操作

　　完成任务一之后，进入绘制仿真电路图阶段，绘制方法与编辑设置同理于第二单元操作，但是元器件的选择，是必须具有"Simulation"仿真特性的才可以，否则，将来仿真工作不了。

 做中学

　　1. 打开基本元器件库，从里面可以查找要使用的仿真元器件，在元器件的属性栏中我们也可以找到它，如图 6-1-8 所示。

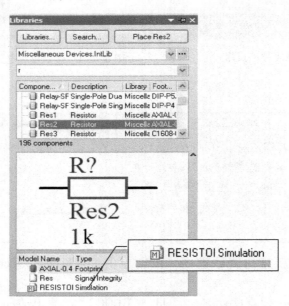

图 6-1-8　具有"Simulation"仿真特性的电阻

特别注释

> ➤ 打开库的方法同前，这里不再重述。
>
> ➤ 不管是哪一类的元器件库，只要元器件的属性有"Simulation"的，都可以用来进行电路仿真操作。

2. 单击库面板窗口中的 Libraries... 按钮，弹出 Available Libraries 对话框，进行加载或删除仿真库操作，如图 6-1-9 所示。

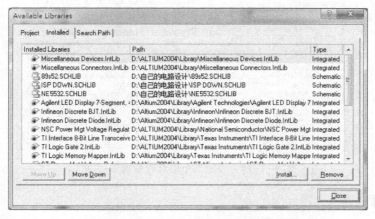

图 6-1-9　Available Libraries 对话框

3. 单击 Install... 按钮，弹出打开对话框，在打开的对话框中找到目标仿真库，如 Protel 安装目录下的 Altium2004\Library\Simulation 目录下的五个系统仿真库，按 Shift 键并单击第一个库文件，再单击最后一个库文件将它们全部选中。结果如图 6-1-10 所示。

图 6-1-10　选中五个系统仿真库

 特别注释

> ➤ 在图 6-1-10 所示对话框中，注意文件类型扩展名应该是". INTLIB"。

4. 单击打开按钮，即完成了这五个仿真库的添加操作。结果如图 6-1-11 所示。

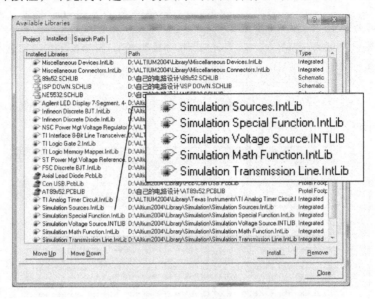

图 6-1-11　添加五个仿真库后的对话框

 特别注释

　　在图 6-1-11 所示库列表对话框中，注意此表中的各种库文件较多，显得庞大，而且有些库文件在仿真设计中几乎用不到，将其精减。

➤ 单击选择图 6-1-11 所示库列表中几乎用不到的库文件，再选择 Remove 按钮，将其删除。精减后的库列表对话框如图 6-1-12 所示。

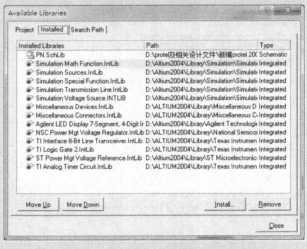

图 6-1-12　精减后的库列表对话框

5. 单击 Close 按钮，在 Libraries 面板窗口中就可以看到目标仿真库文件，如图 6-1-13 所示。

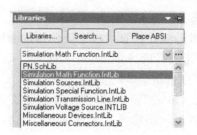

图 6-1-13　展开 Libraries 面板窗口

项目二　仿真电路设计与电源激励源操作

 学习目标

（1）学会设计半波整流滤波电路、桥式全波整流滤波电路仿真电路原理图，掌握定位仿真元器件库的方法。

（2）掌握常用的交流仿真激励源。

问题导读

100% 可以吗？

随着计算机技术、电子技术的飞速发展，电子设计自动化（Electronic Design Automation，EDA）成为可能，我们学习过的很多实验都可以通过电路仿真进行验证。

电路仿真是以电路分析理论为基础，通过建立元器件数学模型，借助数值计算方法，在

图 6-2-1　整流滤波稳压 PCB 实物图

计算机上对电路 V 性能指标进行分析运算，然后以文字、波形等方式在屏幕上显示出来，Protel 的仿真甚至不需要仿真用的各种实验仪器仪表，电路设计者就可以用电路仿真软件对电路性能进行分析和校验。采用电路仿真可以提高电子线路的设计质量和可靠性，可以做到 100% 设计成功。降低反复实际焊接、调试的费用，减轻设计者的工作量，缩短产品研发周期。如图 6-2-1 所示是整流滤波稳压 PCB 实物图。整流滤波稳压电路经仿真数据验证，制成实际的 PCB 后作为电源模块为小功放、循环彩灯、报警电路等电路供电十分稳定。

 知识拓展

电子仿真基本步骤

在 Protel DXP 2004 中进行电子线路仿真的操作步骤如下：

1. 建立原理图文件，当然也可以建立自由的原理图文件。这一步在项目一已经操作完成。

2. 添加所需的元器件库。这一步也在项目一已经操作完成。

3. 准备好仿真电路原理图，放置元器件开始绘制，并设置元器件的仿真参数。绘制过

程与绘制普通电路原理图相同。

4. 放置仿真实验用各种激励源。仿真过程中要使用的激励源可从激励源元器件库 Simulation Sources. IntLib 或电压源元器件库 Simulation Voltage Source. IntLib 中提取，常用的信号源也可以从仿真激励源工具栏中选取。

5. 设置激励源的仿真参数，如交直流电源电压大小，正弦交流信号的幅值、频率及相位等。

6. 设置仿真电路的仿真节点。通常通过放置网络标号的方法来设置要分析的仿真电路节点。

7. 打开仿真参数设置对话框即启动 Protel 仿真器。

8. 选择仿真方式并设置仿真参数。

9. 运行仿真电路，获得仿真结果。依据仿真结果对仿真电路原理图再进行改进。

知识链接

常用的仿真基本元器件

1. 电阻

电阻仿真元件在 Miscellaneous Devices. IntLib 基本元器件库中，常用的有以下几种，如图 6-2-2 所示。其中，第一行电阻图形符号为美国标准，第二行电阻图形符号为国际标准。

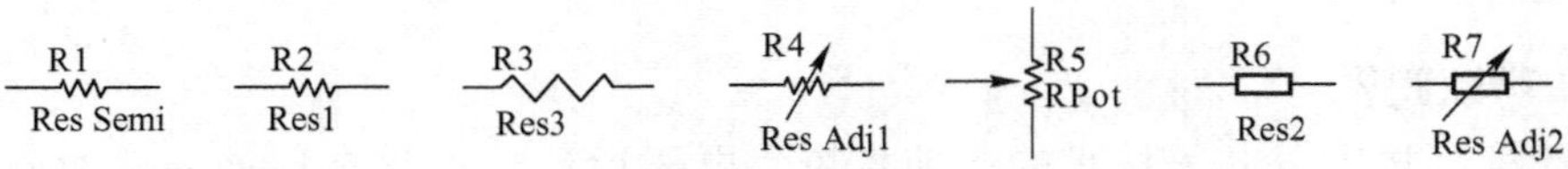

图 6-2-2　常用电阻仿真元件

2. 电容

常见电容有瓷片电容、电解电容之分，仿真元件如图 6-2-3 所示。

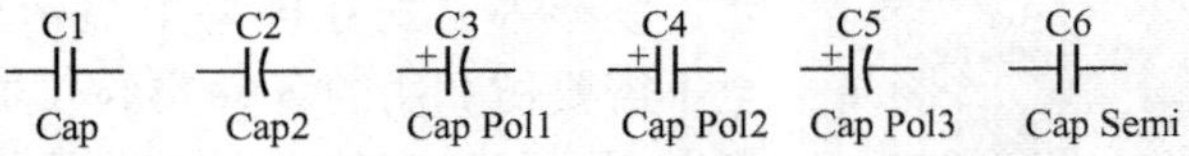

图 6-2-3　常用电容仿真元件

3. 二极管

有多种可用于仿真的二极管，常用的有以下几种，如图 6-2-4 所示。

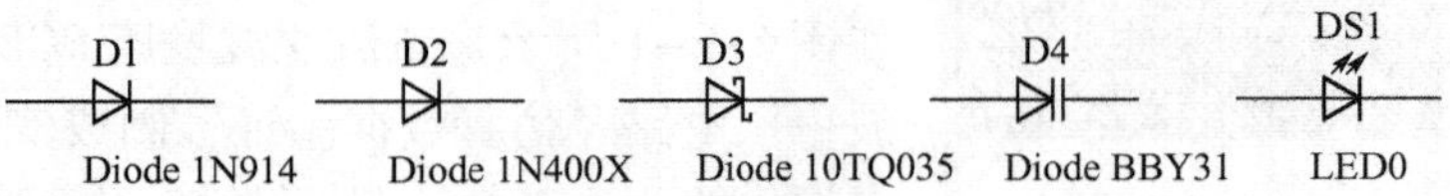

图 6-2-4　常用二极管仿真元件

4. 三极管、场效应管

基本元器件库中或其他生产商的 * BJT. IntLib 元器件库中含有多种可以用于仿真的三极管、场效应管，常用的有以下两种，如图 6-2-5 所示。

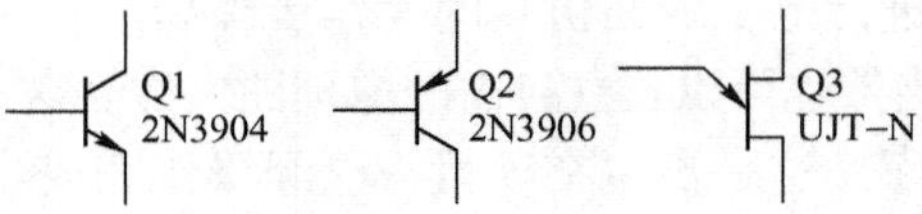

图 6-2-5　常用三极管、场效应管仿真元件

更多类型的电子元器件，像电感、晶振、变压器、集成电路等的仿真元器件，读者可以看基本元器件库或其他元器件库。

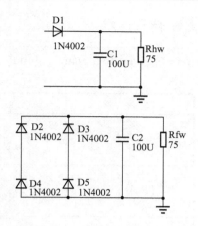

图 6-2-6　半波整流滤波电路、桥式全波整流滤波电路仿真图

任务一　仿真电路原理图设计

 做中学

1. 打开 Projects 面板窗口中的 "ZLDL.SCHDOC" 仿真原理图。

2. 打开基本元器库，分别放置仿真二极管、仿真电阻，分别绘制半波整流滤波电路、桥式全波整流滤波电路图，结果如图 6-2-6 所示。绘制过程同以前单元介绍，这里不再赘述。

 特别注释

> ➤ 在绘制图 6-2-6 半波、全波整流滤波电路仿真图时，注意电容及电阻属性的编辑，其 Value 值都相等。如 C1 = C2 = 100μ，Rhw = Rfw = 75Ω，这样对比仿真结果才有意义。

3. 绘制完半波、全波整流滤波电路仿真图后，单击 File | Save。

任务二　电路电源与激励源操作

 做中学

1. 启动 Protel DXP 2004，单击 File | Recent Projects 菜单命令项，将弹出最近访问的工程项目文件 "D:\自己的电路设计\整流电路.PRJPCB"，如图 6-2-7 所示。

2. 双击 Projects 面板窗口中的 "ZLDL.SCHDOC" 仿真原理图，将其打开。

3. 打开 Libraries 面板窗口，单击选择 Simulation Sources.IntLib 激励源元器件库。在其面板窗口中可以看到库中的激励源，如图 6-2-8 所示。

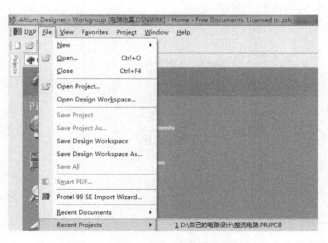

图 6-2-7　最近访问工程项目文件窗口

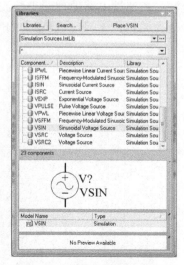

图 6-2-8　打开激励源元器件库

特别注释

> Simulation Sources. IntLib 库中常用的激励源及含义，如表6-2-1所示。

表6-2-1 常用的激励源及含义

激 励 源	含 义	激 励 源	含 义
NS? =ns .NS	.NS 元件： 设置节点电压	IC? =ic .IC	.IC 元件：设置瞬态 分析的初始条件
V? VSRC	VSRC： 直流电压激励源	I? ISRC	ISRC： 直流电流激励源
V? VSIN	VSIN： 正弦波电压激励源	I? ISIN	ISIN： 正弦波电流激励源
V? VPULSE	VPULSE： 脉冲电压激励源	I? IPULSE	IPULSE： 脉冲电流激励源
V? VSFFM	VSFFM： 电压调频波	I? ISFFM	ISFFM： 电流调频波
V? VEXP	VEXP： 指数函数电压源	I? IEXP	IEXP： 指数函数电流源

> 在仿真时，软件中激励源都默认理想工作状态下的，就是说，电源的内阻都认为是零，而电流源的内阻都认为是无穷大。

4. 单击图6-2-8面板窗口中的 Place VSIN 按钮，依次放置在半波整流滤波电路、桥式全波整流滤波电路原理图正弦波电压激励源信号输入位置，用导线连接完整，并将它们的序号依次编辑为 VIN1、VIN2、VIN3，结果如图6-2-9所示。

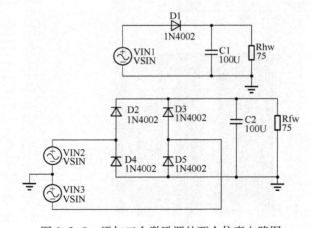

图6-2-9 添加三个激励源的两个仿真电路图

特别注释

> 双击 VSIN（正弦波电压）激励源，将弹出 Component Properties（元件属性）对话框，如图 6-2-10 所示。

图 6-2-10　Component Properties 对话框

> 通过 Designator 后面的编辑框，编辑修改其序号 V? 为 VIN1。另外两个，同 VIN1 设置操作过程。

5. 用鼠标左键双击 Models for V? - VSIN 区域下的 Simulation 类型选项，打开 Sim Model – Voltage Source/Sinusoidal 对话框，如图 6-2-11 所示。

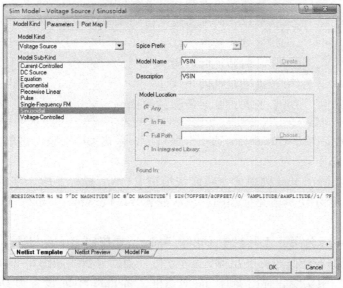

图 6-2-11　Sim Model – Voltage Source/Sinusoidal 对话框

6. 单击选择 Parameters 选项卡，设置 Amplitude（正弦波信号的电压峰值）的值为 10。如图 6-2-12 所示。

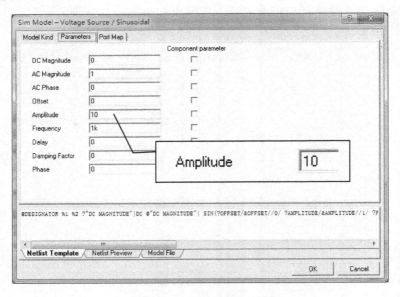

图 6-2-12　Parameters 选项卡

 特别注释

选项卡的参数说明如下：
➢ DC Magnitude　　　激励源的直流幅值参数
➢ AC Magnitude　　　交流小信号幅值
➢ AC Phase　　　　　交流小信号相位
➢ Offset　　　　　　正弦波信号上叠加的直流分量
➢ Amplitude　　　　正弦波信号的电压或电流的峰值
➢ Frequency　　　　正弦波信号频率
➢ Delay　　　　　　初始时刻的延时时间
➢ Damping Factor　 用于设置阻尼因子
➢ Phase　　　　　　用于设置正弦波的初始相位

7. 设置完图 6-2-12　Parameters 选项卡窗口后，单击 OK 按钮，再单击 OK 按钮，返回仿真原理图编辑状态下。

8. 单击 Place | Net Label 菜单命令项或快捷键 P | N，鼠标变成十字的网络标号放置状态，对照图 6-1-1 所示仿真电路原理图，依次放置 VIN1、Vhw、Vin2、Vin3、Vfw。结果如图 6-2-13 所示。

9. 单击 Utilities（公用）工具栏中 Utility Tools 工具按钮下 Line 工具，分两次画辅助分析线（对两个整流滤波仿真电路输出端提示作用），辅助分析线如图 6-2-14 所示。

10. 双击其中一根实线，弹出 PolyLine 对话框，将 Line Style 设置为 Dotted（点型），结果如图 6-2-15 所示。

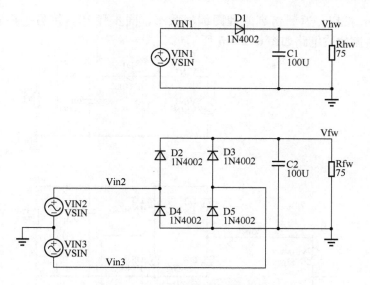

图 6-2-13　放置网络标号效果图

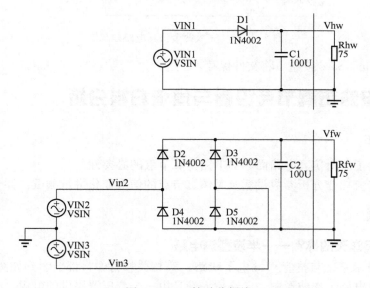

图 6-2-14　辅助分析线

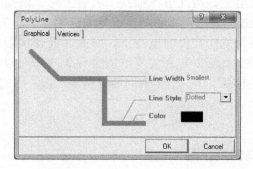

图 6-2-15　设置 PolyLine 对话框

11. 单击 OK 按钮，返回仿真原理图编辑状态，同步骤 10，将另一根实线也修改为点型。最终两个整流滤波电路如图 6-2-16 所示。

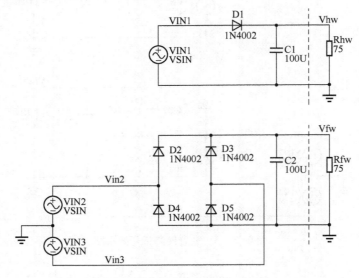

图 6-2-16　完成两个仿真电路效果图

12. 单击 File | Save 按钮，将文件保存。

项目三　电路仿真节点设置与直流扫描分析

学习目标

（1）熟悉为了分析仿真电路而添加电路仿真节点的必要性。

（2）掌握直流扫描分析参数设置及对仿真节点的信号变化进行测试，并分析验证结果。

问题导读

是否会想起昨天的你？——半波整流电路

在《电子技术基础与技能》、《电子线路》等相关教材中，都会学到如图 6-3-1 所示的半波整流电路及电路工作波形图，电路输入端是由一个变压器提供的电源，u_2 是方向和大小都随时间变化的正弦交流电压，当此电压加到二极管上时，根据二极管的单向导电特性可知，只有正向电压可以通过，这时二极管相当于开关的闭合，R_L 有电流流过，产生电压 u_o；当电压转成反向时，二极管工作在反向电压下，因此二极管状态为截止，相当于开关的断开，因此负载 R_L 上没有电流流过，电压为零。从图 6-3-1 中可以看出，交流电压在一个周期内只有半个周期可以使电路工作，另半个周期电路不工作。因此将这个工作电路称为单相半波整流电路。

知识拓展

放置电路工作节点与常规设置

1. 放置电路工作节点

在 Protel DXP 2004 系统下，在仿真电路中分析输入/输出相关各点的信息时，通常是在电路上放置网络标号，其操作过程与方法和前面单元中关于网络标号的添加与设置完全相同。另外，需要说明的是，在其他电子仿真设计软件中，如 Multisim（虚拟电子实验室）、Pspice（电路仿真）、Quartus II 等，设置方法十分类似。

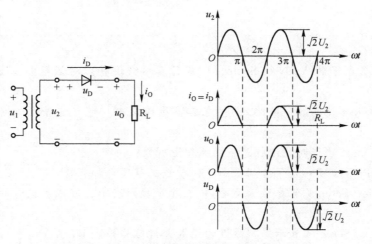

图 6-3-1　半波整流电路及电路工作波形图

2. 常规设置（General Setup）

单击 View | Toolbars | Mixed Sim 菜单命令项，启动仿真工具栏，单击仿真工具栏上的 仿真分析设置按钮，将弹出 Analyses Setup（常规仿真参数设置）对话框，如图 6-3-2 所示。在对话框中要进行仿真分析的常规设置，其中 Collect Data For （收集数据为）选项的下拉列表框中有 5 种类型：

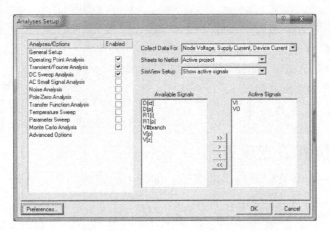

图 6-3-2　Analyses Setup 设置对话框

（1）Node Voltage and Supply Current（收集节点电压和电源电流）；

（2）Node Voltage，Supply and Device Current（收集节点电压、电源和元件上的电流）；

（3）Node Voltage，Supply Current，Device Current and Power（收集节点电压、电源和元件上的电流以及功率）；

（4）Node Voltage，Supply Current and Subcircuit VARs（收集节点电压、电源电流以及子

电路上的电压或电流）；

（5）Active Signals（收集激活信号，主要包括元器件上的电流、功耗、阻抗及添加网络标号的节点上的电压等）。

知识链接

其他设置

在图 6-3-2 所示的 Analyses Setup（常规仿真参数设置）对话框中，还有如下参数可以设置：

（1）Sheets to Netlist（图纸到网络表）：在其下拉列表中，可以选择生成网络表的原理图范围。

① Active Sheet 项仅对激活状态下的原理图有效；

② Active Project 项对处于激活状态下的整个工程项目都有效。

（2）SimView Setup（仿真显示设置）：在其下拉列表中，可以对信号的显示选项进行设置。

① Keep Last Setup 项表示保持最近的设置进行仿真并显示；

② Show Active Signals 项表示将显示激活信号。

（3）Available Singals（可用信号）区和 Active Signals（活动信号）区如图 6-3-3 所示。

① ≫ 按钮表示单击它可以把 Available Singals 列表框内的所有信号移到 Active Signals 列表框内。

② ＞ 按钮表示在左侧 Available Singals 列表框内单击某一个信号后，再单击 ＞ 按钮，即可把此信号添加到 Active Signals 列表框内。

③ ＜ 按钮与 ＞ 作用相反。

④ ≪ 按钮与 ≫ 作用相反。

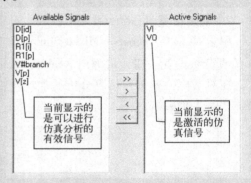

图 6-3-3　设置信号区域

任务一　电路仿真节点设置

下面我们先做一个半波整流电路的实验，使学习的过程简明、直观。其他电路仿真实验照单抓药。

做中学

1. 启动 Protel DXP 2004，单击 File | New | Schmatic，新建仿真电路原理图，将其保存在"D:\自己电路设计"文件夹中，命名为"PN. SCHDOC"。完成半波整流仿真电路绘制，并添加正弦波电压激励源等，结果如图 6-3-4 所示。

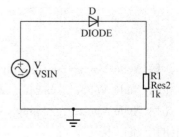

图 6-3-4　半波整流仿真电路

2. 单击 Utilities（公用）工具栏中 （电源信号源类）图标，选择其下的 Place Arrow style power port 即可，如图 6-3-5（a）所示；鼠标自动拖带图 6-3-5（b）中图标 GND，按 Tab 键，弹出如图 6-3-6 所示对话框。

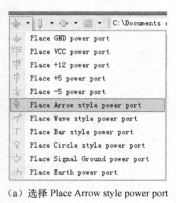

（a）选择 Place Arrow style power port

（b）鼠标自动拖带 GND

图 6-3-5 选择信号源

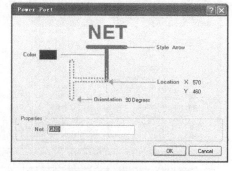

图 6-3-6 Power Port 对话框

3. 在弹出的对话框中 Net 后面的编辑框中输入 Vi，如图 6-3-7（a）所示，然后单击 OK 按钮，可以看到如图 6-3-7（b）所示鼠标图标。

4. 此时，拖动鼠标将其连接到电路输入端。同步骤 2、3，将 Vo 连接到电路输出端。电路仿真节点设置完成效果图如图 6-3-8 所示。

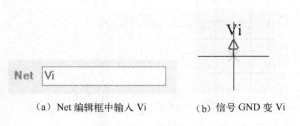

（a）Net 编辑框中输入 Vi   （b）信号 GND 变 Vi

图 6-3-7 设置 Net

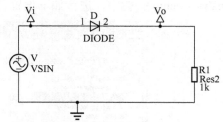

图 6-3-8 电路仿真节点设置完成效果图

🕵 **特别注释**

➤ 通常电路仿真节点设置使用 （网络标号），这里多介绍一种放置电路仿真节点的方法。

任务二 直流扫描分析

在图 6-3-2 所示的 Analyses Setup 对话框中，其左侧 Analyses/Options 区域内可以进行各种仿真分析类型的设定。本任务设定的分析类型为直流扫描分析（DC Sweep Analysis），主要功能是对电源的电压和电流进行扫描，即当电源的电压或电流发生变化时，对设置的各个节点的电压或电流变化进行测试并输出。其他仿真分析类型将在项目四中做详细介绍。

🧑‍💻 **做中学**

1. 启动 Protel DXP 2004，单击 File | Open 菜单命令项，在打开对话框中，将查找范围

定位到"D：\自己的电路设计"文件夹，选定"PN. SCHDOC"仿真电路原理图，如图 6-3-9 所示，单击打开按钮。

2. 单击 Design | Simulate | Mixed Sim 菜单命令项，如图 6-3-10 所示。

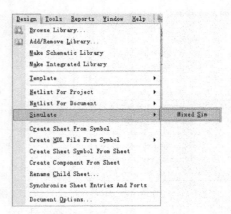

图 6-3-9　选定"PN. SCHDOC"对话框　　　　　图 6-3-10　确定 Mixed Sim 菜单命令项

3. 在弹出的 Analyses Setup 对话框中，单击选择 DC Sweep Analysis 仿真类型后的复选框，其他类型不选，如图 6-3-11 所示。

4. 在图 6-3-11 所示的 DC Sweep Analysis 仿真类型设置对话框中，在右侧的 DC Sweep Analysis Setup 一栏中，进行如下设置，结果如图 6-3-11 所示。

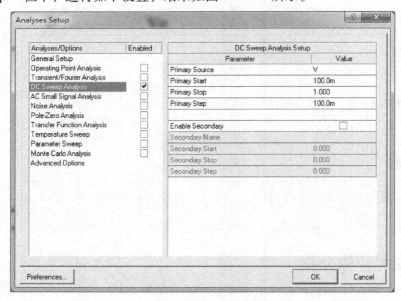

图 6-3-11　DC Sweep Analysis 仿真类型设置对话框

（1）Primary Source（主电源）：Value 值为 V（电压）；

（2）Primary Start（主电源的扫描起始值）：Value 值为 100m；

（3）Primary Stop（主电源的扫描终止值）：Value 值为 1；

（4）Primary Step（主电源的扫描步长）：Value 值为 100m；

（5）Enable Secondary（第二电源）：不选。

5. 单击 General Setup 常规设置项。依次进行：

（1）在 Collect Data For （收集数据为）下拉列选项中选择：Node Voltage，Supply Current，Device Current and Power（收集节点电压、电源和元件上的电流以及功率）；

（2）在 Sheets to Netlist （图纸到网络表）下拉列选项中选择：Active sheet 项（仅对激活状态下的原理图有效）；

（3）在 SimView Setup（仿真显示设置）下拉列选项中选择：Show active signals 项（表示将显示激活信号）；

（4）将 Available Singals（可用信号）区中的输入/输出信号定为：VI、VO，通过单击 ˃ 按钮，将它们添加到 Active Signals（活动信号）区，结果如图 6-3-12 所示。

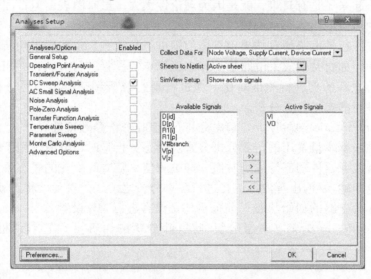

图 6-3-12　VI、VO 信号设置完成对话框

6. 单击 OK 按钮，完成直流扫描分析即电路初始电压设置的操作。

至此，真正进入仿真运行倒计时阶段。

项目四　电路仿真运行与参数分析操作

学习目标

（1）学会电路仿真器常用参数的设置。

（2）熟练掌握对电路瞬态分析、直流扫描分析，并能结合仿真结果进行数据分析。

（3）学会对模拟电路、数字电路仿真分析以及操作方法。

问题导读

BE THERE OR BE SQARE！你知道吗？

……你想起来了吗？

"不必烦恼，是你的想跑也跑不了；不必苦恼，不是你的想得也得不到；这世界说大就大，说小就小，就算你我有前生的约定，也还要用心去寻找；不见不散，BE THERE OR BE SQARE！不见不散，BE THERE OR BE SQARE！……"

在经历了前面各个项目的学习与任务操作之后，现在与电路仿真运行及所期盼的结果，马上就要 BE THERE OR BE SQARE！

接下来，我们一一揭晓答案！

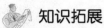 知识拓展

重点仿真分析类型介绍

1. Operating Point Analysis（静态工作点分析参数设置）

这个分析，在《电子技术基础与技能》、《电子线路》等相关教材中都讲述得再清楚不过了，可是学习起来还是有其难，就是因为理论性太强，虽有图表，但百闻不如一见。这里的分析与教材中所讲的内容完全一致。

静态工作点分析的电路仿真结果以具体数据进行显示，它主要用于判断电路静态工作点的设置是否合理，如对共射放大电路中的静态工作点的设置进行分析，并可以随时调整 R_b、R_c 及电容数值，立即仿真进行验证对比。在进行瞬态分析和交流小信号分析之前，仿真程序将自动地先进行静态工作点分析。

2. Transient/Fourier Analysis（瞬态分析/傅里叶分析参数设置）

瞬态分析是最基本最常用的仿真分析方式。瞬态分析是时域分析，用于获得电路中节点电压、支路电流或元器件功率等的瞬时值，即被测信号随时间变化的瞬态关系，它很类似于用示波器观察电路输入/输出等波形。在进行瞬态分析之前，仿真程序将自动进行直流分析，并用直流结果作为电路的初始状态（前提条件是没有进行 .IC 设置）。

Transient/Fourier Analysis（瞬态分析/傅里叶分析的仿真）设置对话框，如图 6-4-1 所示。

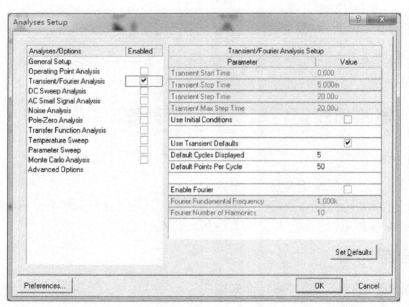

图 6-4-1 Transient/Fourier Analysis 设置对话框

其右侧各小项设置含义如下：

❖ Transient Start Time 项：用于设置瞬态分析的开始时间；

❖ Transient Stop Time 项：用于设置瞬态分析的结束时间，默认可观测 5 个周期的信号，其值的设定要考虑当前被测信号频率是多少。当信号频率远离 1kHz 时，就要重新设置结束时间，以便获得更理想的观察波形；

❖ Transient Step Time 项：用于设置瞬态分析的步长，步长越长，仿真过程越快，但精度越差；

❖ Transient Max Step Time 项：用于设置瞬态分析的最大步长；

❖ Use Initial Conditions 含义：使用初始条件，若选中此项，瞬态分析将不进行直流工作点分析，应在 .IC（初始条件）中设定仿真节点的直流电压；

❖ Use Transient Defaults 含义：使用默认设置，当选中此项时，Transient Start Time、Transient Stop Time、Transient Step Time 和 Transient Max Step Time 的内容将不能更改；

❖ Default Cycles Displayed 项：用于设置默认的显示波形周期个数，默认值为 5 个；

❖ Default Points Per Cycle 项：用于设置每个周期采集点的个数，默认值为 50，此值越高，显示精度也越高，但仿真过程会变慢；

❖ Enable Fourier 项：用于设置是否进行傅里叶分析，傅里叶分析属于频域分析，主要用于获取非正弦信号的频谱。通过计算瞬态分析结果的一部分（一般取最后一个周期），可以得到基频、直流分量和谐波成分；

❖ Fourier Fundamental Frequency 项：用于设置傅里叶分析的基频；

❖ Fourier Number of Harmonics 项：用于设置谐波分量的数目。

3. DC Sweep Analysis（直流扫描分析参数设置）

详见项目三介绍。

4. AC Small Signal Analysis（交流小信号分析参数设置）

交流小信号分析常用于获得放大器、滤波器等电路的幅频特性和相频特性等，与《电子技术基础与技能》、《电子线路》等相关教材中讲述内容一致。交流小信号分析也是一种很常用的仿真分析方法。交流小信号分析的仿真参数设置对话框如图 6-4-2 所示。

其右侧各小项含义如下：

❖ Start Frequency 项：用于设置扫描起始频率，默认值为 1Hz，此项不能为 0；

❖ Stop Frequency 项：用于设置扫描终止频率（$1.000 \mathrm{meg} = 10^6$），终止频率的大小与电路性质以及输入信号可能包含的最大谐波分量有关；

❖ Sweep Type 项：用于设置频率扫描方式，有 3 种扫描方式可供选择，分别是线性扫描方式（Linear）、对数扫描方式（Decade）和 8 倍频扫描方式（Octave）；

❖ Test Points 项：用于设置测试点的个数，测试点个数越多，测试精度超高，但仿真过程会变慢。

知识链接

一般仿真分析类型介绍

1. Noise Analysis（噪声分析参数设置）

噪声分析主要用来测量产生噪声的电阻或半导体器件，它同交流分析一起进行。对每个元器件的噪声源，在交流小信号分析的每个频率上计算出相应的噪声，并传送到一个节点，对所有传送到该节点的噪声进行均方根值相加，就可得到指定输出端的等效输出噪声。同时计算出从输入源到输出端的电压（电流）增益，由输出噪声和增益就可以得到等效输入噪声值。

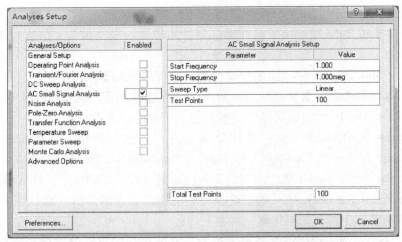

图 6-4-2　AC Small Signal Analysis 设置对话框

2. Transfer Function Analysis（传递函数分析参数设置）

传递函数分析主要用来计算电路输入阻抗、输出阻抗以及直流增益。

3. Temperature Sweep（温度扫描分析参数设置）

仿真元器件的参数都假定是常温值，但电路中的元器件的参数随温度变化而变化，如半导体器件就易受温度变化的影响，性能会出现不小的变化。温度扫描分析就是模拟环境温度变化时电路性能指标的变化情况，这对环境温度有严格要求的电子产品，是十分重要的。比如高温监控器，如图 6-4-3 所示的深水探测器等。

图 6-4-3　深水探测器实物图（核心 PCB）

在进行瞬态分析、交流小信号分析和直流扫描分析时，启用温度扫描分析即可获得电路中有关性能指标随温度变化的情况。

4. Parameter Sweep（参数扫描分析参数设置）

参数扫描分析用来分析电路中某一元器件参数变化时对电路性能的影响，常用于确定电路中某些关键元器件的精确取值。在进行瞬态分析、交流小信号分析或直流扫描分析时，同时启动参数扫描分析，即可获得电路中特定元器件的参数对电路性能的影响。

5. Monte Carlo Analysis（蒙特卡罗分析参数设置）

蒙特卡罗分析是使用随机数发生器按元器件值的概率分布来选择元器件，然后对电路进行模拟分析，它常与瞬态分析、交流小信号分析结合使用，来预算出电路性能的统计分布规律以及电路成品率和生产成本等。

蒙特卡罗分析的关键在于产生随机数，随机数的产生与计算机的字长密切相关。用一组随机数取出一组新的元器件值，之后对指定的电路进行模拟分析，只要进行的次数足够多，就可以得出满足一定分布规律和一定容差的元器件在随机取值下整个电路的统计分析。

任务一 电路仿真运行

仿真电路图绘制、仿真参数设置、检查等一切准备就绪后，就可以运行电路仿真了。俗话说："从哪里开始，从哪里结束！"

 做中学

1. 启动 Protel DXP 2004，单击 File | Recent Workspaces | 1 D:\自己电路设计 \ 电路仿真 . DSNWRK 工程项目组文件。操作过程如图 6-4-4 所示。

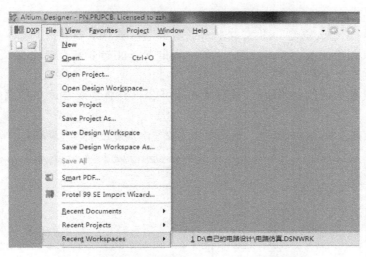

图 6-4-4 打开电路仿真 . DSNWRK 过程效果图

 特别注释

> 在菜单 File | Recent Workspaces 命令项下的子菜单中，列出最近保存操作过的 9 个工程项目组文件。这里之所以选择此方法，接下来看第 2 步"打开 Projects 面板窗口"，一看你就明白了，很方便的——仿真操作（——揭晓答案！）。

> 当然，也可以不用打开"电路仿真 . DSNWRK"工程项目组文件，直接打开"D:\自己电路设计"文件夹下的"整流电路 . PRJPCB"工程项目文件。

> 还可以仅直接打开"D:\自己的电路设计"文件夹下"zldl. SCHDOC"仿真电路原理图文件。

2. 此时打开 Projects 面板窗口，如图 6-4-5 所示。

图 6-4-5　Projects 面板窗口

3. 双击 Projects 面板窗口中的 "zldl. SCHDOC"（即打开图 6-2-16 所示的两个仿真电路原理图）。

4. 单击仿真工具栏中的 按钮，即可进入电路仿真运行状态，系统自动生成如图 6-4-6 所示的整流电路.sdf 的仿真波形输出窗口。

特别注释

> 在图 6-4-6 整流电路.sdf 窗口中未显示全，还差 vin3 输入波形。

> 这个图我们看上去，并不理想，输入/输出五个波形分散，两个整流电路波形前后交叉，显示有些乱，需要整理。

> 要将半波整流滤波电路输入/输出波形合并，同样将桥式全波整流滤波电路输入/输出波形合并。

> 以下步骤注意提示性的黑框。具体操作过程可以参看教学参考资料包中的相关视频。

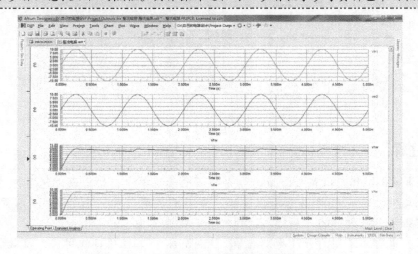

图 6-4-6　整流电路.sdf 的仿真波形输出窗口

5. 单击选中 vhw 波形图右边的 vhw 网络标号，窗口效果如图 6-4-7 所示。

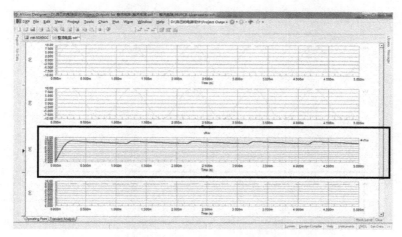

图 6-4-7　选中 vhw 网络标号

6. 选中 vhw 网络标号（半波整流滤波电路输出波形），鼠标此时不放松并拖动此波形到 vin1 波形窗口。单击窗口右下角的 Clear 按钮（清除掩膜功能按钮），结果如图 6-4-8 所示，完成半波整流滤波电路输入/输出波形合并。

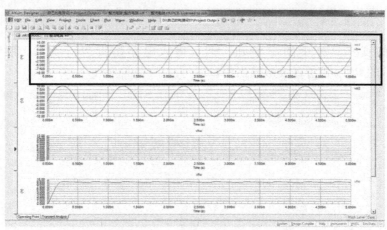

图 6-4-8　半波整流滤波电路输入/输出波形合并

7. 右键单击原 vhw 波形行的左侧边框区，显示快捷菜单，选择 Delete Plot 菜单项，如图 6-4-9 所示。

8. 此时，波形自动变成如图 6-4-10 所示整流电路 .sdf 窗口，vin3 展现出来了。

9. 同操作步骤 5～8，将 vin2、vin3、vfw 三个波形合并，即桥式全波整流滤波电路输入/输出波形合并，结果如图 6-1-2 所示。通过波形很明显看出，交流电已经变成脉动很小的直流电了。

10. 单击 File | Save，将生成的整流电路 .sdf 保存。

11. 双击 Projects 面板窗口的 PN. SchDoc 仿真电路原理图。

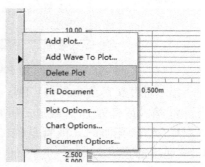

图 6-4-9　波形行操作的快捷菜单

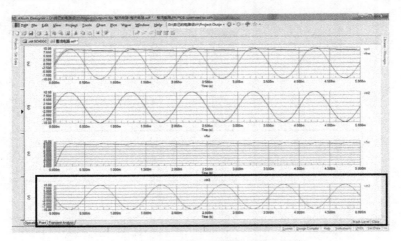

图 6-4-10　自动调整后的整流电路 . sdf 窗口

 特别注释

> ➤ 第 11 步骤操作，这样直接切换仿真电路原理图，都是打开"电路仿真 . DSNWRK"
> 工程项目组带来的方便。

12. 单击仿真工具栏中的 按钮，即可进入电路仿真运行状态，系统自动生成如
图 6-4-11所示的 PN. sdf 仿真波形输出窗口。

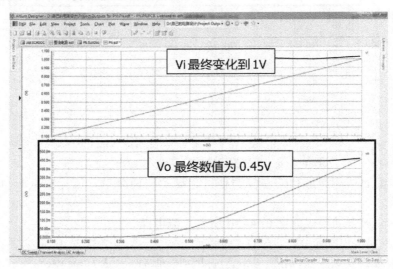

图 6-4-11　PN. sdf 仿真波形输出窗口

13. 通过观察图 6-4-11 PN. sdf 的仿真波形输出数据，如放大镜所示部分，可以分析
出：Vi 输入最终为 1V，经过二极管工作后最终电阻两端输出电压为 0.45V，说明此二极管
占用 0.55V，证明此二极管是硅二极管，所以 Vo 是一条变化的曲线，而不像输入电压是
0.1V 递增的直线。

14. 单击常用工具栏中的保存按钮，即完成对 PN. sdf 文件的保存。

特别注释

> 每一个仿真电路运行后，系统会自动生成 Messages 信息反馈窗口。打开它的方法，前面单元介绍很多，这里不再重述。例如 PN. SchDoc 的 Messages 信息反馈窗口如图 6-4-12 所示。

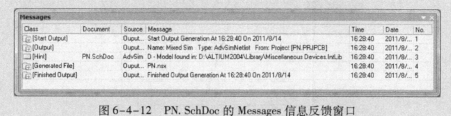

图 6-4-12　PN. SchDoc 的 Messages 信息反馈窗口

任务二　仿真参数分析操作

对 PN. PCBDOC 电路仿真增加瞬态分析，在得到的仿真结果中对波形的具体数据进行进一步系统分析，具体操作如下。

做中学

1. 用鼠标右键单击字符串 Vi，出现如图 6-4-13 所示的菜单选项。

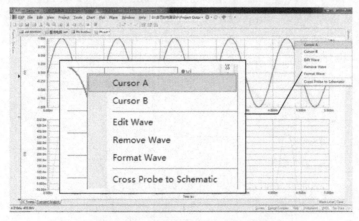

图 6-4-13　右键单击 Vi 出现快捷菜单

2. 菜单选项 Cursor A 和 Cursor B 是测量坐标 A 和 B，单击 Cursor A 即可得到图 6-4-14，可以看到所示的正弦波的原点数值显示在坐标下方处。

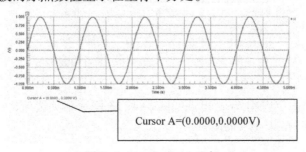

图 6-4-14　Cursor A 坐标

3. 用鼠标选中测量坐标 A，拖动它便可以在横轴上进行左右移动，到达第一个周期的负半周顶点时，其 Vi 坐标 A 显示如图 6-4-15 所示。

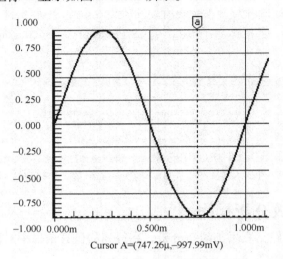

Cursor A=(747.26μ,-997.99mV)

图 6-4-15　　Vi 坐标 A 负半周顶点坐标

特别注释

➤ 在图 6-4-14 中可以读出测量坐标值为：Cursor A =(747.26μ，-997.99mV)，时间是 747.26μ，电压是 -997.99mV（约为 -1V）；

➤ 分析完后，右键单击测量坐标，出现 Cursor Off，可将坐标轴关闭，坐标轴关闭按钮效果图如图 6-4-16 所示。

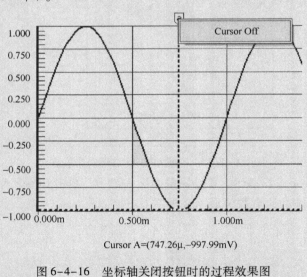

Cursor A=(747.26μ,-997.99mV)

图 6-4-16　　坐标轴关闭按钮时的过程效果图

4. 用鼠标右键单击字符串 Vo，出现如图 6-4-13 所示菜单选项；接着同操作步骤 2~3，其 Vo 坐标 A 显示如图 6-4-17 所示。

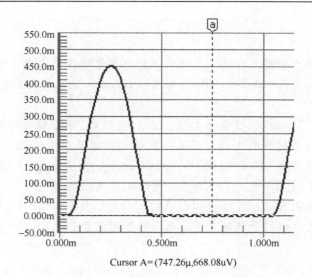

Cursor A=(747.26μ,668.08uV)

图 6-4-17 Vo 坐标 A 负半周顶点坐标

 特别注释

> 在图 6-4-17 中可以读出测量坐标值为：Cursor A =(747.26μ, 668.08uV)，时间同样是 747.26μ，电压是 668.08μV（此值可忽略不计，或为 0V），证明此时的二极管处于截止状态。电路参数及设计正确。

> 分析完后，右键单击测量坐标，出现 Cursor Off，可将坐标轴关闭。

任务三 模拟集成电路的仿真实例

 做中学

1. 首先，准备仿真用的模拟集成电路原理图，即由 LM324 组成的反相输入放大电路（也可以设计成反相器将电阻 R1 = R），如图 6-4-18 所示。对其进行电路的仿真设置与仿真运行操作。

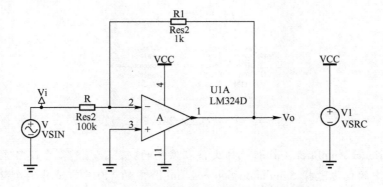

图 6-4-18 LM324 组成的反相输入放大电路

特别注释

> ➤ LM324 是内含 4 个单元的高增益运放，其特点是既可单电源工作又可双电源工作，并可在较宽电源电压范围内工作，且电源电流很小，输入偏置电流具有温度补偿，无须外接频率补偿元件。
> ➤ 单电源工作：3 ~ 30V，双电源工作：±1.5 ~ 15V。而且静态功耗小。
> ➤ LM324 可应用于转换放大器、直流增益单元以及通用型运放的许多应用电路，还可直接用做各种逻辑电路及其他低压系统的接口电路。同类或直接代换的型号有 LMl24、CFl24MD、CF224LD、CFl24MJ、CF224LJ、CF324CJ、CF324CP 等。
> ➤ 常用的封装形式有双列直插（DIP－14）、塑封小外形（SOP－14）。
> ➤ 相关教材有更详细的介绍与应用，或上网查阅更多参考资料。

2. 打开 Protel DXP 2004，建立一个仿真电路原理图文件，命名为 IC. SchDoc。

3. 打开 Libraries 面板窗口，添加所有需要用到的元器件库：TI Oprational Amplifier. IntLib 和 Simulation Sources. IntLib。

4. 按照图 6-4-18 所示的仿真电路绘制完成。

 特别注释

> ➤ 本例仿真电路原理图中的运放 IC 选自 TI Oprational Amplifier. IntLib 中的 LM324D，如图 6-4-19 所示。

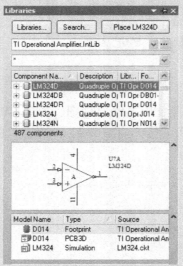

图 6-4-19　选择 LM324D 集成运放

> ➤ TI Oprational Amplifier. IntLib 此库文件在系统的 \Library\Texas Instruments\ 目录下。
> ➤ 原理图中的电源选择 Simulation Sources. IntLib 中的 VSRC，如图 6-4-20 所示。
> ➤ VSRC 的 Value 参数值设置为 12V，如图 6-4-21 所示。
> ➤ 原理图中的激励源选择 Simulation Sources. IntLib 中的 VSIN，如图 6-4-22 所示。

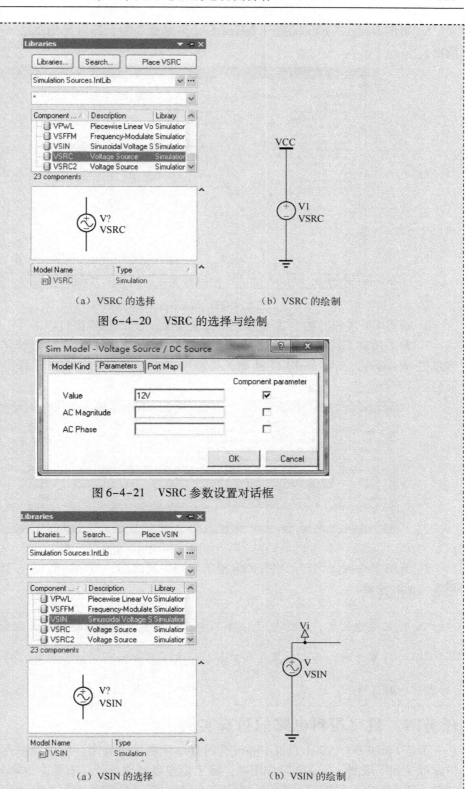

（a）VSRC 的选择 （b）VSRC 的绘制

图 6-4-20　VSRC 的选择与绘制

图 6-4-21　VSRC 参数设置对话框

（a）VSIN 的选择 （b）VSIN 的绘制

图 6-4-22　VSIN 的选择与绘制

5. 单击 Design | Simulation | Mixed Sim 菜单命令项，即可弹出如图 6-4-23 所示的对话框。

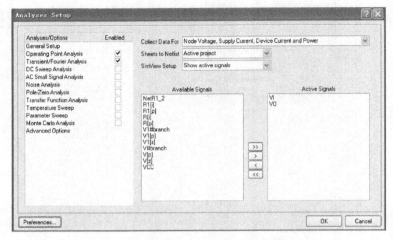

图 6-4-23　Analyses Setup 对话框

6. 单击 OK 按钮，确定 Analyses Setup 对话框，返回编辑窗口。

7. 单击仿真工具栏中的 按钮，即可进入电路仿真运行状态。系统将自动弹出仿真的信息栏 Messages，如图 6-4-24 所示，我们可以通过 Messages 栏中看到仿真电路相关反馈信息。

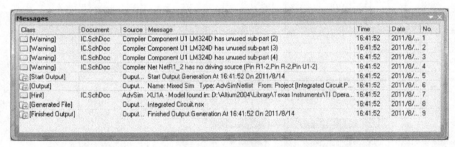

图 6-4-24　IC. SchDoc 的 Messages 信息反馈窗口

8. 关闭 Messages 窗口。将看到完整的电路仿真波形，结果如图 6-4-25 所示。

 特别注释

> ➤ 我们通过波形，坐标值（任务二中已介绍），再根据反相输入放大电路公式 $A_u = -\dfrac{R_f}{R_1}$ 进行计算比对。公式计算在相关教材中有十分详细的介绍，这里不做重述，感兴趣的读者可自行完成。

任务四　数字逻辑电路的仿真实例

由于 Protel DXP 2004 系统中并没有内置单片机的仿真库，所以在单片机这方面的电路仿真就受到了限制。而在实际应用中，除了模拟电路之外，还有数字电路和数字/模拟混合电路。现在的家电均配以"数字、数码"概念，即"数字技术先进"的代名词。这也说明了数字电路应用十分"时尚"与"前卫"，而且成为不少商家炒作卖点的利器。

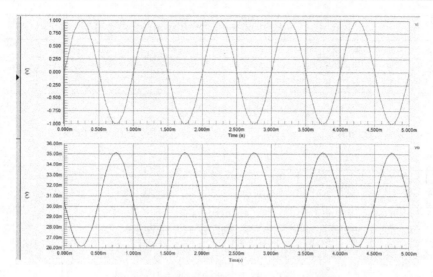

图 6-4-25　完整的反相输入放大电路仿真波形

我们这里进行数字电路仿真，主要关心的是各数字节点的逻辑状态，这些值就是逻辑电平，如"0"、"1"、"X"。

 做中学

1. 首先，准备仿真用的数字逻辑电路原理图，即由 3 线 - 8 线集成译码器 74LS138 为核心组成的二进制译码器。逻辑功能仿真测试电路原理图如图 6-4-26 所示，对其进行电路的仿真设置与仿真运行操作。

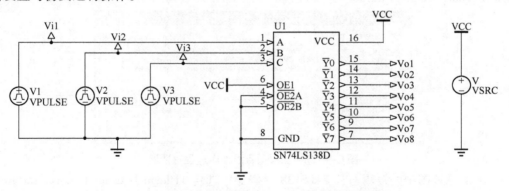

图 6-4-26　74LS138 逻辑功能仿真测试电路原理图

 特别注释

> 译码是编码的相反过程。
> 二进制译码器的功能是将二进制码按其原意翻译成相应的输出信号。它有 N 个输入端（N 位二进制码），产生 2^N 个输出端。按其输入和输出的线数，二进制译码器可分 2 线 - 4 线译码器、3 线 - 8 线译码器、4 线 - 16 线译码器等。
> 74LS138 芯片就是一种典型的二进制译码器，其引脚图和逻辑符号如表 6-4-1 所示。

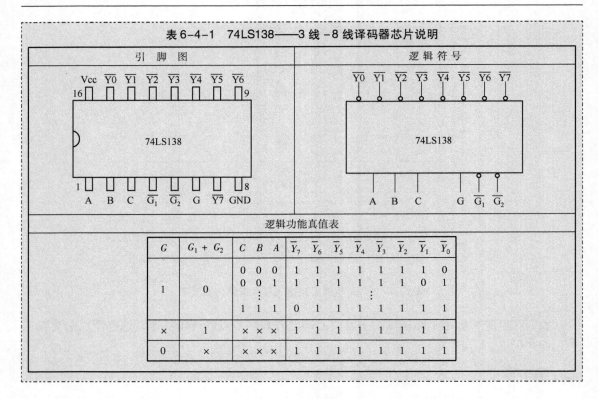

表 6-4-1　74LS138——3 线 -8 线译码器芯片说明

引　脚　图		逻辑符号	

逻辑功能真值表

G	$G_1 + G_2$	C	B	A	$\overline{Y_7}$	$\overline{Y_6}$	$\overline{Y_5}$	$\overline{Y_4}$	$\overline{Y_3}$	$\overline{Y_2}$	$\overline{Y_1}$	$\overline{Y_0}$
1	0	0	0	0	1	1	1	1	1	1	1	0
		0	0	1	1	1	1	1	1	1	0	1
		⋮						⋮				
		1	1	1	0	1	1	1	1	1	1	1
×	1	×	×	×	1	1	1	1	1	1	1	1
0	×	×	×	×	1	1	1	1	1	1	1	1

2. 打开 Protel DXP 2004 建立一个仿真电路原理图文件，命名为 logic. SchDoc。

3. 打开 Libraries 面板窗口，添加所有需要用到的元器件库：Simulation Sources. IntLib 和 TI logic Decoder Demux . IntLib。添加过程对话框如图 6-4-27 所示。

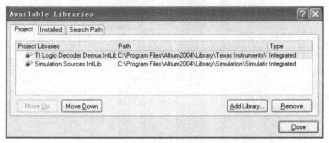

图 6-4-27　工程项目添加库过程对话框

4. 本例原理图中的逻辑芯片 74LS138 译码器，选自 TI logic Decoder Demux . IntLib 中的 SN74LS138D，如图 6-4-28 所示。

5. 按照图 6-4-26 所示，完成 74LS138 逻辑功能仿真测试电路原理图绘制。

6. 其中，VSRC 的 Value 参数值设置为 5V，如图 6-4-29 所示。

7. 其中，VPULSE（脉冲电压激励源）参数设置对话框，如图 6-4-30 所示。

8. 单击 Design | Simulation | Mixed Sim 菜单命令项，即可弹出如图 6-4-31 所示的 Analyses Setup 对话框。

9. 在图 6-4-31 Analyses Setup 对话框中，将可用信号 Vi1、Vi2、Vi3、Vo1、Vo2、Vo3、Vo4、Vo5、Vo6、Vo7、Vo8 添加到活动信号区，单击 OK 按钮，确定 Analyses Setup 对话框，返回编辑窗口。

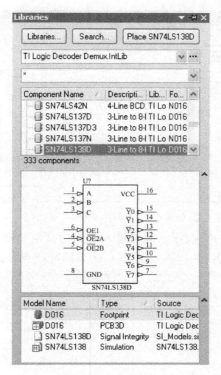

图 6-4-28　选择 74LS138 逻辑芯片

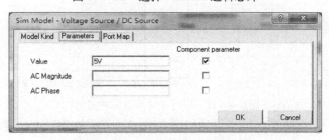

图 6-4-29　VSRC 的参数设置对话框

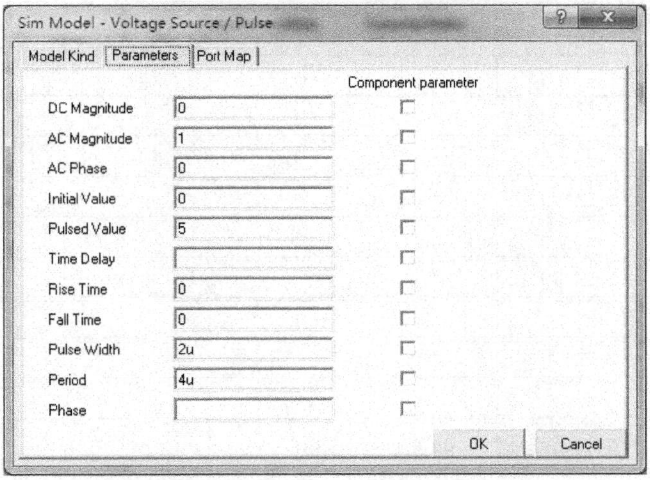

图 6-4-30　VPULSE 参数设置对话框

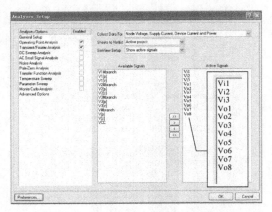

图 6-4-31　Analyses Setup 对话框

10. 单击仿真工具栏中的 按钮，即可进入电路仿真运行状态，其过程如图 6-4-32 所示。注意仿真正在运行中的各行（输入/输出）仿真脉冲波形，系统自动生成 login. sdf。

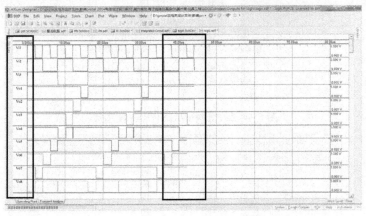

图 6-4-32　运行中的仿真脉冲波形

11. 等待片刻，完成仿真，最终得到如图 6-4-33 所示的 74LS138 逻辑功能电路仿真脉冲波形图。

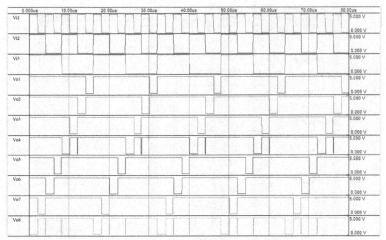

图 6-4-33　74LS138 逻辑功能电路仿真脉冲波形图

特别注释

> 将图6-4-33 细分解一下，分析逻辑状态，波形与逻辑状态对比如表6-4-2所示。

表6-4-2　波形与逻辑状态对比

瞬态波形	逻辑值	瞬态波形	逻辑值	瞬态波形	逻辑值	
0.000us Vi1	1	0.000us Vi1	0	0.000us Vi1	1	
Vi2	1	Vi2	1	Vi2	0	
Vi3	1	Vi3	1	Vi3	1	
Vo1	1	Vo1		Vo1		
Vo2	1	Vo2	1	Vo2	1	
Vo3	1	Vo3		Vo3		··········
Vo4	1	Vo4		Vo4	1	
Vo5	1	Vo5		Vo5		
Vo6	1	Vo6	1	Vo6	0	
Vo7	1	Vo7	0	Vo7	1	
Vo8	0	Vo8	1	Vo8	1	

12. 单击图6-4-32所示窗口的左下角的 `Operating Point`，打开运行静态工作点结果窗口，如图6-4-34所示。

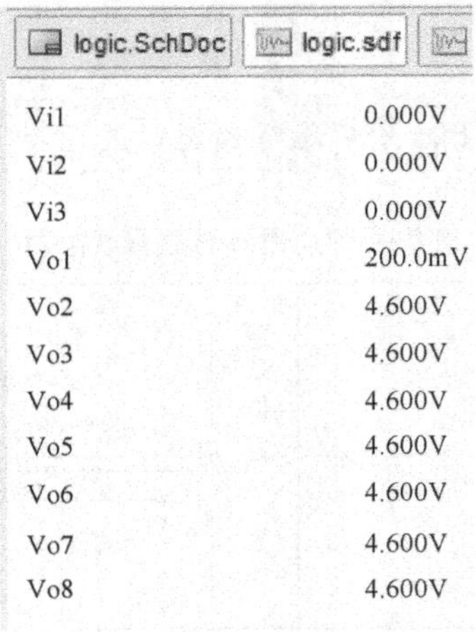

logic.SchDoc	logic.sdf	
Vi1	0.000V	
Vi2	0.000V	
Vi3	0.000V	
Vo1	200.0mV	
Vo2	4.600V	
Vo3	4.600V	
Vo4	4.600V	
Vo5	4.600V	
Vo6	4.600V	
Vo7	4.600V	
Vo8	4.600V	

图 6-4-34　静态工作点分析仿真结果

13. 最后，单击 File | Save All 菜单命令项，保存所有文件。

本单元技能重点考核内容小结

1. 掌握 Protel DXP 2004 建立仿真操作的一般步骤。
2. 能进行常见电子线路仿真激励源，网络标号节点等参数的设置。
3. 掌握运行仿真操作的方法。
4. 能通过电路仿真结果进行验证或分析电路设计是否符合设计要求。
5. 基本掌握涉及一般模拟和数字电路的仿真类型的操作及参数设置。

本单元习题与实训

一、填空题

1. 打开 Protel DXP 2004，单击 File | New | Design Workspace 新建一个工程项目组文件，其扩展名为_____。

2. 最常用的一般电子仿真元器件位于_____库中，只要元器件具有_____属性就可以用于电路仿真。

3. 常用的仿真激励源位于系统安装目标驱动器 \ Altium2004 下的_____文件夹中。

4. 瞬态分析类型的仿真参数设置中，Transient Start Time 用于设置瞬态分析的_____；Transient Stop Time 用于设置瞬态分析的_____；Transient Step Time 用于设置瞬态分析的_____；若被测信号频率为 10kHz，且要观测 5 个周期的波形，Transient Start Time 的值为 0，则 Transient Stop Time 应为_____。

5. 74LS138 芯片是一款_____线集成译码器。

6. 单击_____菜单下的 | Simulation | Mixed Sim 菜单命令项，进行电路仿真。

二、选择题

1. 要测试电路电源电压的变化对电路性能的影响情况，需采用_____仿真。（　　　）

A. 参数扫描分析　　　　　　　B. 直流扫描分析

C. 温度扫描分析　　　　　　　D. 传递函数分析

2. 仿真库 Simulation Sources.IntLib 主要用于往电路仿真添加_____元器件。（　　　）

A. 数学函数模块　　　　　　　B. 特殊功能模块

C. 电压源　　　　　　　　　　D. 激励源

3. 运行仿真分析设置对话框时，仿真结果中显示的是_____的信号。（　　　）

A. 网络标号的节点　　　　　　B. 所有电路节点

C. 可用信号列表区　　　　　　D. 活动信号列表区

4. 正弦波电流激励源英文是_____。（　　　）

A. VSIN　　　　　　B. ISIN　　　　　　C. VULSE　　　　　　D. ISRC

三、判断题

1. Protel DXP 2004 系统自带的 Altium2004\Library\Simulation 目录下有 5 个元器件库，每个库中所包含元器件都具有 Simulation 属性。（　　　）

2. 绘制仿真电路原理图的过程与绘制普通电路原理图有根本区别。（　　　）

3. 电阻仿真元器件在 Miscellaneous Devices.IntLib 基本元器件库中，常用的有 6 种以上。（　　　）

4. 启动 Protel DXP 2004，单击 View 菜单下的相关命令项，可以查看最近访问过的工程项目文件。（　　　）

四、简答题

1. 简要说明什么是电子仿真技术？

2. Protel DXP 2004 电路仿真使用的激励源有哪些？

3. 如何在电路仿真原理图中放置电路仿真节点，其作用是什么？

4. Protel DXP 2004 能进行的仿真分析类型主要有哪些方法？

5. 电子仿真基本步骤主要包括哪些？

五、实训操作

实训一　单管共发射极分压式负反馈放大电路

1. 实训任务

（1）用静态工作点类型分析单管共发射极分压式负反馈放大电路，重点分析基极、发射极、集电极的静态工作电压（或电流），要求仿真结果输出显示。

（2）将仿真静态工作点结果数值与用纯理论公式计算结果进行数据比对，试分析其中误差及原因。

2. 操作参考

（1）仿真电路原理图，如图 6-1 所示。其中输入直流电压为 9V，交流信号为默认正弦信号。

（2）参考静态工作点数据，如图 6-2 所示。

（3）参考瞬态分析输入/输出波形，如图 6-3 所示。

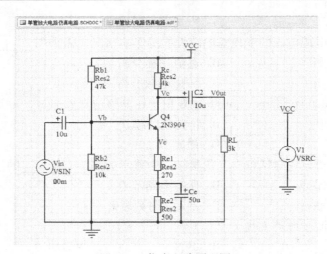

图 6-1　仿真电路原理图

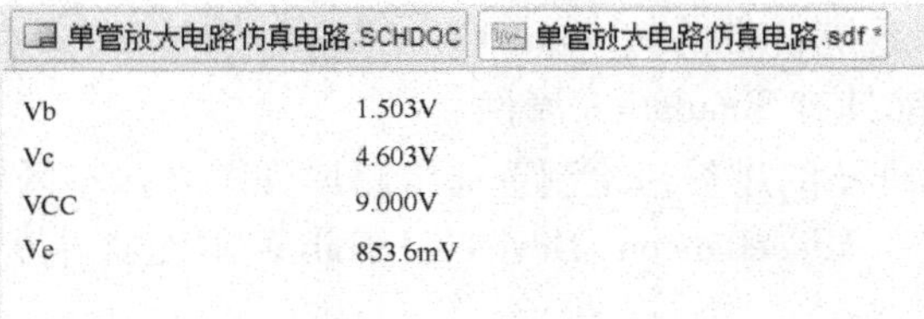

单管放大电路仿真电路.SCHDOC *	单管放大电路仿真电路.sdf *
Vb	1.503V
Vc	4.603V
VCC	9.000V
Ve	853.6mV

图 6-2　参考静态工作点数据

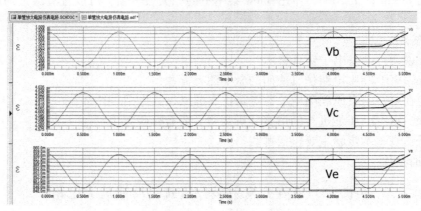

图 6-3　参考瞬态分析输入/输出波形

实训二　同相比例放大电路的瞬态分析

1. 实训任务

用瞬态分析类型分析同相比例输入放大电路,显示仿真输入/输出信号的波形。其中输入信号为正弦信号,电压幅值为 0.01 V,频率为 10kHz(注意瞬态分析开始时间和结束时间的合理设置)。

2. 操作参考

(1)同相比例放大电路仿真原理图,如图 6-4 所示。

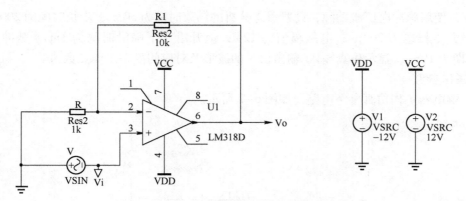

图 6-4　同相比例放大电路仿真原理图

（2）参考静态工作点数据，如图 6-5 所示。

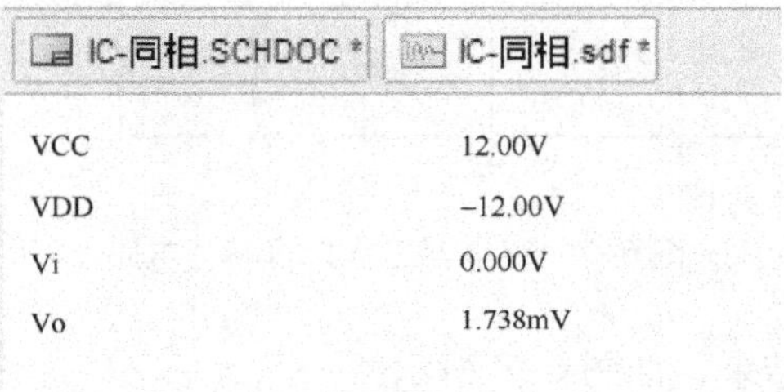

🖳 IC-同相.SCHDOC *	🖿 IC-同相.sdf *	
VCC	12.00V
VDD	−12.00V
Vi	0.000V
Vo	1.738mV

图 6-5　参考静态工作点数据

（3）参考瞬态分析各节点波形，如图 6-6 所示。

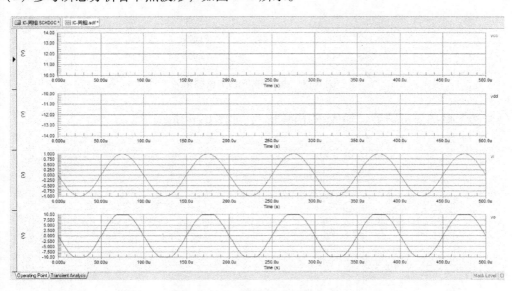

图 6-6　参考瞬态分析各节点波形

实训三　继电器静态工作点与瞬态分析

1. 实训任务

用静态工作点和瞬态分析两种电路仿真分析类型进行继电器工作电路分析，输入直流电压为 12V，使用脉冲电压激励源，设置瞬态分析的结束时间为 50ms，步长时间为 200μs，瞬态分析最大步长也为 200μs；电压幅值为 12V，上升沿和下降沿时间为 1ms，脉冲宽度为 4ms，周期为 10ms，显示仿真输入/输出信号的波形及对应的静态工作点数值。

2．操作参考

（1）继电器工作仿真参考电路，如图 6-7 所示。

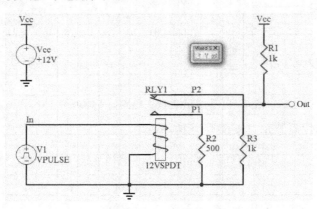

图 6-7　继电器工作仿真参考电路

（2）参考静态工作点结果，如图 6-8 所示。

In	0.000V
Out	6.000V
P1	3.000nV
P2	6.000V
VCC	12.00V

图 6-8　参考静态工作点结果

（3）参考瞬态分析结果（输入/输出波形），如图 6-9 所示。

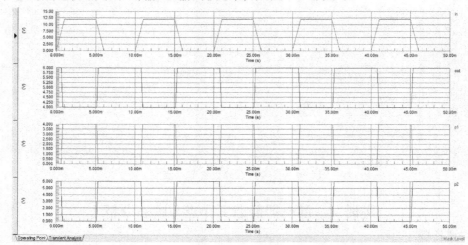

图 6-9　参考瞬态分析结果

实训四　波形与逻辑状态对比

继续完成图 6-4-33 波形图的细分，在表 6-1 中，画出波形并写出对应的逻辑状态值。

表 6-1　波形与对应的逻辑状态值（续）

瞬态波形	逻辑值	瞬态波形	逻辑值	瞬态波形	逻辑值	瞬态波形	逻辑值
Vi1	1						
Vi2	0						
Vi3	1						
Vo1	1						
Vo2	1						
Vo3	1						
Vo4	1						
Vo5	1						
Vo6	0						
Vo7	1						
Vo8	1						

实训五　分析滤波电路中电容数据（选做题）

1. 实训任务

对整流滤波电路仿真原理图进行瞬态分析，其中输入信号为正弦信号，电压幅值为 10V，频率为 1kHz，显示瞬态分析仿真输入/输出信号的波形。

操作重点是仿真过程通过修改电容的大小（第一次为 10μF，第二次为 470μF），将前后两次输出波形进行对比，其他参数不变，利用仿真波形输出坐标（重点是时间）进行数据统计，来验证时间常数。

2.操作参考

(1)整流滤波电路仿真原理图,如图 6-10 所示,注意此时 C1 = C2 = 10μF。

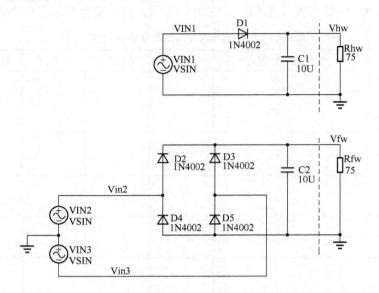

图 6-10　整流滤波电路仿真原理图

(2)参考瞬态分析输入/输出波形,如图 6-11 所示。

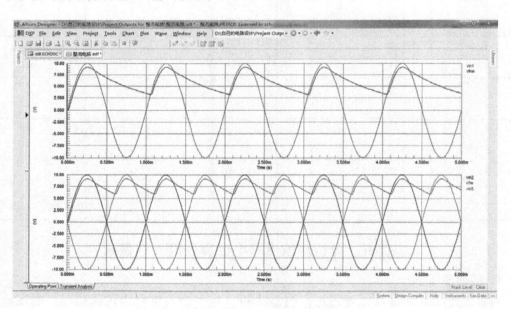

图 6-11　参考瞬态分析输入/输出波形

(3)将 C 的电容量变为 C1 = C2 = 470μF,参考瞬态分析输入/输出波形,如图 6-12 所示。

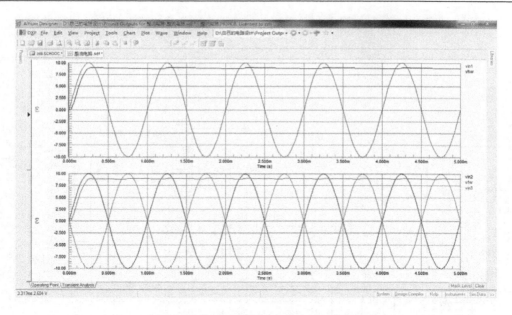

图 6-12 参考瞬态分析输入/输出波形

操作提示：参考项目四中关于坐标取值的操作。

实训六 BCD 码到七段译码器电路分析（选做题）

1. 实训任务

对 BCD 码到七段译码器电路仿真原理图进行瞬态分析，其中输入信号为脉冲电压信号源，电压幅值为 5V，上升沿和下降沿时间为 1μs，脉冲宽度为 500μs，周期为 1000μs，直流电压也为 5V。设置瞬态分析的结束时间为 10ms，步长时间为 20μs，瞬态分析最大步长也为 20μs。显示瞬态分析仿真输入信号 Qa、Qb、Qc、Qd 及输出信号 a、b、c、d、e、f、g 等波形。

能够对电路进行数字/模拟混合电路分析，能对 74LS90、74LS00、74LS04、74LS10、74LS20、74LS373 这些芯片简要分析逻辑功能。能利用仿真波形进行 BCD 码到七段译码器的分析。

参考项目四或实训四的图表分析及绘制、填写，试完成表 6-2 中的后续瞬态波形、逻辑值等（后续图表略），读者还可以自己试着分析一下瞬态波形、逻辑值等。

2. 操作参考

（1）BCD 码到七段译码器电路仿真原理图，如图 6-13 及 6-14 所示。

（2）参考静态工作点结果，如图 6-15 所示。

（3）参考瞬态分析输入/输出波形

为方便分析，修改调整后的输入/输出波形效果图，如图 6-16 所示。

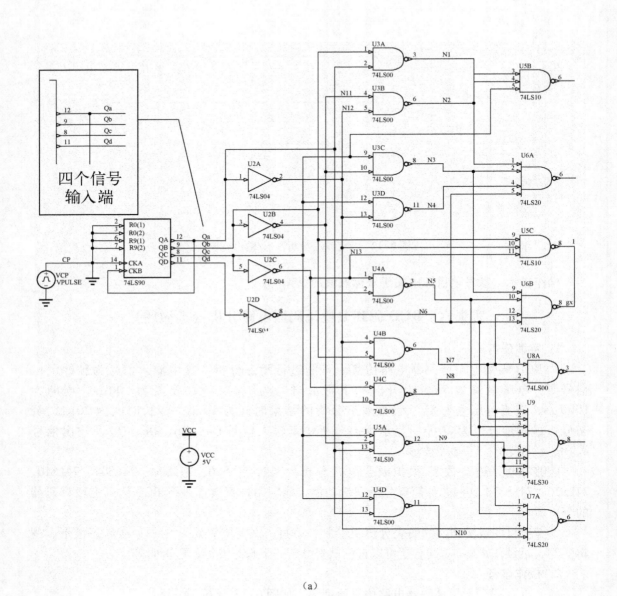

（a）

图 6-13　BCD 码到七段译码器电路仿真原理图全图

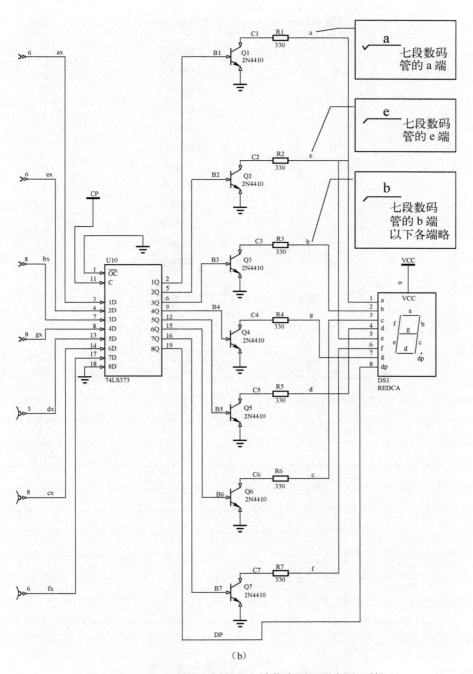

（b）

图 6-14　BCD 码到七段译码器电路仿真原理图全图（续）

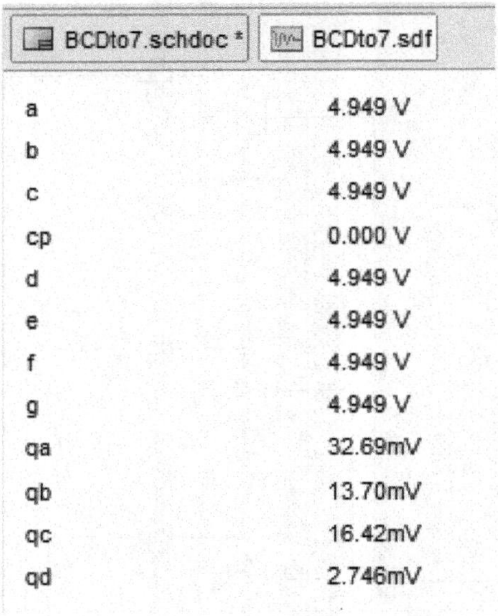

🖳 BCDto7.schdoc *	🖳 BCDto7.sdf
a	4.949 V
b	4.949 V
c	4.949 V
cp	0.000 V
d	4.949 V
e	4.949 V
f	4.949 V
g	4.949 V
qa	32.69mV
qb	13.70mV
qc	16.42mV
qd	2.746mV

图 6-15　参考静态工作点结果

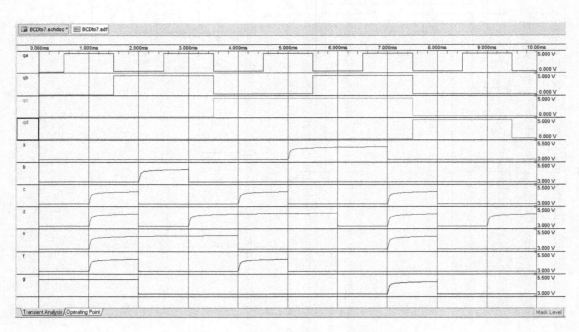

图 6-16　参考瞬态分析输入/输出波形

表 6-2

瞬态波形	逻辑值	值	瞬态波形	逻辑值	值	瞬态波形	逻辑值	值
0.000ms Qa	0		1.000ms				0	
Qb	0	0			1		1	2
Qc	0						0	
Qd	0						0	

瞬态波形	逻辑值	值	瞬态波形	逻辑值	值	瞬态波形	逻辑值	值
		3			4			5

实训综合评价表

班级		姓名		PC 号		学生自评成绩	
操作	考核内容		配分	重点评分内容			扣分
1	建立仿真工程项目组文件		15	*.DSNWRK、*.PrjPCB、*.SchDoc 文件的建立正确			
2	仿真元器件库的添加与删除		10	添加与删除仿真元器件库操作正确			
3	绘制仿真电路原理图		15	电子元器件的添加与属性编辑及建立连接正确			
4	正确添加并设置激励源		15	能够根据电路设计，正确添加交直流电压/电流及脉冲激励源，并进行正确设置			
5	建立电路仿真节点		10	会用 Net Label 建立网络端口，正确设置电路工作节点			
6	正确设置仿真分析类型及对话框相关选项		15	能正确进行 Analyses Setup 对话框中的仿真分析类型及活动节点等设置			
7	能进行符合自己学情的电路分析		10	参照相关教材，能进行符合自己学习能力的仿真电路原理图分析，主要通过仿真结果，验证电路设计是否符合设计要求			
8	仿真电路原理图的检查		10	根据 Message 信息反馈窗口，能处理一般性错误，及时更新、修改			
反馈	电路仿真操作完成较好的地方有哪些?						
	仿真操作中存在问题主要在哪里?						
教师综合评定成绩				教师签字			

附录 A 常用电子元器件图形符号库

Protel DXP 2004 中为用户提供使用十分频繁的两个基本库：Miscellaneous Devices. IntLib（共计 196 个）和 Miscellaneous Connectors. IntLib（共计 182 个）。其常用的电子元器件原理图符号与 PCB 封装形式及 3D 仿真如表 A–1 所示。（封装相同时，仅列一种元器件）

表 A–1 Miscellaneous Devices. IntLib

库元件名	原理图符号	封装名称	PCB 封装	仿真属性
2N3904	Q? 2N3904	BCY – W3/D4. 7		有
ADC – 8	U? ADC-8	TSSO5x6 – G16		有
Antenna	E? Antenna	PIN1		无
Battery	BT? Battery	BAT – 2		无
Bell	LS? Bell	PIN2		无
Bridge1	D? Bridge1	E – BIP – P4/D10		有
Bridge2	D? Bridge2	E – BIP – P4/X2. 1		有

续表

库元件名	原理图符号	封装名称	PCB 封装	仿真属性
Buzzer	LS? Buzzer	ABSM – 1574		无
Cap	C? Cap	RAD – 0. 3		有
Cap Feed	C? Cap Feed	VR4		无
Cap2	C? Cap2	CAPR5 – 4X5		有
Cap Pol1	C? + Cap Pol1	RB7. 6 – 15		有
Cap Pol2	C? + Cap Po12	POLAR0. 8		有
Cap Pol3	C? + Cap Pol3	CC2012 – 0805		有
Cap Semi	C? Cap Semi	CC3216 – 1206		有
Cap Var	C? Cap Var	CC3225 – 1210		无
Circuit Breaker	CB? Circuit Breaker	SPST – 2		无
D Schottky	D? D Schottky	DSO – C2/X2. 3		有
Diac – NPN	Q? Diac-NPN	SFM – T3/X1. 6V		无
Diac – PNP	Q? Diac-PNP	SOT89		无
Diode – 1N914	D? Diode –1N914	DIO7. 1 – 3.9x1. 9		有

库元件名	原理图符号	封装名称	PCB 封装	仿真属性
Diode 1N4001	D? Diode 1N4001	DIO10. 46 – 5. 3x2. 8		有
Diode 1N4149	D? Diode 1N4149	DIO7. 8 – 4. 6x2		有
Diode 1N5400	D? Diode 1N5400	DIO18. 84 – 9. 6x5. 6		有
Diode 10TQ035	D? Diode 10TQ035	SFM – T2（3）/X1. 7V		有
Diode BAS16	D? Diode BAS16	SO – G3/C2. 5		有
Diode BBY31	D? Diode BBY31	SO – G3/X. 9		有
Dpy 16 – Seg	DS? Dpy16-Seg	LEDDIP – 18ANUM		有
D Tunnel1	D? D Tunnel1	DSO – F2/D6. 1		有
Dpy Amber – CA	DS? Dpy Amber-CA	LEDDIP – 10/C5. 08RHD		有
Dpy Blue – CA	DS? Dpy Blue-CA	LEDDIP – 10/C15. 24RHD		有
Dpy Overflow	DS? Dgy Overflow	LEDDIP – 12（14）/ 7. 62OVF		有
Fuse 1	F? Fuse1	PIN – W2/E2. 8		有

库元件名	原理图符号	封装名称	PCB 封装	仿真属性
IGBT – N	Q? IGBT-N	SFM – F3/Y2.3		有
IGBT – P	Q? IGBT-P	SFM – F3/B1.5		有
Inductor	L? Inductor	INDC1005 – 0402		有
Inductor Adj	L? Inductor Adj	AXIAL – 0.8		有
Inductor Iron	L? Inductor Iron	AXIAL – 0.9		有
Inductor Iron Adj	L? Inductor Iron Adj	AXIAL – 1.0		有
Inductor Iron Dot	L? Inductor Iron Dot	DIODE SMC		无
Inductor Isolated	L? Inductor Isolated	SOD123/X.85		无
JFET – N	Q? JFET-N	SFM – T3/A6.6V		有
JFET – P	Q? JFET-P	SO – F3/Y.75R		有
Jumper	W? Jumper	RAD – 0.2		无
Lamp	DS? Lamp	PIN2		无
LED0	DS? LED0	LED – 0		有
LED1	DS? LED1	LED – 1		有

库元件名	原理图符号	封装名称	PCB 封装	仿真属性
LED3	DS? LED3	SMD_LED		有
MESFET – N	Q? MESFET–N	CAN – 3/D5. 9		有
Meter	M? Meter	RAD – 0. 1		无
MOSFET – 2GN	Q? MOSFET–2GN	SFM – T5/X1. 4V		无
MOSFET – 2GP	Q? MOSFET–2GP	SOT143		无
MOSFET – N	Q? MOSFET–N	BCY – W3/B. 8		有
MOSFET – N4	Q? MOSFET–N4	SOT343/P1. 3		有
MOSFET – P3	Q? MOSFET–P3	DFM – T5/X1. 7V		无
MOSFET – P4	Q? MOSFET–P4	DSO – G3		有
Motor	M B? Motor	RB5 – 10. 5		无
Motor Step	B? M Motor Step	DIP – 6		无
NMOS – 2	Q? NMOS–2	SFM – T3/A4. 7V		有
NPN1	Q? NPN1	BCY – W3/B. 7		有

库元件名	原理图符号	封装名称	PCB 封装	仿真属性
Op Amp		CAN – 8/D9. 4		有
Opto TRIAC	Opto TRIAC	SIP – P4/A7. 5		无
Optoisolator1	Optoisolator1	DIP – 4		无
Optoisolator2	Optoisolator2	SOP5		有
Photo NPN	Photo NPN	SFM – T2（3）/X1. 6V		无
PLL	PLL	SSO – G8/P. 65		有
PUT	PUT	CAN – 3/D5. 6		有
Relay	Relay	DIP – P5/X1. 65		有
Relay – DPDT	Relay–DPDT	DIP – P8/E10		有
Res Bridge	Res Bridge	SFM – T4/A4. 1V		有
Res Tap	Res Tap	VR3		有
Res1	Res1	AXIAL – 0. 3		有
Res2	Res2	AXIAL – 0. 4		有

续表

库元件名	原理图符号	封装名称	PCB 封装	仿真属性
Res Adj1		AXIAL – 0.7		有
Res Adj2		AXIAL – 0.6		有
Res Pack1		SO – G16		有
Res Pack2		DIP – 16		有
RPot		VR5		有
RPot SM		POT4MM – 2		无
SCR		SFM – T3/E10.7V		有
SW – 6WAY		SW – 7		无
SW – DPDT		SO – G6/P.95		无
SW – PB		SPST – 2		无
Trans		TRANS		有
Trans Adj		TRF_4		有
Trans BB		TRF_8		有

续表

库元件名	原理图符号	封装名称	PCB 封装	仿真属性
Trans CT		TRF_5		有
Trans3		TRF_6		有
Tranzorb		DIO10. 2 – 7X2. 7		无
Triac		SFM – T3/A2. 4V		有
Tube 6L6GC		VTUBE – 7		有
Tube 6SN7		VTUBE – 8		有
Tube 12AU7		VTUBE – 9		有
Tube Triode		VTUBE – 5		无
UJT – N		CAN – 3/Y1. 4		有
UJT – P		CAN – 3/Y1. 5		无
Volt Reg		SIP – G3/Y2		无
XTAL		BCY – W2/D3. 1		有

附录 B Protel DXP 2004 操作常用快捷键

表 B-1 操作常用的功能键

Enter	选取或启动
Esc	放弃或取消
PgUp	放大窗口显示比例
PgDn	缩小窗口显示比例
Tab	启动浮动图件的属性窗口
Del	删除选取的元件（一个）
Space	将浮动图件逆时针旋转90°
Shift + Space	将浮动图件顺时针旋转90°
Crtl + Ins	将选取图件复制到编辑区
shift + ins	将剪贴板里的图剪贴到编辑区
Crtl + g	跳转到指定的位置
Crtl + f	寻找指定的文字
Space	绘制导线，直线或总线时，改变走线模式
V + d	缩放视图，以显示整张电路图
V + f	缩放视图，以显示所有电路部件
Home	以光标位置为中心，刷新屏幕
左箭头	光标左移1个电器栅格
Shift + 左箭头	光标左移10个电器栅格
右箭头	光标右移1个电器栅格
Shift + 右箭头	光标右移10个电器栅格
上箭头	光标上移1个电器栅格
Shift + 上箭头	光标上移10个电器栅格
下箭头	光标下移1个电器栅格
Shift + 下箭头	光标下移10个电器栅格
Ctrl + Shift + b	将选定对象以下边缘为基准，底部对齐
Ctrl + Shift + t	将选定对象以上边缘为基准，顶部对齐
Ctrl + Shift + l	将选定对象以左边缘为基准，靠左对齐
Ctrl + Shift + r	将选定对象以右边缘为基准，靠右对齐
Ctrl + Shift + h	将选定对象在左右边缘之间，水平均布
Ctrl + Shift + v	将选定对象在上下边缘之间，垂直均布
Shift + f4	将打开的所有文档窗口平铺显示

表 B-2 实用的单字母快捷键

a	弹出 editalign 子菜单	b	弹出 viewtoolbars 子菜单
e	弹出 edit 子菜单	f	弹出 file 子菜单
h	弹出 help 子菜单	j	弹出 editjump 子菜单
l	弹出 editset location makers 子菜单	m	弹出 editmove 子菜单
o	弹出 options 菜单	p	弹出 place 菜单
r	弹出 reports 菜单	s	弹出 editselect 子菜单
t	弹出 tools 菜单	v	弹出 view 菜单
w	弹出 window 菜单	x	弹出 editdeselect 菜单
x	将浮动图件左右翻转（选中图件时有效）	y	将浮动图件上下翻转（选中图件时有效）
z	弹出 zoom 菜单		

注：一部分通用快捷键此处略。

附录C 常用集成电路封装简汇

摩尔定律预测：每平方英寸芯片的晶体管数目每过18个月就将增加一倍，成本则下降一半。

世界半导体产业的发展一直遵循着这条定律，以美国 Intel 公司为例，自1971年设计制造出4位微处理器芯片以来，在30多年时间内，CPU 从 Intel4004、8086、80286……发展到目前的酷睿7核，数位从4位发展到64位；主频从几 MHz 到今天的3GHz 以上；现在的微处理器已经能够在1.2平方厘米的空间内集成几亿个晶体管，真到了不可思议的地步了。

因此，封装对 CPU 和其它 LSI 集成电路都起着重要的作用。新一代 CPU 的出现常常伴随着新的封装形式的使用。芯片的封装技术不断变迁，从 DIP、QFP、PGA 至 BGA、CSP，技术指标一代比一代先进，包括芯片面积与封装面积之比越来越接近于1:1，执行频率越来越高，耐温性能越来越好，引脚数在倍增，引脚间距在倍减，重量在减小，稳定性、可靠性都在提高，安装更加方便等等。

（一）集成电路封装简汇

1. DIP 封装

上个世纪70年代流行的双列直插封装，简称 DIP（Dualh-line Package）。DIP 封装结构形式有多种，如多层陶瓷双列直插式 DIP，单层陶瓷双列直插式 DIP，引线框架式 DIP（含玻璃陶瓷封接式，塑料包封结构式，陶瓷低熔玻璃封装式）等。今天，在简单的电路设计中还有着广泛的应用。如图附 C-1 所示是 DIP 14 引脚图，如常见的74LSXX 系列芯片。

(a) PCB 图　　　　　　(b) 3D 仿真　　　　　　(c) 实物图

图附 C-1　DIP 14 引脚

2. COB（chip on board）

裸芯片贴装技术之一，俗称"软封装"。IC 芯片直接黏结在 PCB 板上，引脚焊在铜箔上并用黑塑胶包封，形成"帮定"板。该封装成本最低，主要用于民品。如图附 C-2 所示是 COB 库元件与封装实物图。

3. PLCC（Plastic Leaded Chip Carder）——带引线的塑料芯片载体封装

80年代出现了芯片载体封装，其中有陶瓷无引线芯片载体 LCCC（Leadless Ceramic Chip Carrier）、塑料有引线芯片载体 PLCC、小尺寸封装 SOP（Small Outline Package），引脚从封装的四个侧面引出，呈 J 字形。引脚中心距1.27mm，引脚数18~84。J 形引脚不易变形，但焊接后的外观检查较为困难。如图附 C-3 所示是 PLCC28 引脚图。

4. PGA（pin grid array）——陈列引脚封装

通常 PGA 为插装型封装，引脚长约3.4mm。而表面贴装型 PGA 在封装的底面有陈列状的引脚，其长度从1.5~2.0mm。贴装采用与印刷基板碰焊的方法，因而也称为碰焊 PGA。因为引脚中心距只有1.27mm，比插装型 PGA 小一半，所以封装本体可制作得不怎么大，而引脚数比插装型多（250～528），是大规模逻辑 LSI 常用的封装形式。如图附 C-4 所示是 PGA179 引脚图。

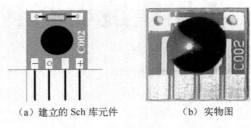

（a）建立的 Sch 库元件　　　　　（b）实物图

图附 C-2　COB 库元件与封装实物图

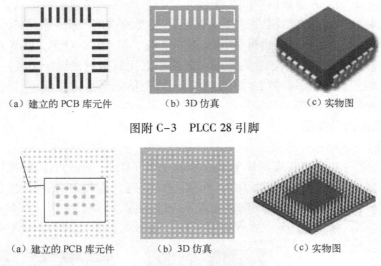

（a）建立的 PCB 库元件　　　（b）3D 仿真　　　（c）实物图

图附 C-3　PLCC 28 引脚

（a）建立的 PCB 库元件　　　（b）3D 仿真　　　（c）实物图

图附 C-4　PGA179 引脚

5. QFP（quad flat package）——四侧引脚扁平封装

四侧引脚扁平封装，脚从四个侧面引出呈海鸥翼（L）型，基材有陶瓷、金属和塑料三种。LQFP（low profile quad flat package））薄型 QFP，指封装本体厚度为 1.4mm 的 QFP，是日本电子机械工业会根据制定的新 QFP 外形规格所用的名称。如图附 C-5 所示是 LQFP56 引脚图。

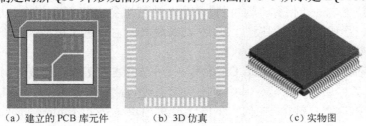

（a）建立的 PCB 库元件　　　（b）3D 仿真　　　（c）实物图

图附 C-5　LQFP56 引脚

6. BGA（ball grid array）—— 球形触点陈列

表面贴装型封装之一。在印刷基板的背面按陈列方式制作出球形凸点用以代替引脚，在印刷基板的正面装配 LSI 芯片，然后用模压树脂或灌封方法进行密封。也称为凸点陈列载体（PAC）。该封装是美国 Motorola 公司开发的，首先在便携式电话等设备中被采用，目前在个人计算机等电子产品中使用十分普及。如附图 C-6 所示是 BGA196 引脚图。由图可见，此封装本体也可做得比 QFP（四侧引脚扁平封装）小。

（a）建立的 PCB 库元件　　　（b）3D 仿真　　　（c）实物图

图附 C-6　BGA196 引脚

（二）常见电子小元件封装简汇

封装主要分为直插封装和 SMD 贴片封装两种。

从结构方面，封装经历了最早期的电阻、二极管 AXTAL、晶体管 TO（如 TO-89、TO92）封装发展到了双列直插 DIP 封装，随后由 PHILIP 公司开发出了 SOP 小外型封装，以后逐渐派生出 SOJ（J 型引脚小外形封装）、TSOP（薄小外形封装）、VSOP（甚小外形封装）、SSOP（缩小型 SOP）、TSSOP（薄的缩小型 SOP）及 SOT（小外形晶体管）、SOIC（小外形集成电路）等，如图附 C-7 所示。

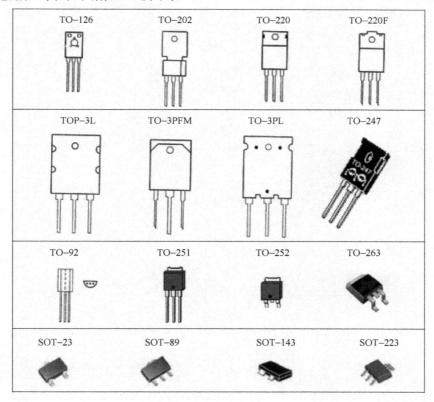

图附 C-7

从材料介质方面，包括金属、陶瓷、塑料等。目前很多高强度工作条件需求的电路，如军工和宇航级别仍有大量的金属封装。

参考文献

［1］全国计算机信息高新技术考试教材编写委员会. Protel 2002 职业技能培训教程（绘图员级）［M］. 北京：希望电子出版社，2007.

［2］国家职业技能鉴定专家委员会计算机专业委员会. Protel 2002 试题汇编［M］. 北京：希望电子出版社. 2007.

［3］刘瑞新等. Protel DXP 实用教程［M］. 北京：机械工业出版社，2003.

［4］李启炎. Protel 99SE 应用教程 印刷电路板设计［M］. 上海：同济大学出版社，2005.

［5］候继红，李向东. Protel 99SE 实用技术教程［M］. 北京：中国电力出版社，2004.

［6］赵广林. 轻松跟我学 Protel 99SE 电路设计与制版［M］. 北京：电子工业出版社，2005.

［7］王廷才，王崇文. 电子线路计算机辅助设计［M］. 北京：高等教育出版社，2006.

［8］黄智伟. 全国大学生电子设计竞赛技能训练［M］. 北京：北京航空航天大学出版，2007.

反侵权盗版声明

  电子工业出版社依法对本作品享有专有出版权。任何未经权利人书面许可，复制、销售或通过信息网络传播本作品的行为；歪曲、篡改、剽窃本作品的行为，均违反《中华人民共和国著作权法》，其行为人应承担相应的民事责任和行政责任，构成犯罪的，将被依法追究刑事责任。

  为了维护市场秩序，保护权利人的合法权益，我社将依法查处和打击侵权盗版的单位和个人。欢迎社会各界人士积极举报侵权盗版行为，本社将奖励举报有功人员，并保证举报人的信息不被泄露。

举报电话：（010）88254396；（010）88258888

传 真：（010）88254397

E-mail：dbqq@ phei. com. cn

通信地址：北京市海淀区万寿路 173 信箱

      电子工业出版社总编办公室

邮 编：100036